JN234260

非接触ICカードの技術と応用

Technologies and Applications of Contactless IC Card

監修
宮村雅隆
中崎泰貴

シーエムシー出版

はじめに

　デジタルテクノロジーを核とした IT 化社会の形成は，社会活動および産業活動の上で多大な構造改革をもたらすとともに，様々なインパクトを社会全体に与えております。

　本書は 1998 年に非接触 IC カード技術およびその応用に焦点を当てて「非接触 IC カード技術と材料」として発行されたもので，当時実際に応用されていたものとその後急速に普及するであろうと思われたものを取り上げています。

　現在，すでに実用化されている IC テレホンカード，ETC や鉄道用非接触定期乗車券などのまさに揺籃期に本書は制作されました。

　非接触 ID システムの応用は，バーコードの置き換え用の使い捨て用途から，電子マネー用の高機能 IC カードときわめて幅広く，特に IC カードのように今まで伸び悩んでいた分野も非接触という大きな特徴により急激に市場が拡大してきました。IC カード関連の構成材料やシステムを含めた市場も 1996 年の世界全体で約 500 億円規模から，2001 年には約 4000 億円規模まで成長したと言われております。この伸びとサービスや付帯産業の展開を考えると市場的にもさらに重要度を増す産業分野であると期待できます。

　本書でまとめた様々な技術は非接触 IC カードの根幹となるものが多く含まれております。本書が皆様のご研究の一助となれば幸いです。

　なお，普及版を刊行するにあたって，本書の内容は 1998 年当時のものに何ら加筆していないことをご了承下さいますようお願い申し上げます。

2003 年 2 月

シーエムシー出版　編集部

執筆者一覧（執筆順）

石上圭太郎	㈱野村総合研究所　社会・産業研究所　研究員 （現・事業戦略コンサルティング部　上級コンサルタント）
西下一久	㈱エイアイテクノロジー　営業部　販売促進課　課長代理
中崎泰貴	インターナショナル ビジネス コネクションズ　代表取締役
粕谷周史	㈱アート　システム開発部　取締役部長
藤井慶三	㈱日立製作所　情報事業企画本部　システム製品企画部　部長付
西村真次	日本電信電話㈱　営業本部　公衆電話営業部　担当部長 （現・サイバースペース研究所　サイバー入出力プロジェクト　プロジェクトマネージャー）
渡部晴夫	日本信号㈱　研究開発センター　IS商品開発室 （現・宇都宮事業所　技術部　課長）
大井田孝	凸版印刷㈱　カードセンター
山本哲久	凸版印刷㈱　カードセンター　課長
後藤浩一	(財)鉄道総合技術研究所　輸送システム開発推進部　主任技師 （現・輸送情報技術研究部　旅客システム研究室長）
曾根　悟	東京大学大学院　工学系研究科　電気工学専攻　教授 （現・工学院大学　電気工学科　教授）
高木　亮	東京大学大学院　工学系研究科　電気工学専攻　助手 （現・英国バーミンガム大学　工学部　電子・電気コンピュータ工学科　リサーチ・フェロー）
岩田武夫	日本道路公団　施設部（現・調査役）
平林清茂	㈱シンデン　常務取締役（現・インプロジャパン　取締役社長）
朝来野邦弘	旭テクネイオン㈱　技術顧問
落合清治	日本セメント㈱　事業開発部
佐田達典	三井建設㈱　技術本部　技術研究所　主任研究員 （現・エンジニアリング研究開発部　生産情報研究室長）
黒川徳雄	東芝ケミカル㈱　RFID事業推進部　課長（現・京セラケミカル㈱　化成品事業部　化成品技術グループ　グループ長）
渋田淳一	三井物産㈱　物資本部　物資製品部　映像・情報システムグループ　課長代理（現・Mitsui Comtek Corp. Broadband & Optical Device DIV. Vice President & General Manager）
水永哲夫	㈱ウイザード　代表取締役
池田　隆	㈱東芝エンジニアリング　無線タグ営業推進担当部長 （現・ビジネスサービス部　部長）
徳野信雄	日本クレセント㈱　代表取締役社長
石丸進一	筒中プラスチック工業㈱　大阪研究所　主任
田中　泉	利昌工業㈱　化学技術研究所　化研一部　主事
山内　毅	日特エンジニアリング㈱　ICカードプロジェクト
後上昌夫	大日本印刷㈱　ビジネスフォーム研究所　副課長 （現・半導体製品研究所　RF試作・開発グループ　リーダー）
山口　卓	シーメンス㈱　ICカード部　営業担当部長 （現・SMCマイクロシステムズジャパン㈱　営業本部　営業部長）
藤井勝裕	㈱日本製鋼所　成形機器システム事業部　営業技術部　主任 （現・プロセス技術グループ　グループマネージャ）
中井智之	オムロン㈱　技術統括センタ　生産技術開発センタ　実装開発課
高杉和夫	日立マクセル㈱　電子カード事業部　企画推進グループ　主任技師
中村　孝	ローム㈱　ULSIプロセス研究開発部　技術主査 （現・半導体デバイス研究開発本部　課長）

（所属は1998年3月現在。（　）内は2003年2月現在の所属併記を希望の方のみ表記）

目　　次

総論編

第1章　非接触ICカード事業の展開　　石上圭太郎

1 大きな成長の期待される非接触IC
　カード市場……………………………… 3
2 競合技術との比較から見た非接触
　ICカードの特性と適用分野………… 4
　2.1 非接触IDの競合技術…………… 4
　2.2 タグ・タイプの非接触ID……… 5
　2.3 非接触ICカード………………… 6
3 非接触ICカード事業の事業環境…… 8
　3.1 省庁の政策動向…………………… 8
　3.2 技術・コスト面での進展……… 8
　3.3 セキュリティに対する意識の高
　　　まり………………………………… 8
　3.4 海外での大規模導入事例……… 9
4 非接触ICカード事業の展開………… 9

第2章　RFIDのLSIと通信システム　　西下一久

1 はじめに………………………………… 11
2 RFIDの概念…………………………… 11
3 RFIDの分類…………………………… 12
　3.1 メモリーアクセス方式………… 12
　　3.1.1 アクセス方式………………… 13
　　3.1.2 メモリー種類………………… 13
　3.2 供給電源………………………… 14
　　3.2.1 電池内蔵型…………………… 15
　　3.2.2 無電池型……………………… 15
　3.3 通信方式………………………… 15
　　3.3.1 伝送媒体……………………… 15
　　3.3.2 通信方式……………………… 15
　　3.3.3 変調方式……………………… 16
　3.4 交信距離………………………… 16
　3.5 形状……………………………… 17
4 RFIDに求められる機能…………… 18
　4.1 軽薄短小化と低コストの実現… 18
　4.2 交信可能範囲の拡大…………… 18
　4.3 通信速度の高速化……………… 19
　4.4 輻輳制御………………………… 19
　4.5 相互干渉の防止………………… 19
　4.6 暗号処理………………………… 19
5 おわりに………………………………… 20

第3章 非接触ICカードの種類と分類　　中崎泰貴

1 通信距離による分類 …………………… 22
  1.1 密着型 …………………………… 22
  1.2 近接型 …………………………… 22
  1.3 遠隔型 …………………………… 22
2 伝送媒体方式による分類 ……………… 23
  2.1 電磁結合方式 …………………… 23
  2.2 電磁誘導方式 …………………… 23
  2.3 マイクロ波方式 ………………… 24
  2.4 光通信方式 ……………………… 24
3 アクセス方式による分類 ……………… 24
4 記憶情報量とメモリーによる分類 …… 25
  4.1 記憶情報量 ……………………… 25
  4.2 メモリー ………………………… 25
5 電源方式による分類 …………………… 26
6 データ伝送速度による分類 …………… 26
7 変調方式とビットコーディングによる分類 …………………………………… 27
8 電波法について ………………………… 27

第4章 RFIDの将来動向　　粕谷周史

1 歴史的背景 ……………………………… 29
2 目的『今，なぜRFIDカードか』 …… 31
3 日本における出入管理のニーズ ……… 32
4 出入管理装置の定義と三大機能 ……… 34
5 カード方式による比較 ………………… 36
6 RFIDカードの原理 ………………… 37
7 RFID方式の分類 …………………… 39
8 RFIDの電界強度 …………………… 40
9 IEC規格の分類 ……………………… 41
10 次世代RFIDカードの動向 ………… 41

応用編

第5章 新コンセプトICカード　　藤井慶三

1 はじめに ………………………………… 45
2 非接触ICカードの種類と利用分野 … 45
3 カードの進展について ………………… 47
4 超薄型非接触ICカードの開発について …………………………………… 48
5 今後の動向と対応について …………… 49

第6章 テレホンカードへの応用　　西村眞次

1 はじめに ………………………………… 51
2 新公衆電話システムの概要 …………… 51
  2.1 導入の背景と目的 ……………… 51
  2.2 新公衆電話システムの概要 …… 52

3	ＩＣテレホンカード………………	53	4　新サービスへの展望………………	56
3.1	公衆電話用カードの動向…………	53	4.1　通話関連サービス………………	56
3.2	テレホンカードとしての要件……	53	4.2　多様な決済手段…………………	57
3.3	非接触式ＩＣカードの採用理由…	54	4.3　その他のサービス………………	58
3.4	ＩＣテレホンカードの概要………	55	5　おわりに……………………………	58

第7章　非接触ＩＣカード（ＣＬカード）によるキャッシュレスシステム

渡部晴夫

1　はじめに……………………………	59	3.1　実験システムの概要………………	66
2　システム概要………………………	59	3.2　評価…………………………………	66
2.1　概要………………………………	59	3.2.1　処理時間………………………	66
2.2　機器の紹介………………………	60	3.2.2　アンケート結果……………	67
2.3　電子マネーの流れ………………	64	4　今後の展開…………………………	67
3　実証実験による評価………………	66		

第8章　非接触型ＩＣカードを用いた保健・医療への応用

山本哲久，大井田孝

1　はじめに……………………………	70	3.2　非接触型ＩＣカードと他のカードとの併用………………………	74
2　医療分野における可搬型パッケージメディア利用の現状………………	70	3.3　非接触型ＩＣカードのそれぞれの応用例…………………………	74
2.1　医療システムの内容……………	70	3.3.1　保健・医療分野………………	74
2.2　セキュリティ対策………………	71	3.3.2　救急分野……………………	75
2.3　接触型ＩＣカードの標準化の現状………………………………	73	3.3.3　その他………………………	75
3　非接触型ＩＣカードを利用した医療分野への応用の可能性についての検討………………………………	73	3.4　他の情報機器への影響…………	75
		3.5　標準化と共通性…………………	75
3.1　接触型ＩＣカードと非接触型ＩＣカードの性能比較…………	73	3.6　非接触型ＩＣカードの問題点……	76
		4　まとめ………………………………	76

第9章　乗車券システムへの応用　　後藤浩一

1　はじめに………………………………… 77
2　乗車券用非接触ICカードシステム… 77
　2.1　目的………………………………… 77
　2.2　開発状況…………………………… 79
3　国内外の動向…………………………… 80
4　今後の旅客サービス…………………… 82
　4.1　新しい乗車券サービス…………… 82
　4.2　情報提供サービス………………… 83
5　おわりに………………………………… 84

第10章　ゲートレス運賃徴収システム「IPASS」　　曽根　悟，高木　亮

1　全体構想………………………………… 85
2　現状技術との関係……………………… 86
3　なぜゲートレスか……………………… 88
4　どのような新機能を狙っているか…… 90

第11章　高速道路のゲートへの応用　　岩田武夫

1　はじめに………………………………… 93
2　ETCシステムとは……………………… 93
3　システムのイメージ…………………… 94
4　車載器…………………………………… 95
5　決済システムのイメージ……………… 96
6　システムに対する基本的な考え方…… 97
7　ETC研究開発の経緯…………………… 97
8　海外におけるETCシステムの動向… 98
9　ETCシステムで使われるICカードの規格…………………………………… 98
10　ICカードの発行方法………………… 99
11　ETCシステムの実用化と展開……… 99
12　非接触型ICカードへの応用………… 100

第12章　RFIDセキュリティシステムへの応用　　平林清茂

1　はじめに………………………………… 101
2　セキュリティへの応用………………… 101
　2.1　オートロック……………………… 102
　　2.1.1　テナントビル入館用オートロック………………………… 102
　　2.1.2　マンション共用玄関のオートロック………………………… 102
　　2.1.3　住宅玄関のオートロック…… 103
　2.2　エレベータ制御…………………… 103
　　2.2.1　エレベータ不停止制御……… 103
　　2.2.2　エレベータ呼び込み制御…… 103
　2.3　鍵管理装置………………………… 104
　2.4　入退出管理装置…………………… 104
　2.5　在室管理…………………………… 104

2.6	工事現場の出入管理	104
2.7	介護支援システム	105
2.8	銀行用マントラップゲート	106

| 2.9 | 警備センターに連動する警備システム | 107 |
| 3 | まとめ | 108 |

第13章　トラッキングシステム　　　朝来野邦弘

1	はじめに（法規制，他の認識システムとの関連）	109
2	基本システム構成と技術的課題	110
2.1	基本システム構成	110
2.2	基本仕様からの分類	113
2.3	技術的課題	114
3	アプリケーション例	114

3.1	視覚障害者公園など散策案内支援システムへの応用	115
3.2	電気機器製品検査システムへの応用	119
3.3	ケース物流システムへの応用	122
4	おわりに	126

第14章　トラック積載量と運行システム
－セメントのＳＳにおける自動出荷計量システム　　　落合清治

1	はじめに	127
2	WAVENT ID SYSTEM（移動体識別装置）	127
2.1	機器構成	127

2.2	特徴	128
3	移動体識別システムの導入事例	130
4	導入効果	132
5	おわりに	133

第15章　地中杭への応用　　　佐田達典

1	杭と情報	134
2	情報杭システム	135
2.1	目的と構成	135
2.2	特徴	136
3	利用方法	137

3.1	杭設置時	137
3.2	杭利用時	137
3.3	応用機能	139
4	今後の展開	140

第16章　動物の健康管理への応用
－温度センサー搭載型データキャリアの展開－　　黒川徳雄，渋田淳一

1　はじめに……………………………… 142
2　温度センサー搭載型データキャリア… 142
3　大型飼育動物の健康管理への応用…… 144
4　愛玩動物の健康管理への応用………… 146
5　おわりに……………………………… 147

第17章　パチンコカードシステム
－ウィックス2000－　　水永哲夫

1　システム構成………………………… 148
2　システムの特徴……………………… 149
3　システムの運用方法………………… 150
4　現金管理の集中化…………………… 151
5　システム構築の概要………………… 152

第18章　回転寿司精算システム　　徳野信雄，池田　隆

1　はじめに……………………………… 154
2　システムコンセプト………………… 154
3　システム概念………………………… 155
4　システム運用形態…………………… 155
5　構成機器と機能……………………… 156
6　無線タグの要求性能………………… 157
7　本システム導入の効果……………… 158
8　今後の展開…………………………… 158
9　おわりに……………………………… 158

材料・技術編

第19章　カード用フィルム・シート材料　　石丸進一

1　はじめに……………………………… 161
2　カード用材料に要求される特性…… 161
　2.1　磁気ストライプカード（クレジット・キャッシュカード）……… 162
　2.2　接触型ICカード………………… 164
　2.3　非接触型ICカード……………… 165
3　カード用素材………………………… 165
　3.1　PVC……………………………… 166
　3.2　PETG…………………………… 167
　3.3　ABS……………………………… 168
　3.4　その他の樹脂…………………… 169
4　おわりに……………………………… 169

第20章　非接触ICカード用IC実装基板材料　　田中　泉

1　はじめに…………………………… 170
2　ICカード用プリント基板………… 170
3　プリント基板材料………………… 172
4　今後の展望………………………… 175

第21章　非接触ICカード用アンテナコイル　　山内　毅

1　はじめに…………………………… 177
2　非接触ICカード用アンテナコイル
　　の役割…………………………… 177
3　非接触ICカード用アンテナコイル
　　の種類…………………………… 178
4　非接触ICカード用アンテナコイル
　　の製造方法……………………… 179
　4.1　エッチングコイルおよび印刷コ
　　　　イル………………………… 179
　4.2　巻線コイル…………………… 179
　4.3　埋込み巻線コイルを利用した
　　　　"インレット製造方式"……… 180
5　非接触ICカード内の構造・構成部
　　品・材料………………………… 182
6　非接触ICカード用アンテナコイル
　　の品質評価……………………… 183
　6.1　アンテナコイル単品での品質
　　　　評価………………………… 183
　6.2　カード化後の品質評価……… 183
7　今後の展開・展望………………… 184
8　おわりに…………………………… 184

第22章　RFIDチップ　　山口　卓

1　RFIDチップの分類……………… 186
2　RFIDチップの設計的な特徴…… 187
3　RFIDの実装例…………………… 187
4　RFIDの複合化と進化…………… 188
5　RFIDの実際例1 (SLE44R35
　　Mifare(r))………………………… 188
6　RFIDの実際例2 (SiCATS)……… 189
7　RFIDの将来展望………………… 190

第23章　ICカード表面印刷技術　　後上昌夫

1　はじめに…………………………… 192
2　ICカードにおける印刷技術動向… 192
3　ICカード印刷技術概要…………… 194
4　水なしオフセット印刷技術の応用… 197
5　昇華型再転写印刷技術の応用…… 198
6　おわりに…………………………… 199

第24章　超薄肉・インサート射出成形技術　　藤井勝裕

1　はじめに…………………………… 201
2　システムの概要…………………… 201
　2.1　特徴……………………………… 202
　2.2　システムの種類………………… 202
3　射出成形法について……………… 202
　3.1　射出成形法の工程……………… 202
　3.2　非接触ＩＣカードの射出成形… 203
4　システムの成形法と工程………… 204
　4.1　特殊成形法……………………… 204
　4.2　構成機器………………………… 205
　4.3　システムの製造工程…………… 205
5　主要構成機器……………………… 207
　5.1　電動射出成形機Ｊ－ＥＬⅡシリーズ…………………………… 207
　5.2　ロボット………………………… 210
　5.3　金型……………………………… 210
6　カードの構成材料………………… 210
　6.1　ＩＣチップ……………………… 210
　6.2　通信コイル……………………… 210
　6.3　樹脂……………………………… 211
　6.4　ラベル…………………………… 211
7　おわりに…………………………… 211

第25章　筐体実装　　中井智之

1　非接触カードの課題……………… 212
2　カードの筐体設計………………… 213
　2.1　アプリケーションの明確化とカード仕様の決定………………… 213
　2.2　カード筐体の硬さの選定……… 213
　2.3　カード内への部品の配置……… 214
　2.4　物理的ストレスからのＩＣ部とディスクリート部品部の保護構造の実現…………………………… 215
　2.5　カード外装の物理的ストレスに対する耐性の向上………………… 215
　2.6　カードの平坦度の実現………… 216
3　非接触カードの構成部品の選定… 216
4　実装工法の選択…………………… 217
　4.1　ＩＣチップの実装……………… 218
　4.2　ディスクリート部品実装技術… 218
5　カードの筐体構造バリエーション… 219

第26章　非接触ＩＣカードの実装　　高杉和夫

1　はじめに…………………………… 222
2　非接触ＩＣカードの分類………… 222
　2.1　標準化からの分類……………… 222
　2.2　カードのタイプと実装部品…… 224
　2.3　配線数、接続点数……………… 225
3　非接触ＩＣカードの例…………… 225
4　薄型および超薄型カード………… 227
　4.1　薄型、超薄型カードの例……… 227

4.2 非接触ICカードの構成要素 …… 227	4.5 カード実装 …………………… 231
4.3 薄型化カード技術 ……………… 228	5 応用および今後の展開 …………… 233
4.4 UF構造による薄型・超薄型カード ……………………………… 230	6 おわりに ……………………………… 233

第27章 給電システム　　朝来野邦弘

1 はじめに ……………………………… 235	デル ……………………………………… 237
2 非接触カードシステムへの給電システムの仕組み …………………… 235	4 RFIDシステム電源 ……………… 239
3 非接触カードへの給電システム・モ	5 おわりに ……………………………… 245

第28章 強誘電体メモリ　　中村　孝

1 はじめに ……………………………… 246	5.1 強誘電体成膜技術 ……………… 251
2 強誘電体メモリーの位地づけ …… 246	5.2 薄膜加工技術 …………………… 251
3 強誘電体材料 ………………………… 247	6 強誘電体薄膜の信頼性 …………… 252
4 強誘電体メモリーの種類と動作原理 … 248	6.1 膜疲労特性 ……………………… 252
4.1 1T1C型強誘電体メモリー …… 248	6.2 データ保持特性 ………………… 253
4.2 FET型強誘電体メモリー ……… 250	7 高集積化技術 ……………………… 253
5 強誘電体メモリーのプロセス技術 …… 251	8 強誘電体メモリーの応用 ………… 255

総論編

第1章　非接触ICカード事業の展開

石上圭太郎*

1　大きな成長の期待される非接触ICカード市場

　非接触ICカードシステムは，定期券，プリペイドカード，電子決済，高速道路料金回収，セキュリティシステムなど多様な分野応用が期待されている。無線を用いた非接触ID（RFID）は特に目新しいものではなく，1950年代にヨーロッパにおいて，畜産分野で適用が始まっていた。日本でも1993年には，郵政省を中心に詳細な検討が行われ，「ワイヤレスカードの将来展望に関する調査報告書」が作成され，図1のような応用分野を想定している。この中には，タグ型のもの，ICチップを搭載していないものも含まれており，非接触ICカードの応用分野よりも幾分広くなっている。

　近年，非接触ICカードに対する期待が大きく高まってきた背景には，①省庁の政策動向，②技術・コスト面での進展，③セキュリティに対する意識の高まり，④海外での大規模導入事例出現などの要因があるものと考えられる。これらを受けて，メーカーによる事業拡大，新規参入などの発表も相次いでいる。

　非接触ICシステムの市場は，現在のところ取りたてて大きなものではない。定義自体も必ずしも明確ではないが，たとえば，非接触ICカードの世界市場が年間数百億円[1]，国内データキャリア市場が65億円（93年）[2]などの市場推計が散見される。一方で，将来の市場規模については，「非接触ICカードで21世紀初頭には5,000億円の市場」[3]，「電波の規制緩和を背景に鉄道の電子乗車券など2兆円の国内需要が期待」[4]など，マスコミ報道では強気の見通しが目立つ。これらが現実化する時期は，政策要因とコスト要因に大きく左右されると考えられるが，非接触ICカード市場の拡大にはこれまでにない期待が高まっており，かつその可能性も高まっているといってよいだろう。

＊　Keitaro Ishigami　㈱野村総合研究所　社会・産業研究部　研究員

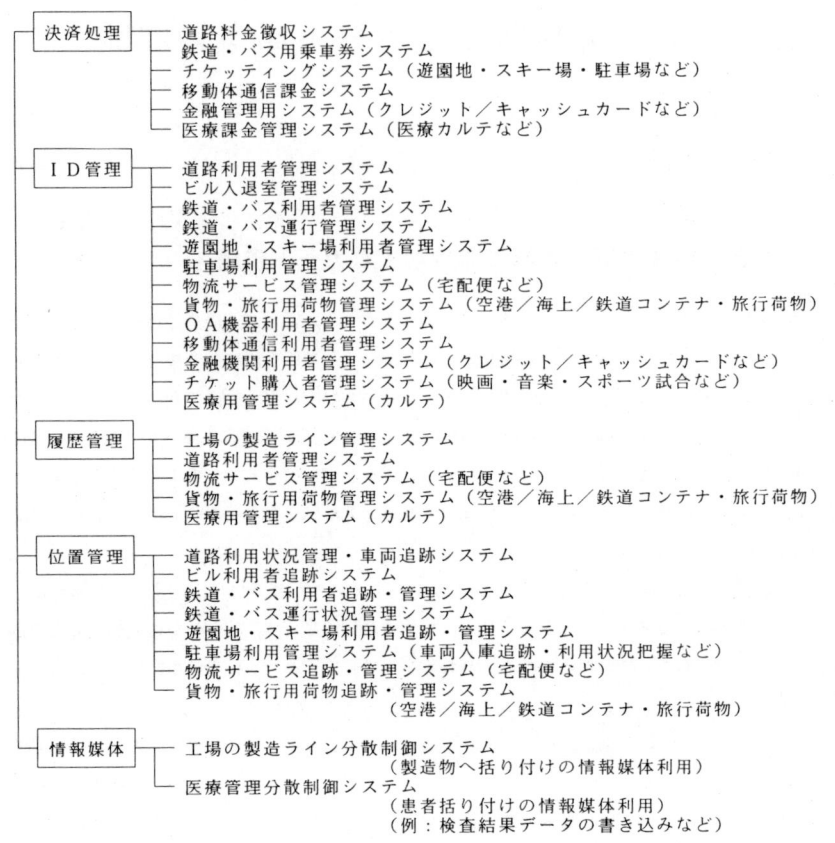

（出所）ワイヤレスカードの将来展望に関する調査研究報告書

図1　ワイヤレスカードの応用分野

2　競合技術との比較から見た非接触ICカードの特性と適用分野

2.1　非接触IDの競合技術

　非接触ICカードは、非接触IDの一種である。非接触IDは、RFID、データキャリア、ワイヤレスカード、非接触型ICカードなどのさまざまな製品を含む概念であり、伝送媒体方式、アクセス方式、読み取り距離などでさまざまに分類できる。このうち、アクセス方式からみた場合、表1のとおり大きくRO（読み出し専用）型、WORM（初回書き込み／読み出し専

表1 アクセス方式から見た非接触IDの分類と競合技術

アクセス方式		主な用途	競合技術
RO(Read Only)型		・アクセスコントロール ・部品/荷物管理など	・磁気ストライプ ・バーコードなど
WORM(Write Once Read Many)型		・FA（タグ） ・高速料金自動収受 　（タグ/カード） ・プリペイドカード ・定期券など	・磁気カード ・接触型ICカード
RW(Read Write)型 ＊タグ型とカード型 がある。	メモリーカード		
	ICカード（演算機能有）		

（出所）各種資料より野村総合研究所作成

用）型，RW（読み書き可能）型に分かれる。一般論として，ROおよびWROM型がバーコードおよび磁気ストライプと競合し，RW型は書き込み/書き換えが可能な磁気カード（定期券，プリペイドカードなど），そして最近では接触型ICカードと競合している。

すでに約40年の歴史をもつ非接触IDが大規模に普及してこなかった背景には，より安価な競合技術の存在がある。競合技術との対応からみた場合，非接触IDは，ICチップを搭載しないタグ・タイプと非接触ICカードに大きく分けることができるだろう。

2.2　タグ・タイプの非接触ID

タグ・タイプの非接触IDは，表2のとおりバーコードと競合する。非接触IDは，汚れや遮蔽物，さらには読み取り方向にかかわらず読み取りが可能であるため，工場内での組立制御，

表2　非接触IDとバーコード，磁気ストライプの比較

	非接触ID	バーコード	磁気ストライプ
データ容量	数K―数100Kバイト	200桁程度	150桁程度
耐環境特性	油・泥など汚れに強い 水にも強い	汚れると読み取り不能 水に弱い	汚れに弱い
透過性	電磁結合および電磁誘導方式の場合，リーダーとIDの間にものがあっても 読み取り可能		
読み取り方向	問わない	基本的には正面からのみ	特定方向のみ
価格（/タグ）	数百～数千円	10円程度	数十円

（出所）各種資料より野村総合研究所作成

部品・工具の管理や屋外コンテナの識別などの悪環境下では，高価格にもかかわらずすでに普及が見られている。今後，非接触ＩＤの価格が下がってくれば，従来の分野に加えて航空手荷物などの分野で大きな普及が期待される。

近年，競合技術では対応が難しい，非接触ＩＤ固有の市場についても開拓が進められている。たとえば，長い読み取り距離が必要な有料道路料金徴収（ＥＴＣ）や，悪環境のために対象物にタグを埋め込むことが必要となるペットの飼主情報，洗濯物所有者情報，タイヤの利用履歴管理などがこの例である。ＥＴＣについては諸外国ではすでに広く導入が進んでおり，日本でも1997年より小田原厚木道路で試験運用が始まっている。

2.3 非接触ＩＣカード

決済や個人認証の分野では，磁気カードが採用されていたシステムについて，セキュリティへの関心の高まりに伴い，高いセキュリティ機能をもつＩＣカードへの移行が進められようとしている。ＩＣカードには接触型と非接触型があり，表3のとおり基本的な特性では読み取り方式と価格以外には大きな差がない。非接触型の利点は，接点が不要で損傷や摩耗に強く，振動や，ちり，遮蔽物にかかわらず読み取れること，リーダーライターに駆動部が不要で，かつ，接点不良が起きにくく，メンテナンス・コストが安いことなどである。利用者の立場からみた場合，毎回カードを取り出してリーダーに差し込まなくても，かざす，あるいはただ通り過ぎるだけで，読み取りが終了する点で利便性が高い。さらに，ＣＰＵをカード内にカプセル化できるため機密性が高い。一方で，非接触ＩＣカードのタイプによっては，セキュリティ面で劣る，通信時間の制約からカード内のＣＰＵを使った暗号処理に向かないなど接触型に劣る点もある。

非接触ＩＣカードは，接触型と比較して規格化の遅れが問題とされてきたが，ＩＳＯなどでも検討が進められており，この面での不利は今後解消されていくであろう。接触型と非接触型のい

表3　非接触ＩＣカードとＩＣカード（接触型），磁気カードの比較

	非接触ＩＣカード	ＩＣカード（接触型）	磁気カード
データ容量	500～16000文字		80文字
セキュリティ／演算機能	高い／あり		低い／なし
偽　　造	難しい		比較的容易
読み取り接点	不　要	必　要	
価　格（／タグ）	接触型ＩＣカードの1.2倍程度	磁気カードの2.5～10倍程度	数十～数百円程度

（出所）各種資料より野村総合研究所作成

表4　民間市場の各分野における推奨されるカード

市場分野	推奨カード 種類	非接触ICカード 密着型	非接触ICカード 近接型	非接触ICカード 近傍型	接触型ICカード	磁気カード
	読み取り距離	～約20cm	～約1m	～数m		
交通	乗車券・定期券	×	◎	×	×	△
	有料道路料金課金カード	◎	○	○	△	△
金融・流通・サービス	キャッシュカード	◎	○	×	◎	○
	クレジットカード	◎	○	×	◎	○
	電子財布	◎	○	×	◎	×
	プリペイドカード	◎	○	×	◎	△
	ポイントカード	○	○	×	○	○
	自販機カード	○	◎	×	△	△
	駐車場カード	△	◎	○	△	△
通信	公衆電話用カード	○	◎	×	○	△
	移動体通信用カード	○	○	×	○	×
	ネットワークカード	○	○	×	○	×
	衛星放送用カード	○	○	×	○	×
アミューズメント	入園チケット	×	◎	○	×	△
	パチンコカード	○	○	×	△	×
	スキー場のリフトカード	×	◎	○	×	×
	フィットネスクラブカード	○	○	△	○	△
	レース着順判定（ゼッケン）	×	◎	◎	×	×
	公営ギャンブルカード	○	○	×	○	△
ID	社員証	○	◎	△	○	△
	学生証	○	◎	△	○	△
物流・FA	宅配荷物管理カード	○	○	×	△	×
セキュリティ	電子キー	○	○	×	○	△

（出所）電子商取引実証推進協議会ICカードWG[6]より作成

ずれがより普及するかについては，カード価格だけでなく，メンテナンスなども含めたライフサイクルの総合コストをみて，事業者がおのおの判断していくことになるであろう。97年には電子商取引実証推進協議会が，表4のようにカード・タイプごとの推奨分野を抽出しており，読み取り距離ごとに適切な利用分野が異なることを示している。

3 非接触ICカード事業の事業環境

3.1 省庁の政策動向

近年，表5のとおり，建設省，郵政省，警察庁，運輸省，通産省など省庁レベルでの実用化へ向けての取り組みが進むとともに，97年3月には政府が閣議において再改定した規制緩和推進計画において，ワイヤレスカードの実用化が盛り込まれている。これにより従来，方式によっては制限を受けていた周波数帯や出力制限などが緩和される可能性もあり，事業機会の拡大に向けての期待が高まっている。

表5　国内省庁の動向

建設省	ノンストップ自動料金収受（ETC）
郵政省	ワイヤレスカード
警察庁	運転免許証
運輸省	電子乗車券・コンテナ管理
通産省	JIS化

（出所）電子商取引実証推進協議会[5]

3.2 技術・コスト面での進展

以前から量産化により製造コスト削減が可能とされてきたが，本格的な導入への期待の高まりに伴って，各メーカーともカードのタイプによっては百～数百円の製品を投入しつつある。

3.3 セキュリティに対する意識の高まり

テレフォンカードの偽造やクレジットカードの不正取引の増加など，セキュリティに対する意識が高まっており，偽造・不正利用を防ぐためカード発行者側がコストを負担しても非接触ICカードを導入しようという意識が生まれつつある。

3.4 海外での大規模導入事例

韓国ソウルのバスでも96年より非接触ICカードによる料金支払いシステムが実用化されている。また，中国でもETC導入事例が出るなど，ヨーロッパだけでなくアジアでも非接触ICカードシステムの導入が進んでおり，この数年の米国での積極的なETCの導入実績も踏まえると，日本は今のところ幾分趨勢に遅れているといえるだろう。

4 非接触IC事業の展開

非接触IC事業展開をめぐる要因は図2のように整理することができる。現在，非接触ICカードが，接触型ICカードの次の段階で導入されるのか，現在の磁気カードなどから一足飛びで切り替わるのかが議論となっている。たとえばフランスではクレジットカードに接触型ICカードが採用され，広く普及しているが，この背景には，磁気カードが広く普及する前にICカードの普及が進んだということがある。一方，磁気カードの導入で先行した米国や日本では偽造に強

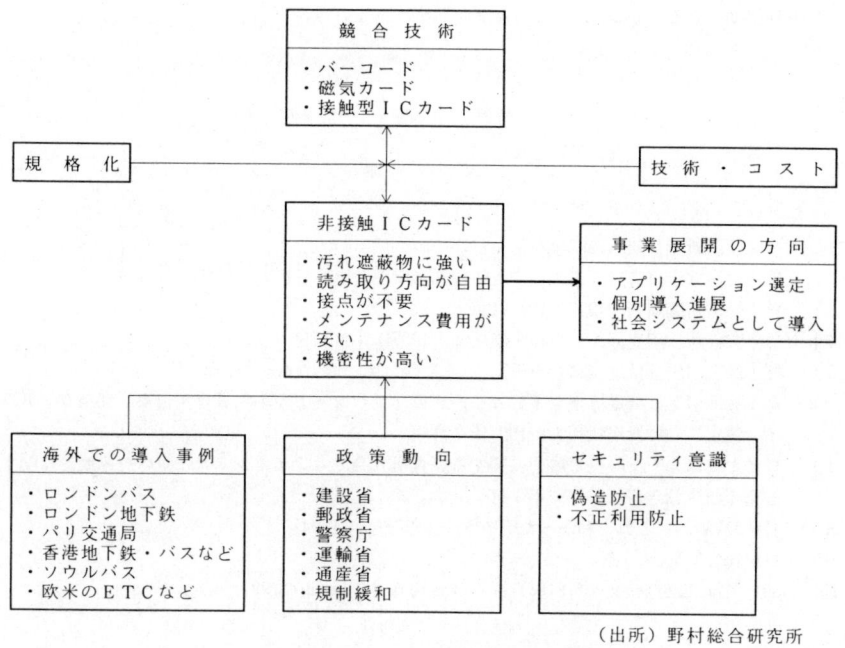

図2　非接触IC事業展開を巡る要因

いという明らかな利点にもかかわらずICカードの普及がなかなか進んでいない。同一システム内での磁気カードと接触型ICカードの共存は比較的難しいとされており，現在利用中の磁気カードシステムの償却時期がこないと接触型ICカードシステムの導入は難しいとの議論もあるが，非接触ICカードの場合，読み取り器が小さいなどの理由から，磁気カードとの共存，さらに移行へのプロセスがよりスムーズと考えられる。このため，接触型ICカードの段階を飛ばして一足飛びに非接触型ICカードの普及が進む可能性があり，香港の地下鉄などや日本のテレフォンカードでの非接触ICカードの導入がこの流れを示唆している。

一方で，特に期待の大きい交通（定期券，高速道路），金融（電子決済など）の分野については，省庁の政策に依存する部分が少なくなく，政策動向に注目する必要がある。比較的小規模の個別導入事例は今後も着実に増え，特に非接触ICカードシステムの価格・コストが費用対効果でみて十分なほど下がればその傾向に弾みがつくものと考えられるが，大規模な社会システムとしての非接触ICカードの普及については，規格化，規制，政策などの問題が解決されていく必要がある。また，たとえば電子マネーと定期券などの異なる分野での共用カードについてはカード発行主体間での調整が必要である。しかし，すでにみてきたようにこれらの課題についてもすでに取り組みが始まっており，今後の展開が期待されている。

文　　献

1) 日本経済新聞朝刊，1997年2月4日
2) 株式会社富士経済，「急成長する情報端末市場の徹底分析」，94年3月31日
3) 日本経済新聞朝刊，1997年10月21日
4) 日立製作所広川克郎氏，日経産業新聞，1997年4月15日
5) 電子商取引実証推進協議会ホームページ（http://www.ecom.or.jp/）
6) 電子商取引実証推進協議会ICカードWG「ICカードの現状調査報告書－利用ガイドライン策定に向けた現状報告」1997年7月
7) ワイヤレスカードの将来展望に関する調査研究会，「ワイヤレスカードの将来展望に関する調査研究報告書」，1993年1月
8) AIM JAPAN，「これでわかったデータキャリア」，1994年8月
9) AIM Vol.3 No.3
10) SRI "The Emergence of Electronic Payment in Japan" 1997

第2章　ＲＦＩＤのＬＳＩと通信システム

西下一久*

1　はじめに

Radio Frequency IdentificationすなわちＲＦＩＤシステムは，データキャリアシステム，非接触式ＩＣカードシステム，ワイヤレスカードシステムとも呼ばれている。カードやタグといわれる小型の記録媒体（データキャリア）とリーダーまたはリーダーライターとの組み合わせにより，電波を使って個体の識別やデータの送受信を行うものである。

接近させるだけでよいという操作の容易性，水や油の影響を受け難いなどという耐環境性，摩耗による劣化・破損がないという高耐久性など，自動認識技術の新たな担い手として大いに期待されてきた。しかし，コストパフォーマンスという点においていまだユーザーの期待には応えられておらず，非常に特殊な分野に限定されて導入されるものであり，一般では採用が見送られる場合が多かった。

近年，さまざまな分野での技術革新が進みＲＦＩＤ技術もより高性能かつ低コストが実現されるようになっている。こうした流れの中，ＮＴＴが次期のテレホンカードに非接触ＩＣカードを採用するという報道がなされたり，汎用電子乗車券類技術研究組合による非接触式定期券構想が進行しつつあることなど，ＲＦＩＤ技術もいよいよ身近なものとなってきた。

2　ＲＦＩＤの概念

では，簡単にＲＦＩＤシステムの概念を見ていきたい。システムは質問器と応答器とで構成される。この場合，質問器とはリーダー，リーダーライターと呼ばれる物で，応答器はカードやタグと呼ばれるデータキャリアである。質問器の呼びかけに応答器が応えて通信が行われる。この通信は，2枚のコイルが接近している時に片方のコイルに電流を流すともう片方のコイルに起電力が発生する「電磁誘導」という現象を利用して行われる（図1）。

応答器（データキャリア）は通常休眠状態にある。質問器（リーダーライター）からは起動信

---

*　Kazuhisa Nishishita　㈱エイアイテクノロジー　営業部　販売促進課　課長代理

  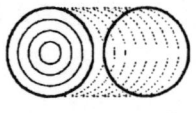 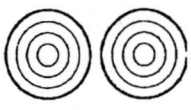

コイルA　コイルB　　コイルA　コイルB　　コイルA　コイルB　　コイルA　コイルB
二つのコイルは　　　コイルAに電流を流す　コイルBに起電力が　コイルBに電流が
接近している　　　　　　　　　　　　　　　発生する　　　　　　流れる

図1　電磁誘導の概念

号が出力されており，その磁束線の範囲（起動信号が届く範囲）に応答器が接近すると，そのエネルギーによって誘導起電力が発生し応答器内部の回路がスタートし，質問器との交信を開始する仕組みである（図2）。

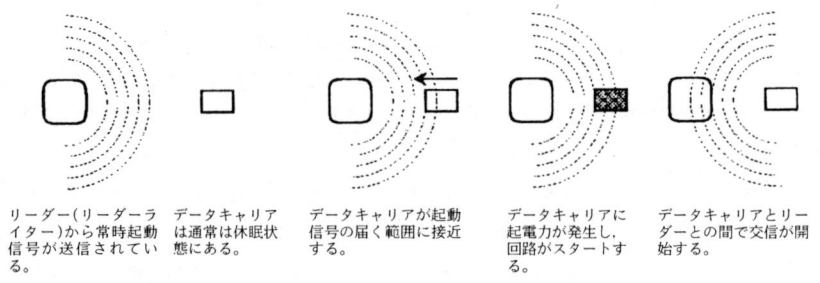

リーダー(リーダーライター)から常時起動信号が送信されている。　データキャリアは通常は休眠状態にある。　データキャリアが起動信号の届く範囲に接近する。　データキャリアに起電力が発生し，回路がスタートする。　データキャリアとリーダーとの間で交信が開始する。

図2　非接触データキャリアシステムの概念

3　RFIDの分類

　RFIDには以下のような分類が可能である。それぞれの組み合わせにより多種多様なデータキャリアが実現する。

3.1　メモリーアクセス方式

　リーダーライターからデータキャリアへのデータのアクセス方法とそのデータを格納するメモリーの媒体は以下のように分類できる。

3.1.1 アクセス方式

(1) RO(Read Only)型

出荷される時点でデータが書き込まれており，リーダーライター側からのアクセスは読み取りのみが可能なものを指す。一般的には個体識別のためのID情報として利用される場合が多い。低コストが利点だが，システム設計において融通が利かない場合もある。

(2) WORM(Write Once Read Many)型

データの書き込みが最初の一回のみ可能で，その後は書き込んだ情報の読み取りだけが可能となるタイプ。RO型はデータの書き込みをメーカーが行うのに対して，このタイプはユーザー側での書き込みが可能である。

(3) RW(Read Write)型

データの書き込みや読み込みが任意に行えるタイプ。ID情報だけでなくさまざまな各種データを記憶させ，必要に応じて読み取り，追記，書き換えを繰り返し行う事ができる。RW型はソフトウェアによって上記のRO型やWORM型を兼ねることができる。今後はこのタイプが主流を占めていくことになるだろう。

3.1.2 メモリー種類

データを格納するメモリーは大きく揮発性・不揮発性の2つに分類される。揮発性メモリーは内容保持のための電源を必要とするが，不揮発性は必要としない（表1）。

表1　各メモリーの特徴

メモリー	SRAM	MASK ROM	EEPROM	FRAM
内容保持	要電源	無制限	10年程度	10年程度
書き込み回数	無制限	不可	10万回以上	1億回以上
消費電力	小	小	大	小
書き込み速度	速	不可	遅	速

(1) SRAM(Static RAM)

CMOS回路で容易に構成できる揮発性メモリーのため，データの保持には電池によるバックアップが必要となる。メモリーアクセスのための消費電力は小さく，またアクセス速度も高速である。RFIDでこのSRAMをメモリーとして利用する場合，メモリーデバイスの寿命ではなく，バックアップ電池の寿命が重要となる。

(2) MASK ROM

　ＩＣの製造過程においてデータを書き込むもの。書かれたデータは電源がなくても消失しない。データの書き換えはできないので内容を変更しない場合に利用する。前項でも触れたように低コストであるが使い方は限定される。また，他のメモリーに比べ利用できる温度範囲が広いなど，物理的条件はよい。

(3) ＥＥＰＲＯＭ

　電気的に書き換えが可能なＲＯＭとして扱われる。不揮発性メモリーで，書き換え可能回数はおよそ10万回，データ保持期間は約10年といわれている。この10年という期間は書き込み時から数えるもので，数年経ってからまた書き込んだ場合，そこから数えて10年保持することができるものだ。また，10万回という書き込み制限はそれぞれのセルに対するものである。バイト単位で書き込みを行っている場合はそれぞれ1回と数えられる。しかし，ページ単位で書き込みを行った場合はページアドレスが劣化するため，1ページ分のデータに対して1回書き込みが行われたことになる。書き込みおよび消去には20Ｖの電圧が必要なため，別途昇圧回路が必要になる。また，書き込み時の消費電力は大きく，速度も遅い。

　制約はあるものの，不揮発性で読み書き可能なメモリーとしてシステム構築の応用性に富んでおり，現在のデータキャリアのメモリーデバイスとして最も多く用いられている。

　なお，データキャリアシステムの中ではＳＲＡＭとＥＥＰＲＯＭを組み合わせ，一旦ＳＲＡＭで処理をさせておいてその後ＥＥＰＲＯＭに書き戻す仕組みになっているものもある。

　その他，同様のデバイスとしてフラッシュメモリーがあげられる。このメモリーはメガバイト単位の大容量を実現するものであるが，ファイル単位での書き換えが基本であり，ＥＥＰＲＯＭよりもさらに消費電力も大きいため，ＲＦＩＤの中では密着型のメモリーカードなどのごく一部の限られたものに使用されるにとどまる。

(4) ＦＲＡＭ

　強誘電体メモリーと呼ばれる，強誘電体薄膜に分極を発生させてデータを記憶させる比較的新しいメモリーデバイスである。データ保持期間は10年程度であるが，書き換え可能回数は1億回から1000兆回ともいわれ，ＥＥＰＲＯＭに比べかなり改善されている。消費電力も小さく書き込み速度も速いため，今後このデバイスの採用が進んでいくものといわれている。逆に言えば，まだまだこれからのデバイスであるともいえる。

3.2　供給電源

　データキャリアは電池内蔵型と無電池型に分類することができる。かつては電池内蔵型しかなかったが回路の集積化が進む中，無電池型へと主流は移っている。

3.2.1 電池内蔵型

電池内蔵型には二つの種類がある。一つはＳＲＡＭのデータ保持を目的にバックアップ電源として電池を搭載しているものである。電池の寿命が切れればデータは失われる。もう一つは長距離の交信距離を必要とする場合の機種など，回路の動作の電力を内蔵電池でまかなうために搭載しているものである。この場合，メモリーは不揮発性のものが搭載されているものでは，電池交換してもデータ内容は消失しない。

内蔵される電池はコイン型・ペーパー電池，太陽電池などがあり，交換できるものもあれば封入されているものもある。封入式は電池寿命がそのままデータキャリアの寿命となる。

電池内蔵型は安定した出力の確保ができるものの，構成が複雑になり，一定限度までしか小さくできないことがネックになっている。

データキャリアの軽薄短小化が進む中，ペーパー電池の普及が期待されたが，これらの普及よりもデータキャリアシステムの無電池化の動きの方が速かった。

3.2.2 無電池型

リーダーライター側からの誘導起電力を電源として動作する。データキャリアの回路の集積化による消費電力の低下によって実現した。少ない電力を求められるさまざまな機能の中でどの機能を優先して消費するかによって，それぞれのデータキャリアの性格が決定されることになる。

3.3 通信方法

データキャリアとリーダーライターがデータの通信の方法には伝送手段，通信の方向性，変調方式などによる分類と組み合わせがある。

3.3.1 伝送媒体

データキャリアとリーダーライターがデータの伝送を行う手段として電磁界と光があげられるが本稿ではＲＦＩＤを主題とするため光による伝送については割愛する。

電磁界を利用したものとして，誘導電磁界を媒体とする電磁誘導方式，交流磁界によるコイルの相互誘導を利用したトランス結合でデータを伝送する電磁結合方式，マイクロ波帯の電波を媒体とする放射電磁界方式などがあげられる。

3.3.2 通信方式

通信方式には単方向通信(Simplex)，半二重通信(Half-duplex)，全二重通信(Full-duplex)の三種類があげられるが，単一方向のみの通信は一般的にはＲＦＩＤには用いられない。

半二重の場合では，リーダーライター側がデータ伝送している場合はデータキャリア側が受信に徹し，データキャリア側が伝送している場合はリーダーライター側が受信を行うという片側からのみの伝送が行われる。一般的には送信と受信の行為を時分割して行う。

全二重では双方向のデータ伝送が可能で、送信・受信を同時に行うことができる。一般的には複数の周波数帯域を使って送信・受信を行う。

3.3.3 変調方式

各々の変調方式を別表のようにまとめてみた（表2）。

表2 変調方式の違い

方式	ASK	FSK	PSK	SS
データの搬送	振幅の変化	周波数の変化	周波数の変化	スペクトラム拡散
変調器	簡単	簡単	複雑	複雑
復調器	簡単	複雑	複雑	複雑
耐ノイズ性	×	○	○	◎

(1) ASK（Amplitude Shift Keying 振幅変調）

データの搬送波の振幅を変化させることでデータを伝送する。データを変調して搬送波に変換する変調器、受信した搬送波をデータ信号に変換する復調器ともに簡単な構成となるが、周囲の電気的雑音の影響を受けやすい。

(2) FSK（Frequency Shift Keying 周波数変調）

データの搬送波の周波数を変化させることでデータを伝送する。変調器の構成は簡単だが、復調器の構成は複雑となる。周囲の電気的雑音の影響を受けにくい。

(3) PSK（Phase Shift Keying 位相変調）

データの搬送波の周波数を変化させることでデータを伝送する。変調器、復調器ともに構成は複雑となる。周囲の電気的雑音の影響を受けにくい。

(4) SS（スペクトラム拡散）

搬送波のスペクトラムを変化させることでデータを伝送する。変調器、復調器ともに構成は複雑となる。周囲の電気的雑音には非常に強くなる。

3.4 交信距離

従来、無接点型などと呼ばれるデータキャリアをリーダーライターに挿入したり置いて利用するものを近接型、データキャリアとリーダーライターが離れて交信するものを遠隔型と呼んでいたが、近年非接触ICカードの標準化に合わせその分類がより詳細になっている。参考までに非接触ICカードの分類表をかかげておく（表3）。

表3　非接触式ICカード分類表

分類	外部端子なしICカード（コンタクトレスICカード）			
種類	密着型	リモート型		
		近接型	近傍型	マイクロ波型
国際規格	ISO10536	ISO14443	ISO15693	—
通信結合方式	静電結合方式	電磁誘導方式		
伝送距離	1mm	1.5mm〜2mm	1cm〜約20cm	〜約1m	〜数m
電池有無	有・無	有・無	無	無	有
アンテナ方式	1or2コイル	1or2コイル			
周波数	4.91MHz	4.91MHz	13.56MHz	<135kHz	2.45GHz
CPU有無	有・無	有・無	有・無	有・無	有・無
アクセス方式	読・書	読・書	読・書	読・書	読・書
カードの形状	54mm×85mm	54mm×85mm	54mm×85mm	54mm×85mm可	54mm×85mm可
カードの厚さ	0.76mm±10%	0.76mm±10%	0.76mm±10%	0.76mm±10%	1mm以上

ＥＣＯＭ（電子商取引実証推進協議会）ホームページ参照

交信距離数mmのものを密着型(Close coupling)，それ以外をリモート（非接触）型（Remote coupling）と呼び，リモート型の中で20cm程度までを近接型(Proximity)，1m程度までを近傍型(Vicinity)と呼ぶ。それ以外に対しては定義されていないため，その他の遠隔型と呼ぶことになるが，マイクロ波型(Micro wave)と呼ばれることもある。

3.5 形　状

一般的な形状としてカード型があげられるが，箱型や円筒型，円板型などもある。その他にも

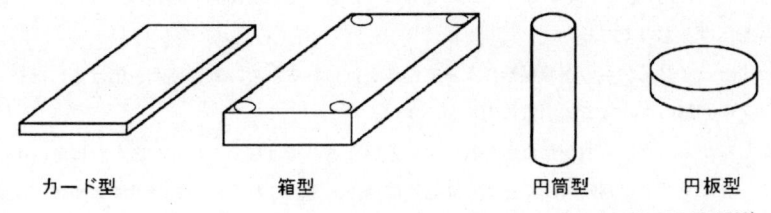

カード型　　　箱型　　　円筒型　　　円板型

（参考：データキャリア用語 JIS X 0500）

図3　一般的な非接触データキャリアの形状

特殊な形状も存在する（図3）。

4　RFIDに求められる機能

　RFIDの技術はさまざまであり，導入にあたってはさまざまな要求がなされている。RFIDの普及のためにはそのさまざまな要求を実現していかなければならない。

4.1　軽薄短小化と低コストの実現

　最初にあげられる要求はなんといってもデータキャリアの低コスト化であろう。自動認識技術の担い手として注目されながら普及を阻んでいるのはそのコストである。その低コスト化を実現するためにはデータキャリアの小型・軽量化が不可欠となる。

　このためにはまず，データキャリアのLSIの高集積化が必要となる。LSIの構成は搬送波の変調・復調を行うアナログ回路と各種処理を行うデジタル回路とメモリ部となるが，これらの1チップ化が必要になる。チップ自身のコストダウンとともに，実装の容易性が確保され製造コストの削減が可能になる。1チップ化のためには無電池型である必要が出るためメモリにはEEPROMかFRAMが用いられることになる。今後は高速性や回路の単純化，低消費電力といった要求からFRAMが主流となっていくであろう。

　また，これらのLSIとアンテナコイルとをボンディング実装する技術等の整備も大きな課題となる。また，パッケージングも重要だ。人が携帯するデータキャリアとしては0.76mmというISOサイズのカード，もしくはそれ以下の厚さでの量産が必要となる。

4.2　交信可能範囲の拡大

　データキャリアとリーダーライターとの交信可能範囲を拡大したいという要求は大きい。人が携帯する場合，ポケットに入れたままというハンズフリーでの運用はアクセスコントロール，所在管理を含め応用範囲が広い。また，物に張り付けたものでも広範囲での読み取りはシステム構築の幅を広げるものである。

　リーダーライターからの電源供給によって動作が行われるため，到達範囲を広げるにはデータキャリアの回路のさらなる低消費電力化が必要だ。

　しかしながら，交信範囲がただ広がればよいというものではない。範囲が広がればその中に複数のデータキャリアが輻輳（ふくそう）する可能性がある。これらによる通信障害や処理速度の低減といったさまざまな問題を抱えることにもなる。

　交信距離は伸びて欲しいが，範囲は広げたくないという要求もある。ある場所では交信が不可

欠だが，別のある場所では交信してほしくないといったこともあり，それらのコントロールも検討されなければならない。

4.3 通信速度の高速化

移動しながら交信を行えば交信可能範囲にデータキャリアが存在する時間は限られており，そのわずかな時間に交信をするためには通信速度が重要となる。システムに要求されるデータ容量が大きくなればなるほど通信速度は高速化を図らなければならない。ＲＦＩＤの場合単に通信速度の高速化だけではなく，誤り制御や輻輳制御の方法など，効率のよいプロトコルの選択も課題となる。

4.4 輻輳制御

データキャリアとリーダーライターの交信可能範囲が広がれば広がるほど，その範囲に複数のデータキャリアが存在する可能性が高くなる。一対一の通信ではなく一対多の通信となるため，その制御が必要となる。このためには個々のデータキャリアを個別に認識して各々に対して独立して交信するプロトコルの確立が必要になる。その制御が高度になればなるほど実行通信速度は低下することになる。このため，より通信速度の向上が必要となる。

また，複数のデータキャリアが混在する場合，リーダーライターが供給する電力の絶対量は一定であるため，各々のデータキャリアが受けられる電力量は低下する。データキャリアの輻輳に対応するためには，データキャリア側の低消費電力化も併せて重要な課題となる。

4.5 相互干渉の防止

データキャリアの混在という問題以外に，リーダーライター同士の相互干渉という問題もある。リーダーライターが発信する誘導磁界の範囲と他のリーダーライターの磁界範囲が重なってしまうと互いに干渉し，データキャリアとの交信が困難となる。これらを解消するために，発信を時分割したり，周波数や位相を変化させるなどの調整が必要になる。

4.6 暗号処理

ＲＦＩＤを決済手段として使う場合など，データの信頼性が重要になっていく。この場合，単なる通信だけでなく暗号化の手段が必要となる。

暗号化を行う回路としてプロセッサーを搭載する場合とワイヤードロジックで実現する場合があるが，それはシステム構築の柔軟性と，消費電力やコストとのバランスの中で選択されなければならない。

5 おわりに

　以上，ＲＦＩＤシステムについてみてきた。今後の技術革新により，より低コストで高性能なＲＦＩＤが現れてくることになるだろう。大量の導入にあいまって標準化も進んでいくものと思われる。標準化がすすまなければ大量の導入もありえない。しかし，ある特定のシステムだけが残るということにはならないのではないかと考える。例えば交信範囲の拡大と高速通信と輻輳制御の実現をテーマにした場合，すべてを実現しようとすれば軽薄短小化は困難になり，高コストを避けられない。要はバランスでどの機能を中心としてより汎用性を持たせたものとするかが課題となる。ＲＦＩＤの応用分野・適用範囲は幅広く，それらの目的に特化したＲＦＩＤが産まれてくるに違いない。そして自動認識の技術としてまた更なる期待を担うことになるだろう。

文　　献

1）　電子商取引実証推進協議会（ＥＣＯＭ）ホームページ，http://www.ecom.or.jp
2）　竹田晴見，データキャリアⅡ　ＩＣカード・光カード・ＩＤシステム編，日本工業新聞社
3）　エーアイエムジャパン，これでわかったデータキャリア
4）　宮本雅史，ワイヤレスカードのシステム開発とアプリケーション，ワイヤレスカードのシステム設計，日本工業技術センター
5）　吉岡稔弘，ＲＦ－ＩＤの種類と選定法，正しい自動認識技術の活用法，日本工業出版
6）　千村茂美，非接触カード用デバイスと応用技術，ワイヤレスカードのシステム設計，日本工業技術センター
7）　ＩＣカード総覧97年版，株式会社シーメディア
8）　ワイヤレスカードガイドブック，ワイヤレスカード推進協議会

第3章　非接触ICカードの種類と分類

中崎泰貴*

　非接触ICカードは，国内または国外の各メーカーから多くのものが製品化または発表されているが，その方式や構成などはそれぞれに特徴あるものとなっており，種類や分類をするうえで多くの観点に基づいてみる必要がある。非接触ICカードは非接触データキャリアまたはRFIDの一分野であり，RFIDとは，Radio-Frequency-Identificationの略であり，非接触データキャリアの初期の製品が，中波帯の電磁波を用いた個体認証の機能が中心であったところか

表1　データキャリアの分類

```
├─ 通信距離
│      密着型……　0～数mm
│      近接型……　1～数10cm
│      遠隔型……数10cm～数m
├─ 伝送媒体
│      電磁結合方式
│      電磁誘導方式
│      マイクロ波方式
│      光通信方式
├─ アクセス方式
│      RO　 (Read Only)
│      OTP　(One Time Programable)
│      RW　 (Read Write)
├─ 記憶情報量とメモリー
│      メモリー容量，1ビット～32kbyte
│      ROM，EPROM，EEPROM，FRAM
├─ 電源方式
│      能動型……電池内蔵型
│      受動型……外部供給型
├─ データ伝送速度
│      数kbps～数100kbps
└─ 変調方式とビットコーディング
       FSK，PSK，ASK
       NRZ，Manchester，Miller
```

---

* Yasunori Nakazaki　インターナショナルビジネスコネクションズ　代表取締役

らそう呼ばれたものである．しかし昨今，通信距離，アクセス方式や記憶容量などが飛躍的に向上し，伝送媒体としても，短波帯やマイクロ波帯を用いるものや，単に個体認証の機能のみではなく，ＣＰＵによる高度な演算処理機能をも搭載する製品など，種類も多様化してきている．

そこで本章では，単なる非接触ＩＣカードということではなく，広く非接触データキャリア全般の種類と分類について説明する．非接触データキャリアの機能および方式などの種類や分類をみるうえでの各種切り口を表1に示す．

1 通信距離による分類

非接触データキャリアは通信距離により密着型，近接型および遠隔型の3種類に大まかに分られる．

1.1 密着型

通信距離が0～数mmと短いもので，ＩＳＯでの規格化がほぼ終了しておりＩＳＯ10536 としてまとめられている．クロック周波数およびデータ伝送レートはそれぞれ4.9152MHz，9,600bps（およびその整数倍）である．この密着型では，リーダー/ライターとデータキャリアの位置合わせ機構が必要となる．

1.2 近接型

通信距離が，1cmぐらいから数十cmぐらいのものが，この分類となる．伝送方式は，誘導結合方式や電磁誘導方式が主に用いられる．　ＩＳＯではその規格化作業の途上にあり，ＩＳＯ14443としてまとめられつつある．方式としては，現在3種類のものが並行して審議されており，その内容の一部を表2に示す．非接触データキャリアの1製品カテゴリーである非接触ＩＣカードはこの分類に属す商品が大半になることが予想される．クレジットカードや電子マネー，ＩＤカードなど今後急速に普及するマーケットを支える重要な技術分類である．

1.3 遠隔型

通信距離が数十cmから数mまたは数十mに達するようなタイプである．伝送方式としては，電磁誘導方式の一部，マイクロ波方式や光通信方式が採用される．マイクロ波方式を用いたものとして，現在，高速道路の料金徴収システムなどが検討されている．マイクロ波方式や光通信方式は，前述の密着型や遠隔型と違ってデータキャリア内に電源を必要とすること，また方式上伝送媒体の指向性が強いことから，システム構成上十分配慮されなければならない．

表2　ＩＳＯ／ＩＥＣ　14443仕様

仕様		種類	ＩＳＯ／ＩＥＣ 14443仕様（審議中：97／9現在）		
			タイプA	タイプB	タイプC
R/W→カード （下り通信）	周波数（電力，およびデータ）		13.56MHz	13.56MHz	(13.56MHz)
	変調方式		ＡＳＫ	ＡＳＫ	(ＡＳＫ)
	変調度		100%	10%【公差未定】	(10%)
	出力レベル		未定	未定	(未定)
	Sub Carrier	周波数	無	無	847 kHz
		変調			(ＢＰＳＫ)
	Bit Coding		Modified Miller	ＮＲＺ	(ＮＲＺ)
カード→R/W （上り通信）	周波数（データ）		13.56MHz	13.56MHz	(3.39MHz)
	変調方式		Load Switching	Load Switching	(Active, BPSK)
	変調度		未定	未定	(未定)
	Sub Carrier	周波数	847kHz	847 kHz	(使用せず)
		変調	ＡＳＫ	ＢＰＳＫ	
	Bit Coding		Manchester	ＮＲＺ	(ＮＲＺ)
通信速度			106 kbps	106 kbps	106 kbps
			【ＡＴＲの間】	【ＡＴＲの間】	【ＡＴＲの間】

2　伝送媒体方式による分類

　伝送媒体方式としては，電磁結合方式，電磁誘導方式，マイクロ波方式，および光通信方式がある。各方式の簡単な概念図を図1に示す。

2.1　電磁結合方式

　コイルどうしまたはキャパシターどうしを空間ギャップを用いて対向させ，誘導結合により磁界または電界を伝送媒体として使用する方式。

2.2　電磁誘導方式

　数cmから数10cmの間隔で対向配置したループアンテナに数100ｋＨｚの中波帯の信号や，数10ＭＨｚの短波帯の信号を通電し，発生する誘導電磁界を伝送媒体とする方式。現状では，中波帯で

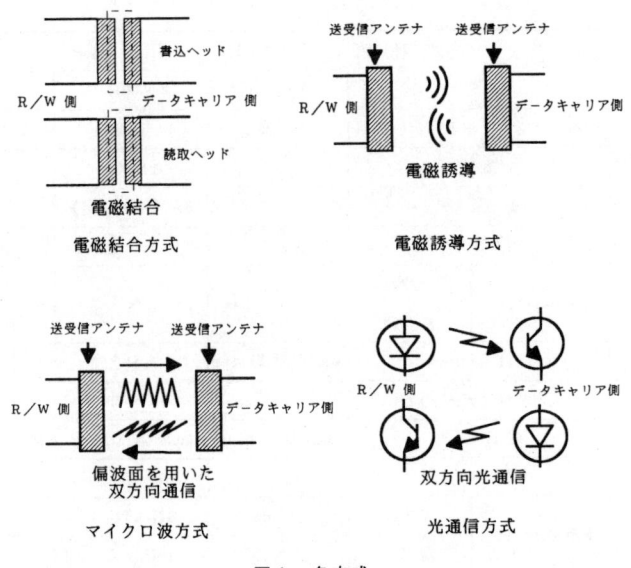

図1　各方式

は125kHz/62.5kHz，短波帯では13.56MHzを用いた商品が多く見受けられる。通信距離としては10cm前後のものが多い。

2.3　マイクロ波方式

波長が十数cmのマイクロ波の放射電磁界を伝送媒体として使用する。距離がかなり長くとれる特徴がある反面，指向性が強くまた人体や金属などに吸収される点も考慮されなければならない。

2.4　光通信方式

発光ダイオードとフォトダイオードを組み合わせた近赤外線による光通信を伝送媒体とする。

3　アクセス方式による分類

データキャリアの初期の製品いわゆるRFIDは，IDの固体識別が，主たる応用であったため，RO(Read only)のみであった。これはデータキャリアが，交信可能領域内に入ったときに，データキャリアからリーダーへ一方向に情報を伝送するものである。この後技術の進歩と応

用の広がりに対応するため，ＯＴＰ(one time programable)いわゆる最初の１回のみ情報の書き込みが可能なもの，さらに任意にリーダー/ライターからデータキャリアへの書き込み，また読み出しが可能なものへと発展してきている。今後の応用の内容およびコストなどに従って３方式が共存すると考えられる。

4 記憶情報量とメモリーによる分類

4.1 記憶情報量

初期のＲＦＩＤではＩＤ情報のみであったため１ビットから64ビット程度のものであった。その後情報処理の高度化およびリード/ライト可能な製品への展開と合わせてメモリー容量が増大している。現在ほぼ２つのカテゴリーに分けられる。１つは数ｋビット前後のもので，社員カードやＦＡ(Factory Automation)用が中心である。もう一方は，数10ｋビットからそれ以上のもので，暗号処理，認証機能などを合わせて搭載するハイエンドの製品である。応用としては，電子マネーやそれに関わるハイセキュリティ分野である。

4.2 メモリー

半導体メモリーの主たる技術のほとんどが，その用途に合わせて使用されている。ＲＯ型であればＭＡＳＫＲＯＭ(Read only Memory)，ＯＴＰ型であればＥＰＲＯＭ(Electrical Programable ROM)やヒューズＲＯＭが用いられる。リード/ライト可能なデータキャリアでは主にＳＲＡＭやＥ²ＰＲＯＭが用いられている。ただしＳＲＡＭでは内部電源による情報保持が必要となるため，電池内蔵が必須となる。Ｅ²ＰＲＯＭは，情報の保持に電源が必要でないため，データキャリアに適したメモリーであろう。ただし，Ｅ²ＰＲＯＭでもメモリーの内容の書き換えに高い電圧(10Ｖ以上)で多くのエネルギーが必要なこと，また書き換え時間がＳＲＡＭに比べて長いことなど非接触データキャリアにとって弱点となる面もある。

また最近の半導体技術の進歩によりＦＲＡＭ(Ferro Electric Memory強誘電体メモリー) も使

表3　ＩＣカードにおけるメモリー性能

メモリー	不揮発性	読み出し高速性	書き換え高速性	書き換え回数
ＲＯＭ	ＯＫ	ＯＫ	不可	―
ＯＴＰ	ＯＫ	ＯＫ	１回のみ	１回
ＥＥＰＲＯＭ	ＯＫ	ＯＫ	遅い	$10^4 \sim 10^5$
ＳＲＡＭ＋電池	ＯＫ電池寿命	ＯＫ	ＯＫ	ＯＫ
ＦＲＡＭ	ＯＫ	ＯＫ	ＯＫ	$10^{10} \sim 10^{15}$

われつつある。FRAMは，E²PROMと同様，情報の保持に電源が必要ない。さらに書き換え時間およびそのエネルギーもSRAM並みに小さく非接触データキャリアにはもっとも適したメモリー素子と考えられている。特に今後，高速な信号処理による暗号や認識機能の内蔵するデータキャリアでは，FRAMの使用される製品が増えてくるものと予想される。表3に各メモリーの特長を示す。

5 電源方式による分類

電源方式としては，電源を外部から電磁界を用いて電磁誘導により供給する電池非内蔵のタイプと，内蔵電池により動作する電池内蔵タイプの2種類のタイプがある。動作する通信距離の長い応用に対しては，外部から電磁界を用いて電力を供給するにはかなり無理があるため，高速道路の料金徴収や貨車の識別などは電池内蔵式のものが使われるケースが多い。これに対してICカードのように薄型で電池を内蔵することが難しい商品は電池非内蔵となる。このためICカードでは，通信距離が最大でも数十cmとなる。 リーダー/ライター側から出力できる電磁界の強度は，後述する日本および各国の電波法により制約されており，この送信できる電力とデータキャリア内のICの消費電力のバランスが通信エリアを決めることになる。今後は特殊な用途を除いて大部分の商品は電池非内蔵タイプとなると予想される。

6 データ伝送速度による分類

データ伝送速度は，各種製品でさまざまなものがあるが，ここでは代表的な伝送速度について説明する。理論的には伝送速度をかなり高くすることは可能であるが，実使用面，特に伝送品質面からは，一般的に通信に用いる搬送周波数の1/10程度が最大になると考えられている。次の節で述べる変調方式にも依存するが，1ビット当たりの搬送波として8周波程度は欲しいのが現実であろう。この意味で，数100kHzの搬送波を用いる中波帯では，数kbps(bit per second)ぐらいであり，数10MHzの搬送波を用いる短波帯では，数10kbps〜数100kbps程度が適当であると考えられる。実際，市場で販売されている製品もほぼこの範囲にある。また密着型では，搬送周波数は4.9152MHzで9.6kbpsおよびその整数倍が選ばれている。通信品質としては，10^{-6}以下程度，つまり100万回に1回ビットエラー以下を目標に製品化されている。 鉄道改札のような応用ではこれでも不十分と考えられており，10^{-9}を目標としている。これは，再トライをしたときにシステム上ユーザーに与える影響が大きいためである。

通信品質を決める要素としては，このデータ伝送速度以外に伝送媒体，変調方式，回路方式な

ど多くのものがある。さらに使用される環境に大きく左右されるため，多くの点を十分考慮して設計，施工されなければならない。

7 変調方式とビットコーディングによる分類

シリアル通信での変調方式についてはさまざまな方式が考案され多くの教科書に述べられている。しかしながら，非接触ＩＣカードのように回路規模，および供給される電力に限界があるため限られた方式が用いられている。ＦＳＫ(Frequency Shift Keying)，ＡＳＫ(Amplitude shift Keying)およびＰＳＫ(Phase Shift Keying)などである。図2に各変調方式の簡単なタイミング図を示す。

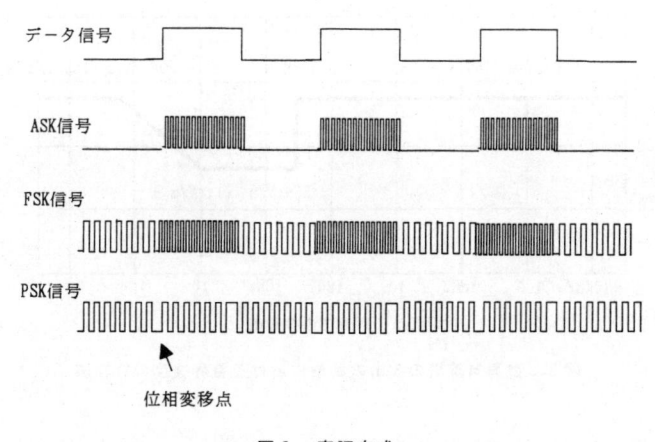

データ信号

ASK信号

FSK信号

PSK信号

位相変移点

図2　変調方式

ビットコーディングについては，ＮＲＺ(Non Return Zero)，Manchester，Millerなどがよく用いられている。

8 電波法について

電波または，電磁誘導を用いて交信する非接触データキャリアシステムは，電波法でいう「3,000ＧＨｚ以下の周波数の電磁波」となり，電波法の制約を受けることになる。データキャリアが広範囲にまた不特定の分野で利用可能な技術・商品となるためには，無線局免許の申請を

必要とする周波数や出力強度は好ましくないと言える。このため現状の技術や製品では，免許申請・許可の必要のないものが多い。このような無線局または機器とは，微弱無線局，誘導通信設備機器である。

微弱無線局とは，著しく微細な電波を用いて通信を行う無線設備で，郵政大臣の免許を必要としない無線局を言い，図3に示した電界強度以下で使用されるものである。データキャリアの通信波の周波数は，数10MHz以下がほとんどであり，3mにおける電界強度が500μV/m以下であれば，電波法の制約を受けず自由使用することができる。誘導通信設備機器とは，通信距離が$\lambda/2\pi$（λ：波長）より小さいときに対象となる機器を言い，逆に大きいときは，放射電磁波いわゆる電波の領域となる。法的には明確になっていないが，この施行規則に基づいたシステムも実用化されている。

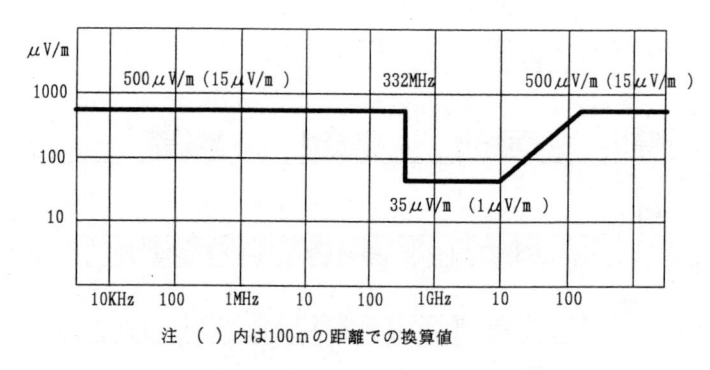

図3　微弱無線局の3mの距離における電界強度の許容値

電波施行規則の第44条第1項によれば，当該設備の通信領域が$\lambda/2\pi$内であれば，誘導通信設備機器として扱い，$\lambda/2\pi$の地点において15μV/m以下の電界強度であれば，免許申請の必要がないとされている。2節の伝送媒体で述べたように，通信媒体として長波帯，中波帯，短波帯の電磁波が用いられることが多いが，長・中波帯では波長が長く$\lambda/2\pi$が大きな値となるため，誘導通信設備機器として取り扱われことが多い。短波帯では，逆に微弱無線局として考えたほうが，送信出力を大きくとれることがある。

いずれにしても，現電波法ではこのような非接触データキャリアシステムが現れることを想定はしていなかったため，今後特に短波帯では何らかの法改正があるものと期待されている。

第4章　ＲＦＩＤの将来動向

粕谷周史*

1　歴史的背景

トーマス・エジソン（1847～1931）によって，無線電信が発明された，約100年前がＲＦＩＤの起源となる。

ＲＦＩＤを正確に書くと，ラジオ・フレゲェンシ・アイデンティティで，ＲＦは単に高周波無線とも言われるが，『四方に放射する無線式の個人認証記号』となる。

無線通信の初期は正にデジタル通信から始まった。約50年前の第２次世界大戦の主力はモールス通信であったと言っても，何のことやら全くご理解いただけないと思われるが，1844年アメリカの電気技師モールスによって考案された長短２種を配合して，文字に代用した符号である。ちなみに，ＳＯＳは・・・－－－・・・となる。

トトト・ツーツーツー・トトトと電鍵を打つのには速い人で１秒（１bps）の時代で，1957年当時，筆者もアマチュア無線局ＪＡ１ＢＶＯでオンエアーしていた。ＳＯＳのデジタル符号ではφφφ１１１φφφと９ビットで構成される。アスキーに変換すると63-5Ｆ-63と６バイトで48ビットになるが，そこはスピード時代，通信速度を4,800bpsとしても百分の１秒となり，この40年間では500倍の進歩を遂げたことになる。

一方，ＲＦＩＤに欠かせないメモリー容量では，真空管とトロイダルコアによる１ビットメモリーの初期から，コンピュータ時代にはＤＲＡＭとなり，1970年１ｋビットから1997年64Ｍビットに至るまで，ほぼ３年毎に密度４倍の発展を果たしている。

無線通信技術とコンピューターデジタル手法が融合され，集積部品と積層技法による製造技術によって，ＲＦＩＤは弁当箱サイズからカードサイズに進化を続け，世界中で開花の兆しである。

そして，このＲＦＩＤを最初に利用したのが，次の応用編に記載されている『動物の健康管理』であった。

日本での苗字が全てに付されたのは約120年前であり，日本でセキュリティが叫ばれたのは，1964年の東京オリンピックと，わずか34年前である。先進国アメリカでＲＦＩＤの特許が出願さ

---

*　Shuji Kasuya　㈱アート　システム開発部　取締役部長　㈳日本防犯設備協会委員

れたのは1967年（表1）で，すでに権利期間は消滅したが，日本ではオランダ国籍のネダップ社が1987年（表2）新たに権利を取得している。

表1　1967年 No.3299424 コピー

United States Patent Office

3,299,424
Patented Jan. 17, 1967

1

3,299,424
INTERROGATOR-RESPONDER IDENTIFICATION SYSTEM
Jorgen P. Vinding, 18780 Withey Road,
Monte Sereno, Calif. 95030
Filed May 7, 1965, Ser. No. 453,939
21 Claims. (Cl. 343—6.5)

This invention relates to an identification system for recognizing an object as a member of a class or as a particular member within that class, or both. More particularly, this invention relates to an interrogator-responder identification system in which an interrogator interrogates the object to be recognized when in inductive coupling proximity thereto and in which the responder responds to such interrogation in a manner by which the interrogator can recognize the object either as a member of a class or as a particular member within that class.

Interrogator-responder identification systems known heretofore are characterized in that the interrogation and the response are in the form of radio signals, i.e., they communicate by transmitting and receiving high frequency energy. In such systems the interrogator is provided with an antenna element for radiating the interrogator signal and for receiving the responder signal, and the responder is similarly provided with an antenna element for receiving the interrogator signal and for transmitting the responder signal. The interrogator and responder signals are generally sinusoidally amplitude modulated carrier signals.

2

fere with the operation of other devices, such as communication or control equipment. For example, it is well known that many communications and instruments are affected by "spurious" radio signals in their vicinity. Furthermore, the generation of radio-frequency waves is often subject to government restrictions and control which might make an optimum carrier frequency signal unavailable to the user of the identification system, particularly since many portions of the radio-frequency spectrum are already severely overcrowded.

Finally, one further limitation of the above-mentioned radio-frequency identification system is the requirement that both the interrogator and the responder include a radiative element for efficiently radiating at the carrier frequency. This requirement is usually met by making the equivalent physical length of the antenna element equal to one or more one-quarter wavelengths of the mean carrier wavelength. Accordingly, for an efficient radiator element for a VHF carrier frequency of 250 megacycles per second, the equivalent physical size of the element must be about 1 foot. These considerations require the use of very high frequencies, which are often not commensurate with other requirements.

It is, therefore, a primary object of this invention to provide a new and novel object identification system.

It is a further object of this invention to provide an interrogator-responder identification system which is reliable in operation, economical in construction and small in physical size.

It is a further object of this invention to provide a non-radiative, portable and inexpensive responder which may

表2　1987年　特許第1436836号　コピー

特　許　証

特許第　１４３６８３６号

昭和５３年　特　許　願第０４８６６４号
昭和６２年特許出版公告第０４３２３８号

発明の名称　　信号識別装置

特許権者　　オランダ国　グロエンロ　オウデ　ウインテルスウイユクセベグ　７
　　　国籍　　オランダ国
　　　　　　　エヌ　ブイ　ネダーランドシエ　アパランテンフアブリエク　ネダツプ

30

このようなRFIDの歴史的背景に基づき，非接触方式の目的・市場・展開・問題点・変革など動向を表や図を織り交ぜて解説する。

2 目的『今，なぜRFIDカードか』

以前にCDを盗まれたことから，レコード店で1,000円のCDを買う客は，このCDにセキュリティ代として20円余計に払わされることになる。

しかしビジネスの世界では経済犯罪の大部分で受け入れられる定義も測定法もまた報告の制度化もされていないため，例えば警察白書によるレポートも必ずしも正確に物語っていないが，カード犯罪について表3を参照いただきたい。世界の経済犯罪による損失は，おそらく国民総生産（GNP）の2％を超えているとも言われる。

表3 警察白書平成9年版

平成9年版「警察白書」（警察庁）によると，平成8年の刑法犯の認知件数は181万2119件（前年比2万9175件1．6％増加）であった。すべての罪種で認知件数が増加しており，このうち窃盗犯は87．7％を占め，件数は依然増加傾向にあるとしている。

こうした情勢の中で，平成8年度の防犯設備機器の国内推定市場規模は，3,276億円となり，前年より403億円上回る前年比114．0％と高い成長となった。これは前年予測3,166億円，前年比110．2％より更に高い伸びを示したことになる

いわゆる，万引きはショップにおける経済犯罪で，ホワイトカラー犯罪はビジネス上の経営詐欺行為や職場内の通常犯罪，そして政府や企業や消費者に対する詐欺行為など，犯罪の存在は『街中・事務室・電算室・研究室・役員室…』等，すでにどこでも，また犯罪者という定型に属するとは考えられない人々によって行われている。

防衛策の一つとして，出入口の扉は常閉とし，定められた人だけが，登録されたカードを操作し認証された上で，入出を記録することである。それでも抑止効果に期待していることが多い。

米国セキュリティワールド新聞のケリン・ライドン記者の1989年とちょっと古い記事を紹介する。

『月曜日に新しい磁気カード式出入管理システムが設置され，稼動しはじめた。すると金曜日

31

までには，3人の従業員によってカードリーダー装置が取り壊されてしまった。いちいちカードを挿入する手間が煩わしかったからで，特にコンピューター室への磁器テープ資料等，仕事の材料を運び込む時などは厄介だった！！』

昔ならいざ知らず，今日の経営陣は従業員を処罰するのではなく，より多くの選択が考えられる。すでに十年も昔の米国事情であるが，ちょうど日本では1996年頃に合致しそうである。もちろん，この経営者は非接触カードを改めて選択したはずだ。

次に当時のアメリカ合衆国における市場規模の予測を図1に示した。上段の右端1998年が米国を示し，非接触カードは38％を占め，日本は3年遅れの下段と推測できる。

技術革新の今，社会変化により重要施設も増加の一途であり，ますます企業で守られるべき資産は広がりを見せている。

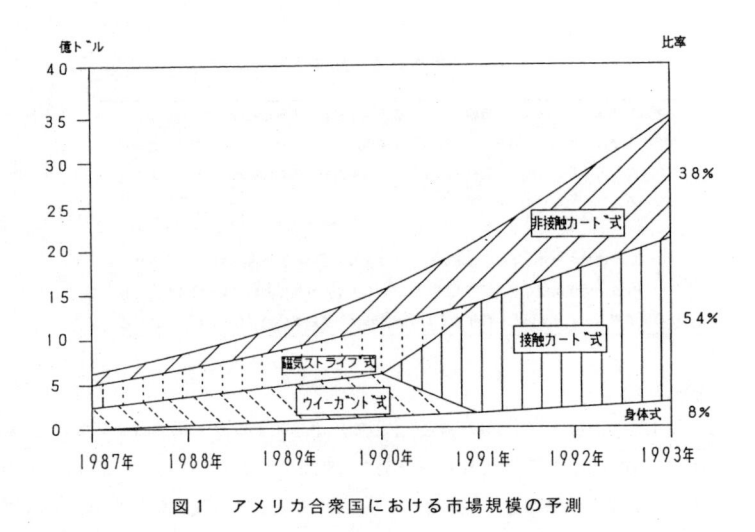

図1 アメリカ合衆国における市場規模の予測

3 日本における出入管理のニーズ

そもそも日本におけるドア回りの管理が脚光を浴びるようになったのは，1979年に三菱銀行北畠支店の銃撃事件からで，扉は電気錠で常時施錠され，許可された人だけが入室できるように改善された。

その後，85年には通産省通達第2624号による『情報処理サービス等，電子計算機安全対策

実施事務所認定規定』では，常時利用する電算室の出入口は1カ所として，出入口には入室者を識別，記録する出入管理装置，または受付記録を設置することが義務付けられるようになった。

これにより各金融機関の通用口とコンピューター室の出入口には出入管理装置が採用され，磁気カードによる運用が主流として，ID番号の入出記録が行われ，まず電算室に対する出入管理の必要性が認識されるようになった（図2）。

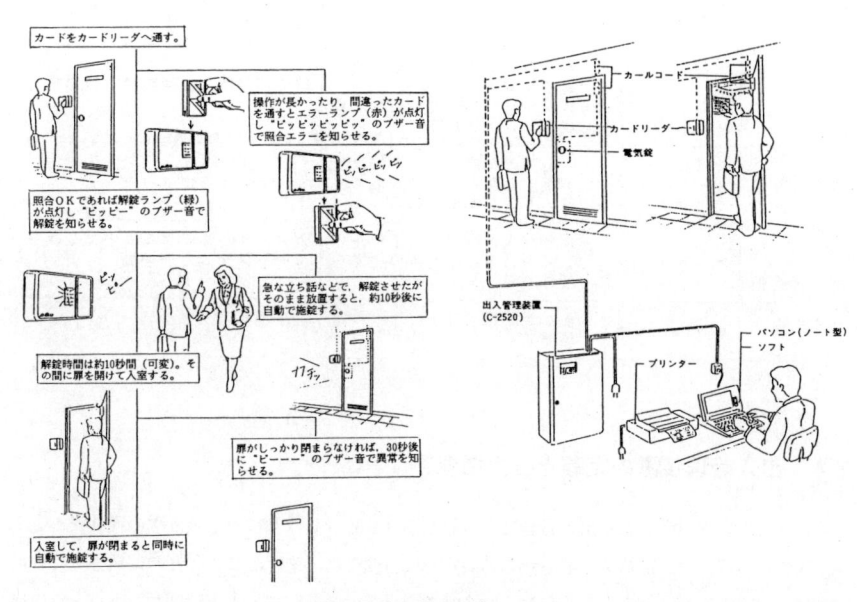

図2　出入管理操作フロー

昔から金券類に限っては，厳重な金庫に納められていたが，コンピューター時代にあっては，情報の重要性が唱えられ，電算室に限らずオフィス全体に出入管理が普及した。

出入管理対象エリアと運用形態を表4に示す。

表4　出入管理対象エリア

出入管理対象エリア		運用形態	対応
共用部	玄関	・朝夕定刻で開放し施錠する ・夜間は閉鎖する	スケジュール施解錠管理
	通用口	・朝夕定刻で開放し施錠する ・夜間はカードにより一時解錠して入館，またはインターホンで内部と連絡後，解錠する	スケジュール施解錠管理またはカードによるシステム
テナント部	事務室出入口	・朝，カードで扉を解錠し，最終者がカードで施錠する ・施錠中は照明空調が切れ，警戒がセットされる	カードゲートシステムと各種設備／警備システムとの連動
	店舗	・入室者が鍵で解錠，退出者が鍵で施錠する ・施錠中は照明空調が切れ，警戒がセットされる	鍵管理装置と各種設備との連動
重要エリア	コンピュータルームなど重要エリア	・入退室の都度，カードにより解錠する個人ごとに入室できるエリアが制限される	カードによる出入管理
その他	エレベーター	・夜間無人のフロアは不停止とし，カードにより不停止階を解除する	カードゲートシステムとエレベーターシステムとの連動
	駐車場	・テナントはカードにより入退場する	駐車場管理システム

4　出入管理装置の定義と三大機能

㈳日本防犯設備協会による出入管理装置一般基準（SESE 2001)の定義は次の通りである。「出入管理装置とは，常時又はあらかじめ設定した時間帯に，家屋，ビルなどの建造物または指定地域への出入を制限することを目的とする装置をいう。」そして，出入管理コントローラ規格（SESE2006-1）では基本構成図が図3の通りである。

次に出入管理装置に求められる機能を述べる。

(1)　登録・照合機能

あらかじめ許可するID番号を出入管理装置に登録し，照合されたカード所有者だけを通行許可する。

(2)　タイムコントロール・休日設定・カレンダー機能

常時施錠とし，許可されたカード所有者だけが通行許可される出入管理と，営業中の一定時間帯に限っては電気錠を解錠し，自由に出入可能とするタイムコントロール機能と，休日または年

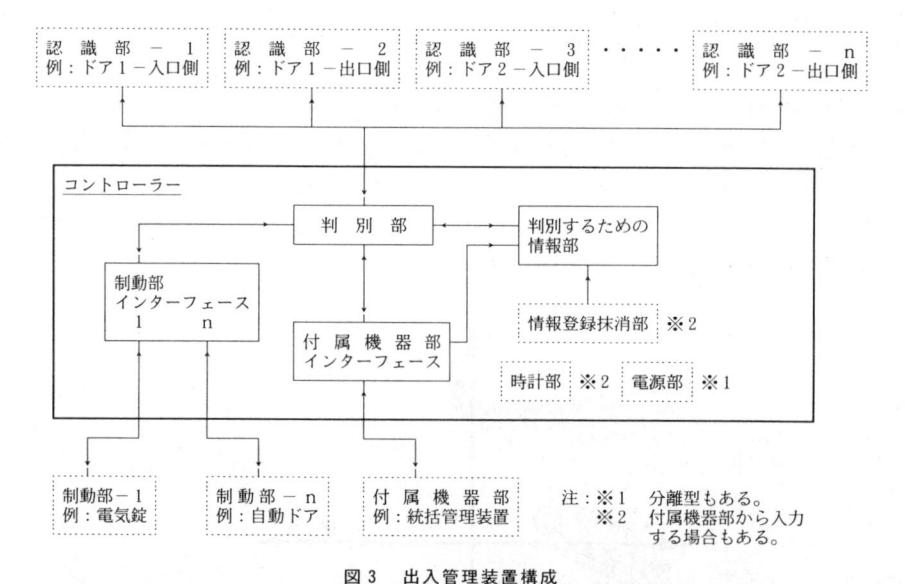

```
┌─────────────┐ ┌─────────────┐ ┌─────────────┐       ┌─────────────┐
│ 認識部 − 1  │ │ 認識部 − 2  │ │ 認識部 − 3  │ ‥‥‥ │ 認識部 − n  │
│例：ドア１−入口側││例：ドア１−出口側││例：ドア２−入口側│       │例：ドア２−出口側│
└─────────────┘ └─────────────┘ └─────────────┘       └─────────────┘
```

図3 出入管理装置構成

間の勤務スケジュールに合わせて，建物の使用条件に応じて設定が可能な機能がある。

(3) 出入記録機能

いつ，誰が，どこへ入室したか，また退室したかを記録する機能で，従来はジャーナルプリンターを備えて，入退ごとにプリントアウトしていたが，コンピューターメモリー装置の大容量化が進み，蓄積されたデータを必要に応じて整理統合して表示させたり，プリントアウトさせるなどの選択ができる（図4）。

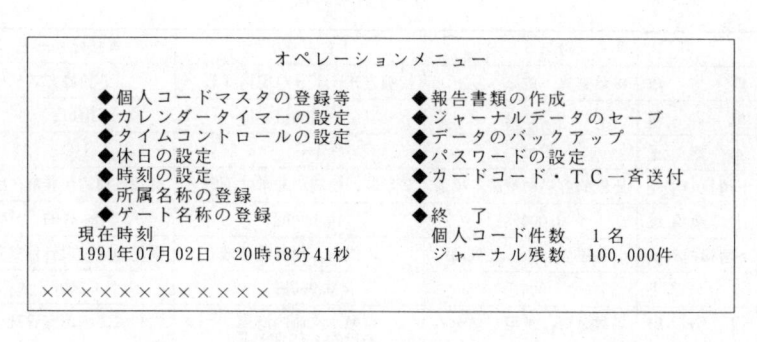

```
              オペレーションメニュー
    ◆個人コードマスタの登録等    ◆報告書類の作成
    ◆カレンダータイマーの設定    ◆ジャーナルデータのセーブ
    ◆タイムコントロールの設定    ◆データのバックアップ
    ◆休日の設定                  ◆パスワードの設定
    ◆時刻の設定                  ◆カードコード・ＴＣ一斉送付
    ◆所属名称の登録
    ◆ゲート名称の登録            ◆終　了
    現在時刻                     個人コード件数    1 名
    1991年07月02日 20時58分41秒   ジャーナル残数  100,000件
    ××××××××××××
```

図4　オペレーションメニュー

5 カード方式による比較

　日本国内でも金融カードを中心に約3億枚の磁気ストライプカードがすでに普及している。この磁気カードは安価ではあるが，偽造されやすく，磁力の影響でデータ破壊などの欠点もある。一方，RFIDカード（XS/XS-Ⅱ）では，いちいちカードをポケットから取り出す煩わしさも省かれることで操作性に秀れるなど，図5に利点をベクトルで示し，表5ではカード性能比較表として整理し，また写真1にリーダー構成を掲げた。

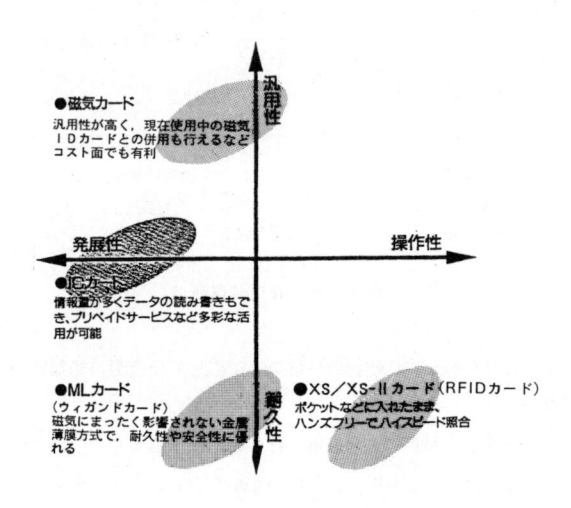

図5　カード利点ベクトル図

表5　カード性能比較

	磁気カード	ICカード	非接触カード
読 取 方 法	接触方式，磁気ヘッド	接触方式　ISO規格8ピン	非接触方式
記 憶 容 量	0.5kbit	64kbit	64bit
基 本 素 子	磁気	IC	IC
カード情報の秘守	比較的容易に解読，模造	解読，模造が非常に困難	解読，模造が非常に困難
カードの耐久性	3,000回	10,000回	半永久的
カード情報の破壊	強磁界によって破壊	電気的，物理的破壊	物理的破壊以外はなし
カードのコスト	600円	6,000円	4,000円
利 用 分 野	各種分野，汎用システム	金融，流通決済 多目的IDカード	FA，入退室管理

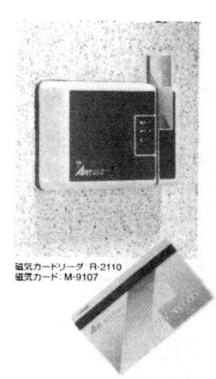

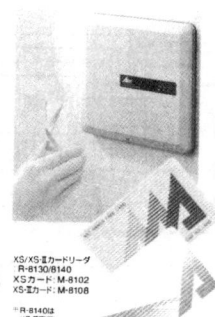

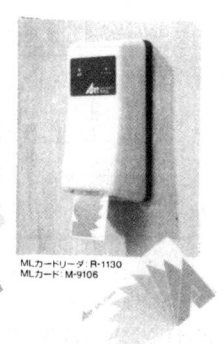

磁気カードリーダ R-2110
磁気カード: M-9107

XS/XS-Ⅱカードリーダ
R-8130/8140
XSカード: M-8102
XS-Ⅱカード: M-8108
*R-8140は
XS-Ⅱ専用

MLカードリーダ R-1130
MLカード: M-9106

ICカードリーダ
ICカード

磁気カードリーダー

出入管理カードとして最もポピュラーに活用されているカード。規格の統一が図られ，高い汎用性を持っている。コスト的にも優れ，特に現在，身分証明書などに利用されている場合は，出入管理システムとの併用も簡単に行えるなど，経済的なシステムが構築できる。またカードリーダは，面付けタイプとステンレスヘアーラインによる埋め込みタイプの2タイプをラインアップ。4つの標準品から選べる。

RFIDカードリーダー

ポケットやハンドバッグに入れたまま，カードリーダに近づくだけでデータを瞬時に読み取り，電気錠の開閉を制御する。電池レスでメンテナンスもフリー。10億種ものカードが作れるデータ容量を誇り，特に，訪問者が多い施設などに有効性を発揮する。カードリーダは，面付けタイプと小型埋め込みタイプを揃えている。頑丈な樹脂製2.5mm厚のXSカードに加え，薄型ポリカーボ製0.8mm厚のXS-Ⅱカードも登場。

ウィンガンドカードリーダー

ML (Magneticless) カードは，磁気を使わない金属薄膜方式のユニークなカード。耐久性に優れ，磁気の影響をまったく受けないので，より安心度の高いシステムの構築が可能である。20ビットの記憶容量を持つため，用途に応じてマスターコードと個別コードの2種のカードを登録したり，カード変更時にもすみやかに対応できる。またカードリーダは面付けタイプと埋め込みタイプの2タイプを標準品として揃えている。

ICカードリーダー

0.8mmの薄いカードに高性能ICチップが内蔵されているので，さまざまなデータの読み書きが行える。しかも豊富な記憶容量を活かせば，有料駐車場・レストラン・ショップなどでのプリペイドサービスをはじめ，幅広い分野で多彩な機能を発揮。より高度なシステムが実現できる。また，文字表示や音声合成によるガイダンス機能を付加したカードリーダにも対応。使いやすさを追求したシステムが構築できる。

写真1　カードとリーダー構成

6　RFIDカードの原理

　初期のRFIDカードは無線カードと呼称され，電池内蔵のため約5mmの厚さで，受信と応答は別々の周波数を利用していた。

　市場は薄型カードを求め，半導体メモリー素子の高密度小型化とICカードの集積技術向上と相まって，96年頃から厚さ0.82mmが登場した。

　図6に特公昭62-43238に掲載されている基本回路構成と波形を参考に解説する。

① 　送信機で120kHzの発振が行われ，送信コイルをアンテナとして接続される。
② 　カード内蔵コイルでは，送信コイルと電磁結合する範囲に近づくと，120kHzの電磁波をLと

図6　ＲＦＩＤ基本回路構成

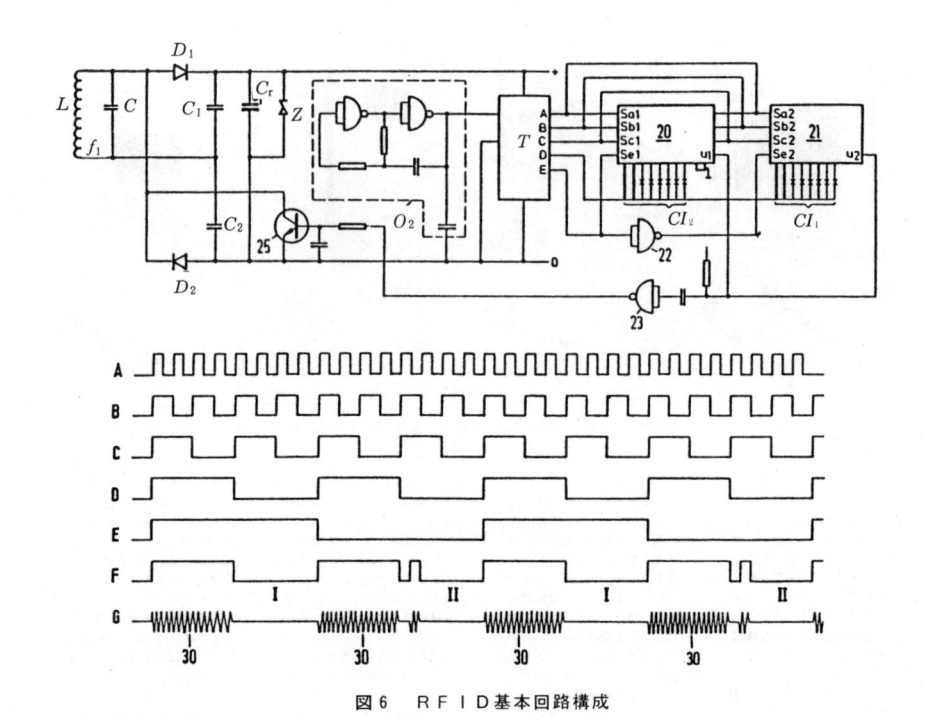

　　　Cで共振させ，そのエネルギーを整流ダイオードD_1を通し，充電コンデンサC_rに蓄える。
③　必要な電力が得られると，集積回路 T が起動し，メモリー20と21を働かせて，64ビットのコードに合わせてトランジスタ25とダイオードD_2 で，コイルLを短絡させる。
④　送信機側では64ビットのコードに応じて，送信電流が変化し，この変化量を増幅することで，カードのＩＤコードを認識する。
　図7ではＲＦＩＤの製品構成例を示す。

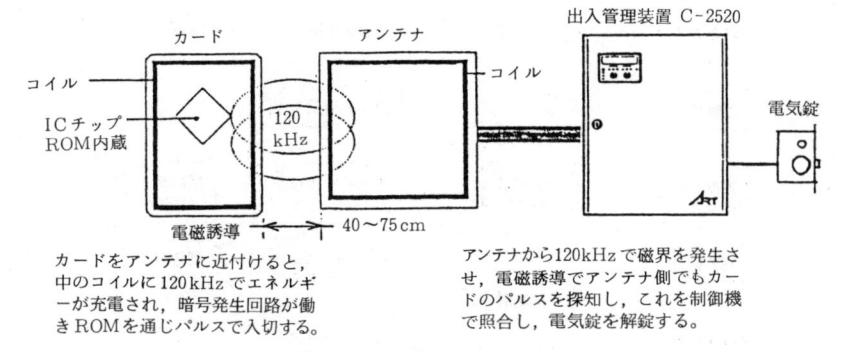

```
                         出入管理装置 C-2520
    カード      アンテナ
コイル                    コイル
 ICチップ    120
 ROM内蔵    kHz                              電気錠

    電磁誘導  40～75cm
  カードをアンテナに近付けると，    アンテナから120kHzで磁界を発生さ
  中のコイルに120kHzでエネルギ     せ，電磁誘導でアンテナ側でもカー
  ーが充電され，暗号発生回路が働    ドのパルスを探知し，これを制御機
  きROMを通じパルスで入切する。    で照合し，電気錠を解錠する。
```

図7　RFID製品構成例

7　RFID方式の分類

前項の原理解説では現在主流の電磁結合，AM変調方式のタイプを取り上げたが，電界結合，誘導結合，放射結合などがある。そして方式によって，特長と欠点もあり，表6にまとめて示した。

表6　方式比較

	方　式	機　能	特　　長	欠　　点
結合方式	電界方式	10cm以下	指向性が少ない	タバコの銀紙で影響する
	電磁方式	10～60cm	電力供給が可能	不要輻射が多い
	誘導方式	1m以下	人体遮断が無い	金属板の影響が有る
	放射方式	1～10m	遠距離に適する	カードの指向性が強い
変調方式	AM方式	振幅変化	装置が安価	ノイズに弱い
	FM方式	周波数変化	混信に強い	同時入力でエラーする
	PM方式	位相変化	ノイズに強い	装置が高価
伝送型式	密着型	1cm以下	無接点のため長寿命	精度を要する
	近接型	1～10cm	不要輻射が少ない	キー，コインで障害有り
	中接型	10～60cm	セキュリティ度が高い	外来ノイズに弱い
	遠隔型	60cm以上	移動体に適する	電波法認定が必要
電源	電池無し	パッシブ	使用温度範囲が広い	1mまでに限られる
	電池有り	アクティブ	遠距離が可能	ノイズによる誤作動が多い

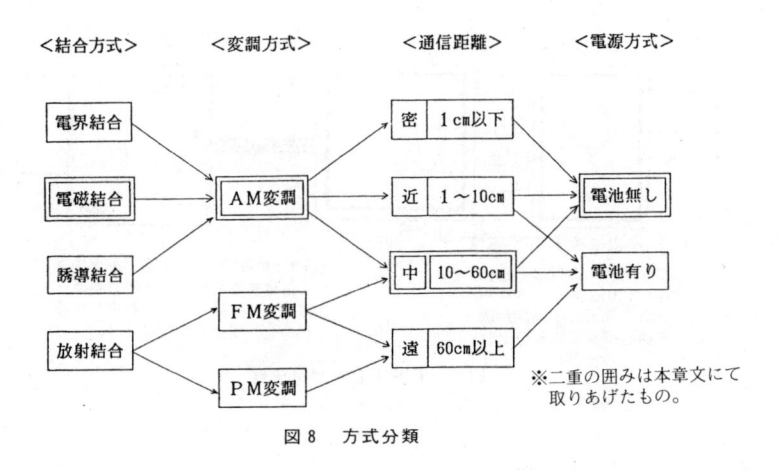

<結合方式>　　<変調方式>　　　<通信距離>　　　<電源方式>

図8　方式分類

※二重の囲みは本章文にて取りあげたもの。

また，図8では各方式による利便性を方式分類した。

8　RFIDの電界強度

日本国電波法で特定小電力および微弱無線局の許容値は表7，図9の通り定められている。数

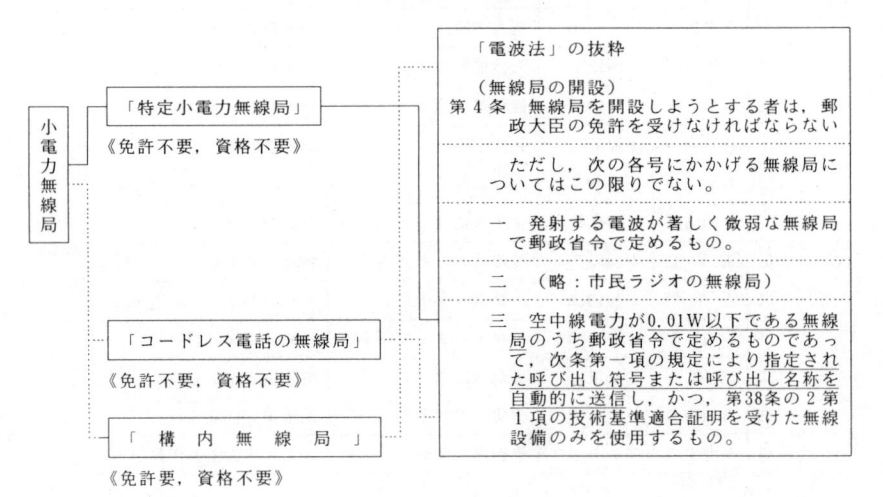

表7　電波法上の位置付け

「電波法」の抜粋

（無線局の開設）
第4条　無線局を開設しようとする者は，郵政大臣の免許を受けなければならない

ただし，次の各号にかかげる無線局についてはこの限りでない。

一　発射する電波が著しく微弱な無線局で郵政省令で定めるもの。

二　（略：市民ラジオの無線局）

三　空中線電力が0.01W以下である無線局のうち郵政省令で定めるものであって，次条第一項の規定により指定された呼び出し符号または呼び出し名称を自動的に送信し，かつ，第38条の2第1項の技術基準適合証明を受けた無線設備のみを使用するもの。

小電力無線局
　├「特定小電力無線局」《免許不要，資格不要》
　├「コードレス電話の無線局」《免許不要，資格不要》
　└「構内無線局」《免許要，資格不要》

【微弱無線局の3mの距離における電界強度の許容値】

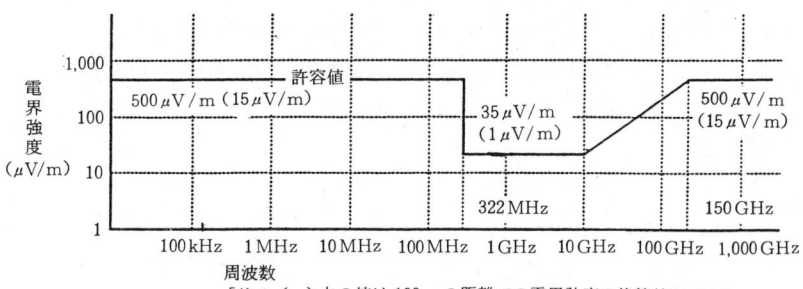

図9　電界強度許容値

年以前より郵政省がワイヤレスカードとしてのRF利用に対し，規制緩和を検討しており，特定な周波数に限っての利用拡大も期待できる。

9　IEC規格の分類

IEC委員会における検討も進み，カード検知距離に応じて現状では4規格の番号が裁番されているが，各国の電波割当規制などにより統合には至っていないが，一応番号のみ列記しておく。
a　接触型（コンタクト）　：IEC 7816（4.91MHz）
b　密着型（クローズ）　　：IEC 10536（13.56MHz）
c　近傍型（リモート）　　：IEC 14443（＜135kHz）
d　IC統合複合型　　　　：IEC 15693（6.70MHz）

10　次世代RFIDカードの動向

1997年は日本における非接触カード元年と位置付けられるほど，各社の新技術発表と技術提携のニュースが続々と発表された。

RFIDカードの心臓部である半導体メモリーチップとして，本書の材料・技術編で解説されている強誘電体メモリー（FeRAM）によって左右される。

この新しい不揮発性メモリーは，処理速度が約20倍，メモリー容量10倍に達し，特に低消費電

力型から非接触検知距離の延長にも大いに期待できる。

　カード積層技法に対しては，新たに公衆電話への非接触カード採用が決定したことから，厚さを0.25ミリまで薄くしたＰＥＴカードが現れるなど，驚異的な進展が見られた。

　先にマーケットニーズでも触れたが，図10の出入管理市場の非接触カード統計の通り，日本でも前年9％であった非接触カードが，18.6％と倍増の勢いで拡大しており，米国統計の38％に迫る情況である。

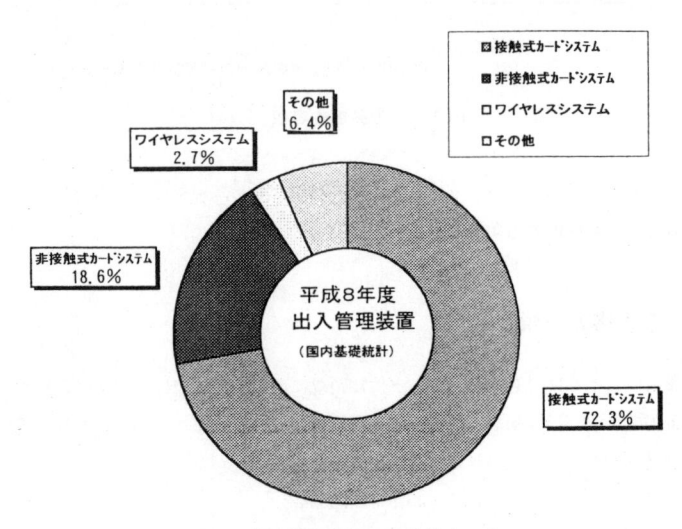

図10　出入管理市場の非接触カード

（出典：㈳日本防犯設備協会）

　一方，利用面からは，非接触カードに従来の接触ＩＣを合体させた統合カードもＮＴＴデータ通信㈱を中心に市場テストが開始，注目される。すでにヨーロッパ地域のネダップ社は95年夏にドイツのフォルクス銀行において，ＶＢＳコンビカードの名称で実験を行い，95年10月号のワールド・カードテクノロジー誌で発表している。

　この情況から，日本におけるスマートカードはいわゆるＩＣカードを飛び越えて，統合カードのＩＥＣ15693への道に向かっていると思われる。

応 用 編

第5章　新コンセプトICカード

藤井慶三*

1　はじめに

　最近の半導体技術の革新進展とネットワークコンピューティングシステムのインフラ技術進展拡大により，インターネット等のオープンネットワーク網を利用して世界的にアクセスして電子的に商取引するエレクトニックコマース（ＥＣ）が急激に進展かつ拡大している。
　このＥＣ(Electronic Commerce)取引において企業と消費者間の商取引（受発注）とか決済を電子的に確実に実現するためには，ネットワーク上で「本人認証」や「取引データの相互認証」などを行うことが必要となる。このような「電子取引での認証」を確実に実現するためには，ネットワーク上で高度なセキュリティ技術の確立が重要となっている。
　ＩＣカードはマイクロプロセッサを内臓していることから暗号処理などの高度なセキュリティ機能を利用することにより，ＩＣカードで「電子取引での認証」などの処理を行うことができ，ＥＣツールとして大きな可能性があり注目されている。このため，最近の日本におけるＥＣ実証実験においてＩＣカードは「電子取引での認証」とか「電子マネー」などに幅広く利用されており，接触端子が表面にある「接触ＩＣカード」が主流となっている。なお，最近は接触端子が表面になく無線通信技術を利用した「非接触ＩＣカード」が開発され，このカードの特長を利用した新しい利用業務の検討と適用が進展している。

2　非接触ＩＣカードの種類と利用分野

　非接触ＩＣカードは，その通信距離により「密着型（CICC）」「近接型（PICC）」「近傍型（VICC）」と「マイクロ波型」とに表１に示す内容に分類される。これらの国際標準規格はISO/IEC JTC1/SC17とSC31等で審議されている。
　非接触ＩＣカードは，カードの通信距離により利用分野と利用業務が分類される。つまり，

---

*　Keizou Fujii　㈱日立製作所　情報事業企画本部　企画本部　システム製品企画部
　　　　　　　　部長付

表1　非接触ICカードの種類と機能

	密着型カード （CICC）	近接型カード （PICC）	近傍型カード （VICC）	マイクロ波型カード （Microwave ICC）
ISO審議番号	ISO/10536	ISO/14443	ISO/15693	—
通信距離	0～2mm	～10cm	～70cm	70cm以上
通信周波数	4.91MHz	13.56MHz	135kHz以下 （または）6.7MHz	2.45GHz
データ通信速度	9.6KBPS～	106KBPS～	10KBPS～	1MBPS～
利用想定分野	接触型ICカード の代替え分野 ・決済系 ・電子商取引系 　　　　　等	高速認証の分野 ・電子乗車券 ・電子定期券 ・入場IDカード 　（会員証等） ・テレフォンカ 　ード　　等	遠距離ID認証の 分野 ・物流タグ ・IATAタグ 　　　　　等	高速／遠距離ID認 証の分野 ・高速道路車両ID 　タグ ・FAタグ 　　　　　等

表2　非接触ICカードの適用分野と適当システムおよびビジネス動向

適用分野	適応システム	カードタイプ				カード要件	ビジネス動向
		接触	非接触				
			密着	近接	遠距離		
決済	クレジットカード	○	○			・高セキュリティ ・高信頼性 ・多機能性	・EMV仕様を確定し2000年本格IC化 ・電子マネー実験，国内18カ所 ・通産省EC実験 ・NTTテレカ（H10/11～）
	キャッシュカード	○	○				
	プリペイドカード	○	○				
	チケット（乗車券等）			○		・高利便性 ・信頼性 ・耐環境性	・TRAMET仕様実験（H10/6-H11/5） ・行政，医療分野における実験進行中 法制度整備必要，2000年以降 本格化 ・顧客囲込みツールとしてのカード需要 が独自SIベンダを介在して需要増
個人認証	IDカード（免許証等）			○			
	医療・住民カード	○	○				
	社員証・学生証		○	○			
	会員管理カード			○			
物品管理	物品伝票／商品タグ				○	・低価格 ・耐環境性 ・輻輳制御	・物流伝票・商品タグによる新しい情報 システムソリューションビジネス需要 が見込まれる。
	生産管理工程タグ				○		

「密着型（CICC）」はデータ情報処理が高信頼性をもって実行できる特長を生かし，決済系の業務について適用が検討されている。

「近接型（PICC）」は通信距離が約10cm程度で，かつデータ通信速度が早く処理できる特長を

生かし鉄道／バス等の乗車券，定期券等の業務と企業／学校等での入退出管理カード／個人認証のＩＤカード等の身分証明書等の業務について適用が検討されている。また，最近はＮＴＴテレフォンカードでの利用も検討されている。

「近傍型（VICC）」は通信距離が約70cm程度で，かつ高速データ通信が処理できる特長を生かしＩＡＴＡ（International Air Transport Association）では物流タグとしての業務適用が検討されている。

非接触ＩＣカードの各タイプ別の適用分野と適用システムとそれぞれのカード要件の関連性を比較すると表2に示す内容となる。参考に最近の各タイプごとの国内における業界の検討状況（ビジネス動向）を示す。なお，「近傍型」と「マイクロ波型」を統合して「遠距離型」とする。

3 カードの進展について

「ＩＣカード」は，半導体技術の革新と進展により現在幅広くかつ大量に利用されている「磁気カード（磁気ストライプカード）」からの新しい利用業務として期待されている。また，最近は無線通信技術の進展により「非接触ＩＣカード」が開発され，その特長を生かしたＩＣカードの新分野への適用が期待されている。

なお，「非接触ＩＣカード」の適用業務と期待されている乗車券，定期券，ＮＴＴテレフォンカード等は現在薄型の磁気カードが主流であり，これらのカードと同じ厚さの「薄型非接触ＩＣカード」であれば移行／切替えがスムーズに実施可能となると想定される。

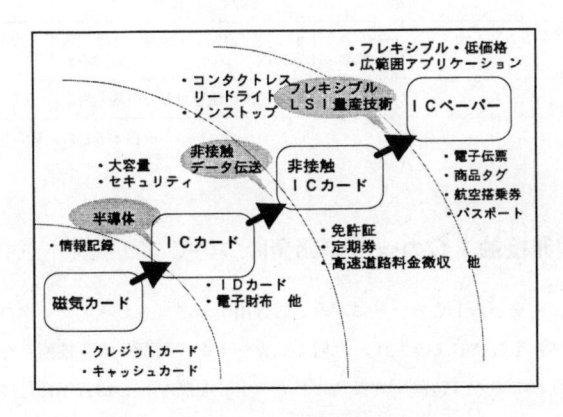

図1 カードの技術進展動向と適用業務

さらに，今後ＩＣカードに組み込むＬＳＩチップを超薄型化しフレキシブルカードとすれば，紙と同程度の厚さの「ＩＣペーパー」と称するようなカードとなり，書類または伝票等にＩＣチップを組み込む（漉き込む等）ことにより，電子書類／電子伝票等としての適用が期待できる。このようなカードの技術進展動向を図１に示す。

最近，薄型カード（ＴＦＣ：Thin Flexible Cards)の国際標準規格化の素案がヨーロッパから提案され，ＳＣ１７委員会の場で審議が開始されている。なお，表３にヨーロッパから提案された素案を示す。

表３　薄型カード（ＴＦＣ：Thin Flexible Cards)のヨーロッパ素案

	ヨーロッパ素案			日本の薄型カード規格
タ　イ　プ	ＴＦＣ／０	ＴＦＣ／１	ＴＦＣ／５	JISX6310, JISX6312 JISX6311, JISX6313
外形サイズ	切符／乗車券サイズ	クレジットカードサイズ	航空券サイズ	プリペイドカードサイズ
外　形　寸　法 （縦横サイズ）	30.0×66.0mm	53.98×85.60mm	82.55×187.33mm 82.55×203.20mm	85.40～85.80mm × 53.83～54.03mm
カ　ー　ド　厚	・0.27mm	・0.178mm ・0.25mm ・0.27mm	・0.178mm	・0.18～0.29mm
カ　ー　ド　耐　性 （使用耐用回数）	・2500回 ・500回 ・50回	・2500回 ・500回 ・50回	・50回	・当事者間の仕様
カ　ー　ド　素　材		・プラスチック材料：2500回 ・コンポジット材料：500回 ・紙　　　　　　　：50回		（同　　上）
磁気ストライプ	・中央：１本	・中央：１本（読／書） ・端側：４本以内	・端側：４本以内 　　（読のみ）	・端側：３本以内
	（トラック幅／最大記憶容量ビット等も規定）			

（日本ＳＣ17／ＷＧ１委員会資料より）

4　超薄型非接触ＩＣカードの開発について

日立製作所は，従来からＩＣカードに組み込む専用チップ（８ビットマイクロプロセッサ／ＥＰＲＯＭチップ）を提供してきたが，今般ＩＣカードを「薄型化する技術」を開発し，今後の利用拡大が期待されている「超薄型非接触ＩＣカード」を製品化し1997年10月に発表した。

今回発表した「非接触ＩＣカード」はＩＳＯ国際標準化仕様が確定している密着型（ISO/10536

準拠）のものである。

　なお，カードの厚さは0.25mmで，超薄型化したＩＣチップと無線通信に必要な通信コイルとして薄くかつ大量生産に適した印刷コイルを採用し，異方導電性接着剤でチップとコイルを接続している。さらに，カード素材には環境に優しくかつ安価でフィルム程度にも薄くできるＰＥＴ（Polyethylene Terephthalate）材料を採用しカード実装している。このため，「超薄型非接触ＩＣカード」は図2に示す特長を有している。

〔薄型非接触ＩＣカード〕

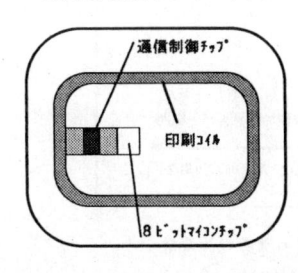

処理方式	非接触式・密着型（～2mm）
柔軟性	大
厚さ	0.25mm～0.76mm
マルチチップ	可能
信頼性	大

● 次世代ＩＣのカードのメリット
　① 耐環境性の向上………振動，塵埃，水滴等
　② 信頼性向上………メンテナンスフリー
　③ デザイン性………フリーデザイン
　④ 平坦性………美麗印刷
　⑤ 薄型………曲げ強度向上，破損率低下
　　　　　　　　　マルチチップ，シール化
　⑥ 量産性………安定供給

図2　「超薄型非接触ＩＣカード」の構成と特長

5　今後の動向と対応について

　非接触ＩＣカードには，前述の表1で示したように「密着型(CICC)」以外に「近接型(PICC)」「近傍型（VICC）」「マイクロ波型」があり，今後順次製品化する予定であるが，ＩＣカードはＥＣ業務に活用されるためセキュリティ機能の対応も今後重要な内容となっている。カードのセキュリティ機能は利用業務と利用場所により，それに対応したセキュリティレベルが必要となり，その関連性を図3に示す。

　また，多数の業務を1枚のカードで実現する「多目的カード」により高付加価値なサービスが可能となる。例えば，「非接触ＩＣカード」と「接触ＩＣカード」を1枚にしたカードや，「非接触ＩＣカード」と「光カード」を1枚にしたハイブリッドカードの検討も開始されているが，このようなカードに対しても今後順次製品化する予定である。

さらに，社会環境と生活者のニーズを的確に把握し，それに対応した技術開発を推進する予定である。

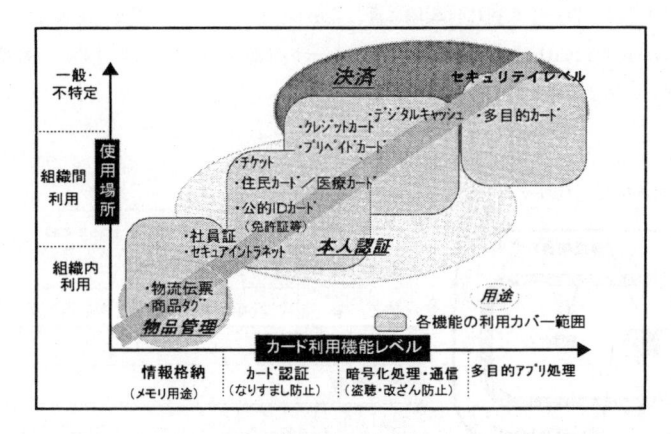

図3　ICカードの利用業務とセキュリティ機能の関連性

第6章　テレホンカードへの応用

西村眞次*

1　はじめに

　NTTのテレホンカードは1982年（昭和57年）に販売を開始し，現在では年間約4億枚を販売する，プリペイドカードの中でも代表的なカードの1つになっている。NTTでは，97年（平成9年）春に，次世代の公衆電話システムに使用するため，テレホンカードとしては世界に先駆けて非接触式ICカードの採用を決定し，99年（平成11年）からの販売開始を計画している。本章では，非接触式ICカードのテレホンカードへの応用例として，次世代公衆電話システムにおける非接触式ICカードの利用方法などについて検討中の状況も交えながら解説する。

2　新公衆電話システムの概要

　ここでは，99年（平成11年）に導入を計画している次世代の公衆電話システムである新公衆電話システムの概要について解説する。

2.1　導入の背景と目的

　公衆電話は，不特定多数の利用者に通信サービスを提供する手段として1890年（明治23年）からサービスが開始され，100年余りの歴史がある。また，テレホンカードは1982年（昭和57年）に公衆電話用プリペイドカードとして販売開始され，現在では年間約4億枚が販売されている。現在，日本国内にはテレホンカードが利用できる公衆電話が約80万台設置され，多くの人々に利用されている。

　このように多くの人に利用されている公衆電話ではあるが，最近の携帯電話・PHSの普及により屋外における通信手段が多様化していること，ICカード技術の進歩・普及によりセキュリティやサービス拡張性などの点で磁気カードより優れた技術が実用化段階にきていることなどから，従来の公衆電話システムに抜本的な改善が必要とされている。

＊　Shinji Nishimura　日本電信電話㈱　営業本部　公衆電話営業部　担当部長

そのため，
① 各種多機能カードを利用した新サービスの開発や通話料金支払方法の多様化
② カードの生産・販売，端末調達・保守に係わる費用の削減
③ セキュリティの向上

を目的として，非接触式ICカードを使用する新公衆電話システムの導入を決定した。

2.2 新公衆電話システムの概要

新公衆電話システムは，テレホンカードや公衆電話機だけでなく，ネットワークまで含めたシステムとして新規に開発を進めており，その概要は以下のとおりである。

① センター管理

ネットワークにカードを管理するセンターを持ち，すべてのカードを管理することにより，カードの変造・不正使用に対する検出能力・セキュリティを向上させている。

② 非接触式ICカード

テレホンカードとして非接触式ICカードを採用することにより，利用者の利便性向上や故障減少などの経費節減効果が期待される。

③ IC公衆電話機

ISDN回線を使用し，高速データ通信にも対応可能である。また，カードを手動でポケットに入れる方式にして機構部品を少なくすることにより，故障減少・価格低減が実現可能である。さらに，ICカードを利用した各種新サービスの提供も可能になる。

新公衆電話システムの概略構成を図1に示す。

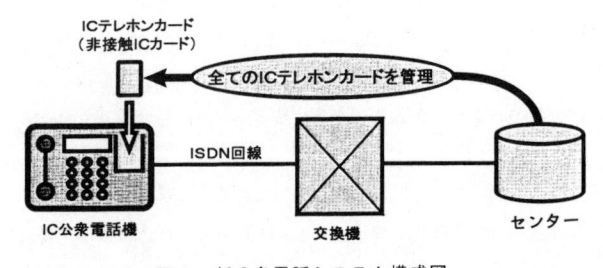

図1 新公衆電話システム構成図

3 ICテレホンカード

ここではICカードをテレホンカードに応用する場合の要件および新公衆電話システムで使用予定のICテレホンカードの概要などについて解説する。

3.1 公衆電話用カードの動向

公衆電話用カードの第1世代は磁気カードである。磁気カードは安価で技術的にも実績がある安定した技術であるため，現在，日本も含め世界の多くの国で磁気カードのテレホンカードが使用されている。第2世代のカードは接触式ICカードである。接触式ICカードは，1985年（昭和60年）にフランスで最初に採用された。当初ICカードは価格面が普及のネックであったが，技術改良などにより現在では磁気カード並みの価格が実現可能になっており，多くの国で導入されている。第3世代のカードは，非接触式ICカードであるが，現在，非接触式ICカードを本格的に採用している国はなく，採用を決定している国は日本だけである。現在，第2世代の接触式ICカードが主流であるが，将来的にはすべて第3世代の非接触式に移行すると考えられる。また，カード技術とは異なるが，センター管理技術を使用したカードとして，カードに記入されているID番号を電話機からダイヤル操作（手動）で入力することにより，センターに登録されている度数の範囲内で通話が可能なカードも近年販売され始めている。

3.2 テレホンカードとしての要件

ICカードをテレホンカードとして使用する場合，以下の要件を満たす必要がある。

① 利便性

　子供からお年寄りまで簡単で便利に利用できる必要がある。

② 価格低減性

　使い捨てカードであるため，カード原価は安価（数10円程度）に抑える必要がある。

③ 高セキュリティ性

　金券であるため，不正・変造等に強く耐タンパ性に優れなくてはならない。

④ 信頼性

　ズボンのポケットや財布などへの格納による圧力，出し入れ時の曲げ・折りなど様々な使用状況で加えられるストレスに対して故障が少ないものでなくてはならない。

⑤ 印刷可能性

　表面全面にフルカラーの奇麗な印刷ができることが望ましい。

⑥ 薄型化可能性

将来的に現行磁気カード（0.25mm）程度まで薄くできる可能性のあることが望ましい。

⑦ 環境保護

廃棄時に有害物質が発生せず，リサイクルの可能なことが望ましい。

3.3 非接触式ＩＣカードの採用理由

前述の要件を踏まえつつ，新公衆電話システムでは下記の理由によりテレホンカードに近接型非接触式ＩＣカードを採用した。

① 利便性の向上

カードと電話機との間で度数データ等を電波で送受するため，使用時にカードの方向に制約がなく，表裏・前後を意識せずに使用できる。また，カードとリーダーライターの間に隙間があっても使用可能であるため，カードスロットの挿入口を広くすることができ，カードが入れやすく出しやすい。

② コスト

非接触ＩＣカードの単価は磁気カードに比べて高いが，単機能の専用チップを開発し大量に発注してコストダウンを図ることにより，接触式ＩＣカードと同一機能，同一価格（磁気カードの2倍程度）が実現できる見込みである。また，テレホンカードの場合は，高額カードを発行することにより販売枚数を削減することができるため，カード発行経費はトータル的には磁気カードの場合と同程度に抑えられる見込みである。

③ セキュリティ

ＩＣカードの場合，アクセス制御回路によりデータの直接的な読み書きができないため，磁気カードに比べセキュリティは飛躍的に向上する。また，認証・暗号化など複雑なセキュリティ対策が可能である。

④ 故障

接触部分を持たないので接触不良による故障がまったくない。また，端子を持たないので，静電気等による故障が少ない。電話機側も接点・機構部分が不要なため，故障が少なくなる。

⑤ 印刷

端子がないためカード全面に印刷が可能である。

⑥ 薄型化

薄型化技術の開発が進んでおり，将来磁気カード並みの厚さにできる可能性がある。

⑦ 先進性

非接触式ＩＣカードは応用範囲の広さなどから将来広範囲に利用されることが期待されて

いる．国際標準化も進んでおり，今後ますます発展する可能性の高い技術である．
⑧　密着型との関係

　　従来，テレホンカードの用途には密着型が適するといわれてきた．密着型は，磁気カードと同様にカードをリーダー／ライターに密着させる形態での使用を前提にしており，同時に1枚しか利用できないなど接触式ＩＣカードを意識した規格である．次世代テレホンカードに要求される利便性向上，経費削減，他アプリケーションカードとの共用可能性等の観点から，テレホンカードとして非接触式カードのメリットを十分に生かせるのは近接型である．

3.4　ＩＣテレホンカードの概要

ＩＣテレホンカードの概要を下記に示す．
① 　物理的特性

　　大きさ：86mm×54mm（現在のテレホンカードと同サイズ：ＩＳＯ7810準拠）

　　厚さ：0.76mm以下（薄型化を検討中）

　　材質：焼却時も有害ガスが発生せず，環境耐性にも優れた材質として，主材にＰＥＴ（ポリ塩化テレフタレート）を採用

　　カード構造：2層ないし3層の貼り合わせ構造

　　動作温度：−20℃〜＋60℃

　　保存温度：−30℃〜＋70℃

② 　電気的特性

　　使用周波数：13.56MHz

　　非接触方式：近接型

　　電界強度：500μＶ／m以下（微弱型）

　　通信距離：1cm以下

　　通信速度：106kbit／s

　　変調方式：ＡＳＫ100％Modified-Miller

　　通信プロトコル：独自プロトコル

③ 　ＩＣ部仕様

　　メモリ容量：128byte（基本カード），512byte（高機能カード）

　　制御方式：ロジック制御

　　機能：度数記録，度数減算，認証，電話番号記録（基本カード：1件，高機能カード：10件）ほか

4 新サービスへの展望

テレホンカードの非接触式ICカード化により，ICカードを利用する様々なサービス，非接触式のメリットを活かした新たな活用方法が期待できる。本節は非接触式ICカードによるテレホンカードサービスの可能性を解説する。

4.1 通話関連サービス

ICカードにすることによりカードに大量のデータを記憶することができ，新たなサービスが可能になる（図2）。

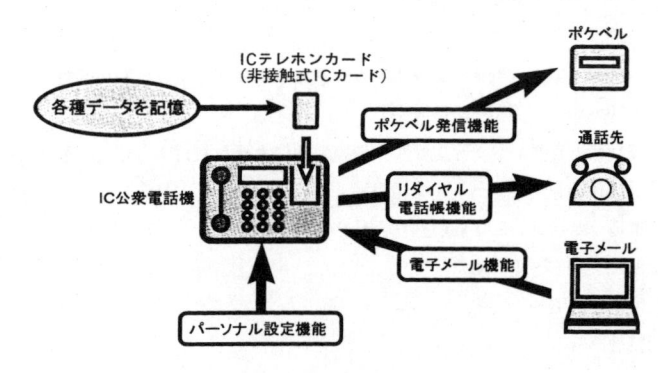

図2　通話関連サービス

① リダイヤル

　　前回かけた電話番号に簡単に接続できる機能。家庭用電話機ではすでに一般的になっている機能であるが，公衆電話では不特定多数の人が入れ替わり立ち替わり利用するため実現していなかった。ICカード化により各個人の持つカードに情報を記録することができるようになり実現可能になった。

② 電話帳機能

　　ICカードに記憶した10件程度の電話番号から発信先を選択して簡単に電話がかけられる機能。

③ ポケベル発信機能

　　あらかじめ決められたポケベルメッセージをICカードに登録しておき，簡単にメッセージを送れる機能。

④ 電子メール機能

　電子メールのID等を記憶しておき，簡単に電子メールセンターにアクセスしてメッセージを取り込む機能。

⑤ パーソナル設定機能

　自分の好みの音量，画面表示等をICカードに設定しておき，ICカードを差し込むと設定された環境で公衆電話が利用できる機能。

4.2 多様な決済手段

　現在，テレホンカードとしては，使い捨てのプリペイドカードとクレジット通話サービスを利用するクレジット通話カードの2種類の支払手段が利用可能である。ICカードの利用によるセキュリティの向上などにより，将来，決済用カードとしてICカードが登場するようになると，それらのカードを接触／非接触共用カードにすることにより，利用者はさらに多様な通話料金支払手段を選択できるようになり利便性が向上することが期待される（図3）。

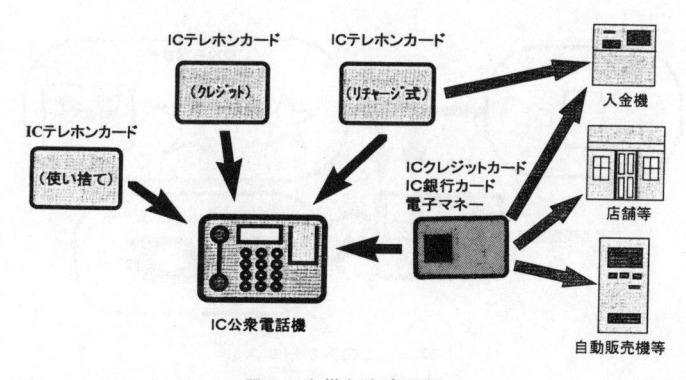

図3　多様な決済手段

① クレジットカード，銀行カードの利用

　現在，クレジット業界・銀行業界でも磁気カードのICカード化が検討されているが，これらのカードは接触式ICカードを採用する方向が主流を占めている。これらの決済用カードがICカード化された場合，接触／非接触両方で使用可能なカードの開発により，クレジットカードや銀行カードが公衆電話でも利用可能になる。

② リチャージカード

現在のような使い捨てでなく，何回も利用可能なテレホンカードにすることができる。

4.3 その他サービス

上記のほか，様々な遊び心のあるサービスが可能になる（図4）。

① 自由形状カード

カード内にチップ・アンテナさえ配置できれば他の場所は形状が自由なため，ハート型，星型，中央部に文字状の穴が空いているカードなど自由な形状に加工でき，カードコレクションの幅が広がる。

② 光るカード

電波を受けて光る特殊塗料を塗布することにより，使用中にカードが光る。

③ かざすカード・出さないカード

電話機にかざすだけで利用できるカードや，カード入れ・財布などから取り出さなくてもそのまま電話機の上に置くことで使えるカードなどカードの利用が簡単で便利になる。

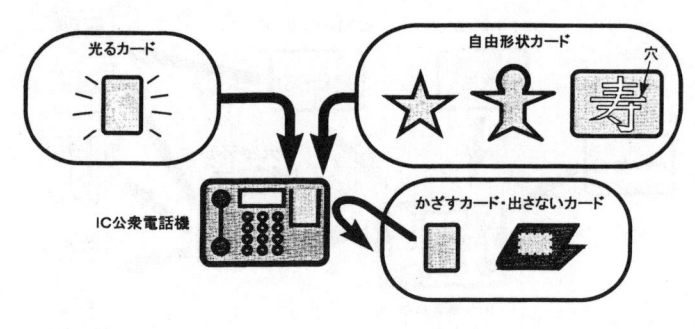

図4　その他サービス

5　おわりに

これまでに述べたように，新公衆電話システムの目的であるサービス向上・費用削減・セキュリティ向上において非接触式ICカードの役割は非常に重要である。テレホンカードは，磁気カードから接触式ICカードへと新技術を取り入れて進化してきたが，非接触式ICカードが磁気式・接触式に続く第3の先進技術として世界のテレホンカードの主流になる日も近いだろう。

第7章 非接触ICカード（CLカード）による キャッシュレスシステム

渡部晴夫[*]

1 はじめに

　現在，世界的に電子マネーシステム実用化の動きが活発化し，国内においても電子商取引実証推進協議会（ECOM）に代表されるように通産省，大蔵省，郵政省など，官庁主導の研究会や実験プロジェクトが推進され，また民間でも，各種研究所，銀行，クレジット会社，メーカーなどが中心となって，実用化に向けての活動が始まっている。

　また，非接触ICカードに注目すれば，汎用電子乗車券技術研究組合（TRAMET）において鉄道を中心として利用できる電子乗車券システムの標準化，規格化を目標にその仕様の策定，さらには実証実験の準備が進められている。

　利用者の利便性を考えれば，電子乗車券や電子マネーが1枚のカード，1つのシステムに統合されて利用できることが望ましい。そこで非接触ICカードに電子乗車券情報に限らず，広い分野で利用できる電子マネーの価値情報を記録したシステムの試作を行った。非接触ICカードを利用することを特徴としたため，Contact-Less（非接触）の略語「CL」を用い，システムを「CL-Cash System」，カード媒体を「CL-Card」と呼んでいる[1]。

2 システム概要

2.1 概　要

　CL-Cash Systemは，定期券，SF（ストアードフェア）カードなどとして使用できる電子乗車券機能と，駅の売店，駅ビル店舗などで代金の支払いに利用できる電子マネーの機能を併わせもったシステムである。本システムではカードの発行主体を鉄道事業者とし，電子マネー機能の利用範囲は，駅の売店，駅ビル店舗などの鉄道周辺分野からデパート，近隣の飲食店，ホテル，アミューズメント施設などへ徐々に拡大していくと想定している。

---

　[*] Haruo Watanabe　日本信号㈱　研究開発センター　IS商品開発室

電子マネーシステムに関しては、これまでに多種多様な方式が提案されているが、おおまかに「電子化の対象」と「価値の入れ物」との2つの側面から分類される[2]。

まず、「電子化の対象」としての分類では、第一に「貨幣機能の電子化」があり、これは既存の貨幣と同様に不特定多数の消費者や事業者の間を転々と流通していくことから「オープン・ループ型」と呼ばれている。また第二に「決済方法の電子化」があり、こちらは決済に利用される都度、価値が発行主体に戻されることから「クローズド・ループ型」と呼ばれている。

また、「価値の入れ物」としての分類では、貨幣価値をICカードなどに入れて持ち歩く「ICカード型」と、貨幣価値をコンピューター内部の記憶装置にデータとしてもち、ネットワーク経由でやりとりする「ネットワーク型」との2つに分けられる。

こうした一般的な電子マネーの分類に従えば、CL-Cash Systemは、カードの利用者どうしで価値情報（電子マネー）の交換ができない「クローズド・ループ型」電子マネーに分類できる。価値情報は決済に利用される都度、その発行主体に戻される。カードは使い捨てではなく、銀行センターに接続された専用端末を利用者自身が操作し、利用者の銀行口座からカードに価値情報を積み増しすることにより繰り返し使用が可能となる。

2.2 機器の紹介

(1) スマートゲート

スマートゲート（写真1）は、非接触ICカード専用の改札機である。磁気式乗車券との併用をやめて券の搬送部をなくし、さらにドアもなくすことにより、従来にない斬新なデザインとなった。

利用者は、スマートゲートの通路右側にあるアンテナ部へカードをかざすことにより判定処理が行われ、従来のドアによる通過可否に代わり、大型のカラープラズマディスプレイ、音声、照明により利用者に案内する。

案内画面の例を図1～図4に示す。図1、2は、通過可判定の例で、非接触IC カード内の利用区間などの顧客情報とリンクさせ、大型ディスプレイに乗り場

写真1　スマートゲート

図1　スマートゲート案内画面例
　　　（通過可判定＋乗り場案内）

図2　スマートゲート案内画面例
　　　（通過可判定＋先発列車案内）

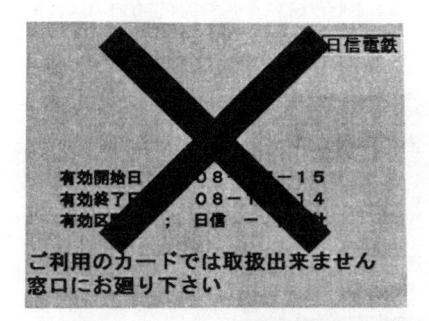

図3　スマートゲート案内画面例
　　　（通過不可判定）

図4　スマートゲート案内画面例
　　　（無札進入）

案内などの情報サービス提供を付加することも可能となる。図3は，SFカードの残額不足や定期券の期間外，区間外といった通過不可判定の例で，大きな赤の×印で利用者へ案内する。図4は，無札進入の例で，カードをかざさないでゲートを通過しようとする無札進入者は，ゲート通路内のセンサーで検知し，大型ディスプレイに大きな進入禁止マークを表示して案内，警告する。

　外観上の特徴としては，大型ディスプレイを見やすくし，同時に走り抜けを抑制する理由で通路を中ほどから左方向に約25°屈曲させている。

　通過可否の案内が十分であれば，ドアによる抑止は不要という性善説に基づいた設計であるが，実運用においては，不正利用者の監視カメラでの特定や不正時の罰則規程の強化といった制度面からの検討も必要であろう。

(2) レジマスター

レジマスター（写真2）は，売店などの小売り店舗に設置される非接触ICカード専用のレジスターである。処理の流れを以下に示す。

① 利用者が店員に購入する商品を提示する。
② 店員が商品の金額をテンキーから入力する。
③ 合計金額が確定すると，アンテナ部を指す矢印が点滅して，カードをかざすように案内される（図5）。
④ 利用者は，表示された金額を確認し，購入意志があればカードをアンテナ部へ近づける。
このとき，カードの読み取り，新残額の計算，そしてカードへの新残額・購入履歴の書き込みが一括処理されて決済が完了する。処理正常終了時の表示例を図6に示す。

従来からの磁気カード，あるいは接触式ICカードを用いたプリペイドカードでの決済では，カードの読み取りのためいったんカードが機器内に保留され，続いてボタン押下などの店員ま

写真2　レジマスター

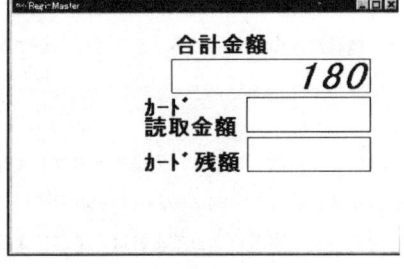

利用者側　　　　　　　　　　　　　店員側
図5　レジマスター表示例（カード読み取り前）

図6 レジマスター表示例（カード処理正常終了）

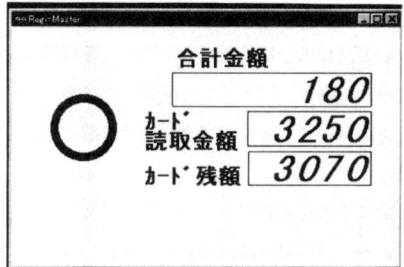

たは利用者の確認操作があって初めてカードへの書き込みが行われ，返却される方式が一般的である。

非接触ICカードでは，④の処理でこれらが一括処理される点が大きく異なっている。つまり，利用者が自分の支払い金額に間違いがないことを確認し，支払いの意思表示としてカードをアンテナ部へ近づける操作が必要となってくる。そうした意味からもレジマスターでは，大型のカラー液晶ディスプレイを用いて，利用者・店員ともにわかりやすい表示を行っている。

今回の試作機では，店員の商品金額の入力手段をテンキーとしたが，実運用では，バーコードリーダーからの入力，POSレジとの連動といった機能を付加する必要がある。

(3) VTM (Value Transfer Machine)

VTM（写真3）は，プリペイド方式の電子マネーの積み増し装置である。処理の流れを以下に示す。

① 利用者は，カードをアンテナ部へかざす。このとき，カードの個人情報が読み取られる。
② 利用者が複数の銀行口座をもっているという前提で，その中の利用する銀行口座，暗証番号，積み増し希望金額などを画面の案内に従い，タッチパネルから入力する。
③ 指定された銀行のセンターと通信を行い，利用者の預金口座からカード発行事業者の預金口座へ資金を移動する。
④ 画面の案内に従い，再度アンテナ部へカード

写真3 VTM

をかざすことにより，カードへ積み増し情報が書き込まれ，積み増し処理が完了する。

この試作機では，カードの取り込み機構はなく，アンテナ部はトレイ状になっている。これは，積み増し時は，①と④で2回アンテナ部にカードをかざす操作が必要になるので，トレイ部にカードを置いてもらったほうが，その間のタッチパネルの入力操作が容易になるとの理由からである。

仮に①と④で異なるカードをかざしたとしても①で読み込んだカードの固有IDとの照合を行い，不一致の場合には書き込みを行わないので，不正や誤操作で異なるカードに積み増し情報を書き込んでしまうということはない。

上記の処理では，銀行センターとの接続を前提としているが，貨幣ユニットを付加することにより現金による積み増しも可能となる。また，企業内での食堂，売店などのシステムに導入する場合には，給与システムと接続することにより積み増し金額を給与引き落としで処理することもできる。

2.3 電子マネーの流れ

電子マネーの発行主体を鉄道事業者とした場合の電子マネー（価値情報）の流れを図7に示す。一連の決済は次の4段階で完了する。

(1) 電子マネーの積み増し

利用者はVTMを操作することにより，自分の銀行口座から価値情報をICカードに移して，カード内に電子マネーを積み増しする。ここで，利用者の口座から電子マネーの発行主体である鉄道事業者の口座へ資金が移動するのと同時にカードへの積み増しが行われる。

(2) 電子マネー使用

ここでは，説明を簡単にするために電子マネーの利用範囲を乗車料金（運賃）と駅売店の2事業者としている。支払いに利用した分の価値情報はおのおののレジマスター，あるいはスマートゲートに移動する。

(3) 売上集計

改札機，売店での売上データは鉄道事業者のホストコンピューターに吸い上げられて事業者ごとの売上が集計される。

(4) 事業者間決済

売店での売上の総額が鉄道事業者から売店事業者の口座に振り込まれ，事業者間の決済が完了する。この図7では，鉄道事業者と売店事業者の2者間での精算処理であるが，複数の発行主体のカードが共通利用できるといった現実のケースでは，集計するホストコンピューターも複数となり，それぞれの事業者間相互での売上の相殺処理が必要となってくる。

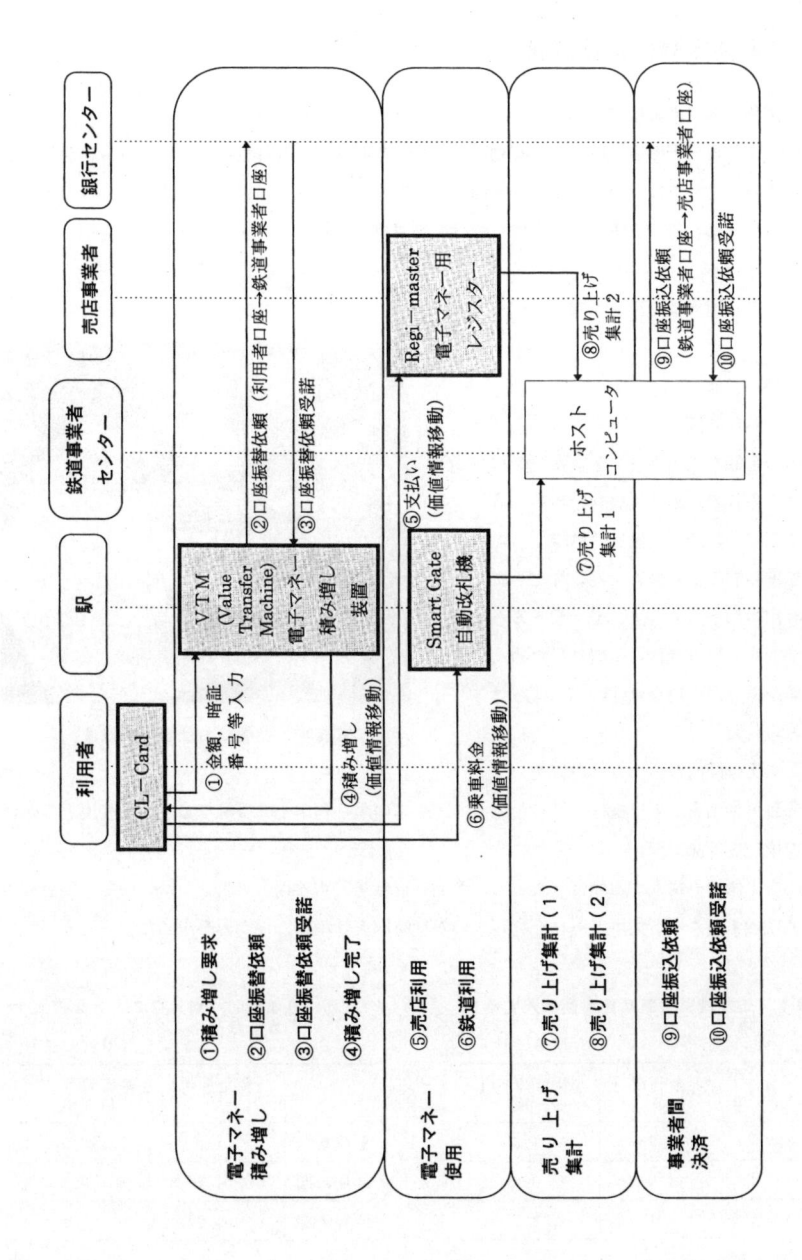

図7 電子マネーの流れ

3 実証実験による評価

3.1 実験システムの概要

非接触ICカードを電子財布として利用した場合の利便性,操作性の検証およびシステムを運用する際のノウハウの収集を目的に企業内の売店で実証実験を行った。企業内の売店なので,VTMでの積み増し分の決済は,積み増し合計額を月締めで給与システムへ送り,給与引き落としで処理している。

売店での利用風景を写真4に示す。

3.2 評　価
3.2.1 処理時間

商品の金額を売店係員がテンキーから入力する方式のため,実験開始当初,購入する商品の数や売店係員の熟練度によって処理時間のばらつきがみられた。また,利用者にとってもアンテナ部へカードをかざすという操作に不慣れなため,個人差があり,やはり処理時間のばらつきがみられた。

そこで実験開始から3カ月が経過し,売店係員,利用者ともに操作に慣れた時点で,従来の現金利用と非接触ICカード利用との処理時間の違いを計測した。

商品を1個のみ購入する場合(表1),商品を複数購入する場合(表2)について,現金利用者,非接触ICカード利用者それぞれ10人の処理時間を計測し,平均値を求めた。

写真4　売店における利用風景

表1　処理時間(商品を1個購入する場合)
(単位:秒)

	現金利用	非接触カード利用
最短時間	1.8	1.6
最長時間	13.9	3.4
平均時間	5.1	2.5

表2　処理時間(商品を2,3個購入する場合)
(単位:秒)

	現金利用	非接触カード利用
最短時間	4.1	2.9
最長時間	20.1	9.3
平均時間	12.8	5.2

(1) 商品を1個購入する場合

　現金利用の処理時間は，カード利用の場合と比較して釣り銭の取り扱いがあるため，ばらつきが大きい。そのため，両者を比較して最短時間には差がないものの，平均では現金利用のほうが処理に時間がかかっている。

(2) 商品を2，3個購入する場合

　商品を2，3個購入する場合では，非接触ICカード利用の平均処理時間は商品数が1個の場合に比べて3秒弱ほど長くなっている。この時間差は商品単価をキー入力する時間の増加分と考えられ，カード利用の処理時間のほとんどがキー入力に要する時間であることがわかる。

　また，現金利用と非接触ICカード利用の処理時間の差は，商品が複数個のとき，レジで合計金額が計算されてからお金を用意したり，釣り銭を渡す機会が増えることが原因である。平均の処理時間からわかるように，購入する商品が複数になると非接触ICカードでの決済が断然有利となる。

3.2.2 アンケート結果

　約半年間の実験期間終了後に利用者に対してアンケートを実施した。

　その結果，回答者の86％が現金利用と比較し利便性が向上していると評価している。その主な理由としては，

- ・小銭の用意，釣り銭の受理が不要，
- ・処理が早い，

などが挙げられた。

　さらに，磁気カードや接触式ICカードを使った他のシステムと比較してどのように感じるかを調査したところ，

- ・カード搬送がないので処理時間が短く感じる，
- ・カードをパスケースなどから出さなくてもいいので使いやすい，

などの意見が多くみられた。また，社内の他のカードシステムもこの非接触ICカードに統合し，社内ではCLカード1枚で済むようにしてほしいという要望も多く寄せられた。

　このようにおおむね好評に利用され，決済の分野においても非接触ICカードの利便性が確認された。

4　今後の展開

　個人が1枚のCLカードを持てば，電子マネー，電子乗車券，IDカード機能などすべてに利用できるというのが理想であろう。しかし，規格の標準化，共通インフラの整備，セキュリティ

対策など課題も多い。そこでまずは，エリアを限定したシステムでの実用化が現実的である。

今回の実験の利用者の意見にもあるように企業や学校などのローカルエリア内では，1枚のＣＬカードで済むシステムが期待されている。

限られたエリア内であっても，出退勤（出席）管理，入退室管理，図書などの貸出管理，食堂・売店・自販機での支払いなど共通カードにするメリットは十分にあると考えられる。

さらに次の展開として非接触ＩＣカードは，どのように普及していくのだろうか。

今後，規格の標準化やセキュリティ対策の課題が解決したとしても広範囲に利用できる共通カードとして普及するためには，その共通インフラや運用コストを誰が負担するかといった問題が残る。すでにある磁気カードや接触式ＩＣカードのシステムの媒体を単に非接触ＩＣカードに置き換えるだけでは，投資する以上のメリットがみえず，事業者も導入には踏み切りにくい。

そこで，将来的にはさまざまな業種や自治体までもがタイアップし，もっとグローバルな提案をしていく必要がある。たとえば，地球環境保全が大きくクローズアップされていることに応え，非接触ＩＣカードを利用した環境保全に貢献するシステムの提案はどうだろうか。

① 公共交通機関の利用促進
② 環境税，デポジット制度の導入

を支援するシステムなどである。

電子マネーであれば1円単位，あるいはそれ以下の単位での決済が可能になる。たとえば，同じ飲料自販機においても駅構内設置のものと高速道路のサービスエリアに設置のものでは，駅構内設置のものの方が若干安い価格設定にできる。また，高速バスの乗車券としてＣＬカードが利用できれば，高速バス利用者に対してはカードに記録されているバス利用履歴を飲料自販機で読み取り，マイカー利用者より安い価格で飲料を販売するといった，きめ細かい価格設定も可能となる。

あるいは，空き缶回収などのデポジット制度の普及促進のため，容器や包装の回収までを含めた自販機を開発する。ＣＬカードならば，デポジット金の払い戻しがスピーディに可能となる。

自販機に限らず，ＣＬカードで公共交通機関を利用した履歴などの環境保全貢献度により駅ビルやデパートでの買い物の割引や減税措置が行われる。あるいは，エコマーク商品の購入実績により公共交通機関利用時の割引や減税措置が行われる。

このようなアイデアは，接触式ＩＣカードを使った電子マネーにおいても実現可能だが，電子乗車券との連携，また塵埃など設置環境の厳しい自販機での利用を考慮すると非接触ＩＣカードのアプリケーションとして最適である。

文　献

1) 小林直也ほか，非接触ICカードによる電子マネーシステム，日本鉄道サイバネティックス協議会，第34回国内シンポジウム論文集，p. 39
2) 日立製作所新金融システム推進本部編，図解よくわかる「電子マネー」，日刊工業新聞社，p. 32

第8章 非接触型ICカードを用いた保健・医療への応用

山本哲久[*1], 大井田 孝[*2]

1 はじめに

いわゆる情報システムを構築する可搬型メディアとしては，ICカード，メモリーカード，光カードなどが利用されている。その中でICカードを除くと，単なる追記型記録媒体であり，情報の機密性を守れるようにはなっていない。

ICカードでは暗号化プログラムを組み込むことにより機密性の高い可搬型メディアとして利用することができる。現在，市場に提供されている接触型ICカード(CPUを搭載し，かつメモリーのあるカード)は多くの分野で利用され，医療においても広い応用分野が開拓されつつある。

保健・医療の分野において実際に利用されているアプリケーションシステムとしては，五色町ICカードシステムおよび全労済と宮崎市郡医師会の協力によるヘルスケアシステムあるいは自治省指導の地域カードシステムなどがあるが，これらの実用化され運営されているシステムの構築に参画した経験を踏まえ，医療情報システムにおける非接触型ICカードのあり方について検討してみた。

2 医療分野における可搬型パッケージメディア利用の現状

2.1 医療システムの内容

医療システムとして最初に地域試行されたのは，1989年3月1日からの兵庫県五色町においてである。

五色町で開発されたシステムが，その後厚生省，自治省が支援し，全国的に普及し出した医療情報ICカードシステムの基礎となり，現在全国で約60個所の自治体で開発，運用されている。

---

* 1 Akihisa Yamamoto 凸版印刷㈱ カードセンター（関西） 課長
* 2 Takashi Ooida 凸版印刷㈱ カードセンター（関西）

続いて民間組織主導型として，全国労働者共済生活協同組合連合会が宮崎市郡医師会と協力して宮崎市およびその周辺地域で保健・医療・福祉の総合システムとしていわゆる宮崎システムを平成6年度より開発運用している。

五色システム，宮崎システムの両者は，システム構築理念としてICカードはいわゆるカルテそのものではなく医療を効率的に進めるための手段と考えている。両システムとも，医療情報を救急，病歴，検査，投薬，検診などそれぞれの分野に分け，カード所持者の個人医療情報を各情報項目ごとに時系列的に管理することとしている。さらに，ICカードへの情報の登録，参照はすべて医師が自ら行うことを原則とし，診療のかたわら操作できるよう配慮されている。また，カード内の各種医療情報のなか，過去に遡った履歴が必要な検査情報および薬剤情報などはローテーションファイル構造とし，病歴情報，救急情報など変動の多い情報は固定長ファイルとして設計している。

宮崎システムにおいては勤労者の健康診断で得られた情報を管理することから始まり，その後個人の医療情報を情報項目別に時系列的に記録，管理したシステムを基本型と称し，健康診断により見出されたいわゆる生活習慣病（成人病）を生涯にわたり診療するため，それぞれの個別疾患別に，例えば高血圧，糖尿病など個々の疾患に対応するプログラムを構築し，これらを個別疾患対応型と称している。

光カードを保健・医療分野の情報媒体として利用しようとする試みは，東海大学大櫛教授の伊勢原市における実験，山梨県白州町の住民健康情報管理システム，あるいは，光カード研究フォーラムの診療システムへの応用などがある。光カードは単なる追記型記憶媒体であるため記憶容量が大きいものの，これらのシステムは情報に対する考え方がICカードシステムとは異なっており，五色，宮崎システムなどとは異なった応用形態が考えられている。

2.2 セキュリティ対策

個人情報の管理システムは当然のこととして，万全のセキュリティ対策により，プライバシーが保護されなければならない。そのための方策としてカード表面には所持者の姓名，生年月日，性別，ID番号，顔写真などが印刷されており，個人識別が容易に行えるようになっている。

五色町保健・医療・福祉ICカードシステムおよび宮崎システムの両者に共通している基本原則として，これらのシステムにアクセスするためにはその人の立場に応じて権限が設定されたアクセスカードを必要とする。すべての情報に入出力可能なのは主治医のみに限られており，他の職種の人々は表1のようなその立場に応じた制限が設けられている。またアクセスカード，個人の医療カード双方に暗証番号も設定されている。さらに入出力される情報項目，すなわち病名，検査名，薬剤名，所属などはすべてコード化，すなわち暗号化されているなど，いくつかの鍵が

表1 アクセス権限表

情報分類	アクセス区分			
	医師	医療従事者	救急隊員	事務職員
個人基本情報	○	○	○	○
救急情報	○	○	○	×
病歴情報	○	△	×	×
薬剤情報	○	×	×	×
検査情報	○	×	×	×
検診情報	○	×	×	×

○：すべての情報にアクセスが可能，△：一部情報の参照のみ可能，
×：すべての情報に対してアクセスが不可能

掛けられるようになっている。

　このようなセキュリティ対策は，非接触型のICカードにあっても同様に必ず導入しなければならないであろう。

表2　接触型ICカードと非接触型ICカードの性能

	品名	コマンド		伝送プロトコル	メモリ容量	暗号アルゴリズム	備考
		ISO対応	JIS準拠				
接触型	JICSAP 滝川仕様タイプ	○	○	T=1	8 KB	DES	通産省の多目的ICカードとして滝川市の商店街にて導入。
	トッパンISOタイプ	○	ほぼ準拠	T=1	8 KB	DES	建設仕様として採用されており健康診断情報システムに採用。
	NTT-S型タイプ	×	×	T=14	① 0.5KB ② 8 KB	FEAL	主に行政，医療サービスに導入されている。NTT独自の暗号アルゴリズム「FEAL」を搭載。
	カスタム仕様				1～16GB	DES/RSAなど	特定業務専用として個別に対応。
非接触型	ハイブリッドタイプ（2チップ）	CPU内蔵		伝送距離 ～50mm	0.5～8 KB	未定	リードオンリーで非接触ICカードと接触ICカードの両方の機能を有する非接触部と接触部は独立している。
	ハイブリッドタイプ（1チップ）	〃		～80mm	4 KB	未定	非接触ICカードと接触ICカードの両方の機能を有する。EEPROMメモリーを共有。
	CICCタイプ	〃		～10mm	4 KB	未定	複数同時読み取り機能を有している。

2.3 接触型ICカードの標準化の現状

五色町システムおよび宮崎システムが開発されている期間にICカードシステムのハード，ソフト両面における共通化，標準化を目指しての活動が始まり，医療情報システム開発センター（MEDIS-DC）においては保健・医療カードシステム導入のマニュアル「保健・医療カードシステム標準化マニュアル」の発刊がされた。

ICカードの標準化については，日本機械工業会を中心に検討され，接触型ICカードにおいては，カードの物理特性および端子位置はISO7816-1およびISO/IEC7816-2，電気信号とプロトコルはISO/IEC7816-3，コマンドとメッセージはISO/IEC7816-4としてISOで規定されている。またJISではそれぞれX6303，6304，6306として規定されている。

ソフトウェアにおいては，共通化を目指して，東京工業大学大山教授を中心にCAM(Content Access Manager)システムが開発された。

このソフトウェアでは情報項目名についての互換性は保たれるが，さらに情報項目の内容においても互換性を保つため，データの属性（例えば数値データであればパック形式なのか，バイナリ形式なのか）を統一していかなければならないであろう。

3 非接触型ICカードを利用した医療分野への応用の可能性についての検討

3.1 接触型ICカードと非接触型ICカードの性能比較

表2は当社における接触型ICカードおよび非接触型ICカードの性能比較を表示したもので

ハイブリッドタイプ（2チップ）
接触型モジュールと非接触型モジュールが1枚のカードに備わっている。
ISO仕様の接触型ICカードに準拠。

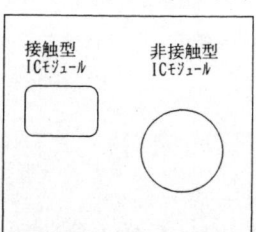

ハイブリッドタイプ（1チップ）
接触型モジュールと非接触型モジュールが共通化され1枚のカードに備わっている。
ISO仕様準拠と非接触用のインタフェースを兼ね備えたモジュールを搭載している。

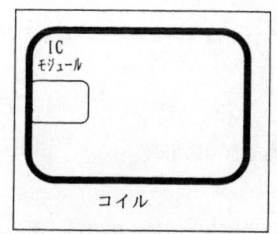

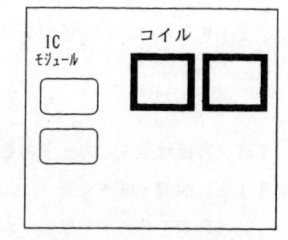

CICCタイプ
接触型ICカードと同じ機能を有する。
チップICモジュールと通信用コイル，通信インタフェースを備えたカード。

図1　非接触型ICカードの構造例

表3 ＩＳＯ規格の非接触型ＩＣカードの分類例

種類		国際規格	通信結合方式	伝送距離 (参考)	電池有無	データ速度 (Kb/s)	CPU有無	備考
名称	略語							
密着型 Close Coupling	CICC	ISO/IEC 10536	静電結合方式 一部電磁誘導	数mm	有・無	9.6〜	有・無	コンタクト付きと類似の用途
近接型 Proximity	PICC	ISO/IEC 14443	電磁誘導方式	〜10cm	有・無	106〜	有・無	認証・清算用*
近傍型 Vicinity	VICC	ISO/IEC 15693	電磁誘導方式	〜70cm	有・無	10〜	有・無	簡易な認識用 低コスト

CICC：Close coupling IC Card
PICC：Proximity IC Card
VICC：Vicinity IC Card

＊：高速・複数カードの衝突防止機能も有している
（'97年2月WG8資料より）

ある。

また非接触型ＩＣカードのそれぞれの構造を図1に図示し，ＩＳＯにおける分類については表3にまとめた。非接触型ＩＣカードにおける記憶容量は現在のところ4ＫＢであるが，今後8ＫＢも提供する計画である。

3.2 非接触型ＩＣカードと他のカードとの併用

非接触型ＩＣカード単独での用途は種々考えられるが，他のカードと併用することでさらに用途が増大することが期待される。例えば光カードとの併用または，接触型ＩＣカードとの併用などが考えられる。

画像情報のように多量の記憶容量が必要な場合には光カードと併用し，記録された情報が高い機密を守らなければならない場合は接触型ＩＣカードと併用することが最適である。これは表2で示すように，非接触型ＩＣカードは今のところ暗号アルゴリズムが確定していないためである。

3.3 非接触型ＩＣカードのそれぞれの応用例
3.3.1 保健・医療分野

非接触型ＩＣカード単独での使用例としては，すでに一部の施設で利用されている徘徊老人にカードを所持させて，施設内にあるセンサーにより本人の所在を確認するシステムがある。

その他の応用例として考えられるのは，病院での再診受付の自動化，院内での所在確認，ハイブリッド型（2チップ），非接触型ＩＣカードの非接触ＩＣ部でもって個人認識を先に行い，受付時の個人認識にかかる時間を短縮することで接触型ＩＣカードでの読み込み時間の短縮を図る

ことが考えられる。

また，光とICのハイブリッドカードでは放射線画像などの画像情報を光カードに記録し，非接触型ICカードには光部分に記録されている情報のIDを記録することで画像情報の管理を容易に行うことが可能であろう。

3.3.2 救急分野

救急時および災害時などの場合に接触型ICカードは，カードが破損したり接点部が汚れたりする可能性がある。このような場合カードにアクセスすることは困難となり，迅速な情報の確認が行えなくなる。

非接触型ICカードであればリーダーライターを本人（カード）に近づけることで，たとえカードが破損していても個人認識が可能となり，緊急時に役立たせることが可能となる。

3.3.3 その他

ボランティア活動では屋内での活動はもとより，屋外での活動も行われることが多い。屋外での活動の場合雨に濡れたり，作業中に落としたりすることで汚染されることが予測される。接触型ICカードであれば汚染や水滴によりカードへのアクセスが困難となるが，非接触型ICカードであればそのようなことなく使用が可能である。

また，医療分野でも述べた光カードや接触型ICカードと併用することで金融分野との連携，自治体業務との連携を図ることも可能となるであろう（接触型ICカードではすでにこのようなサービスは提供されている）。

3.4 他の情報機器への影響

現在当社で開発している非接触型ICカードにおいては，カードそのものからの電波は放射せず受動型である静電結合方式，または電磁誘導方式のいずれかである。携帯電話などの移動通信機器が医療機器や精密電子機器へ影響を与えていることを考えると，自ら電波を発射する能動型の非接触型ICカードでは伝搬距離が数mにも及ぶので他の電子機器への影響は避けられない。これは医療への応用を考える場合，十分に配慮しておくべき事項である。

これに反して受動型方式のうち，電磁誘導方式ではカードリーダーライターを他の電子機器へ影響を及ぼさない位置に設置すること，もしくは電磁的に遮蔽することによって影響を避けることができる。静電結合方式の場合は，伝送距離が数mmのため影響はほとんどないに等しい。

3.5 標準化と共通性

非接触型ICカードを用いての保健・医療分野への導入については，前述の医療情報開発センター発刊の導入マニュアルに従えば問題はないものと考えられる。

接触型ＩＣカードと非接触型ＩＣカードのうちマイクロ波方式を除くカードにおいては，外観寸法は同一である。接触型ＩＣカードは電気接点を有し，非接触型ＩＣカードでは電気接点を有していない。このため情報をリード／ライトする機器はまったく異なり，ハード的な互換性は得られない。しかし，アプリケーションにおいてカード内のエリア割付やローテーションファイルか固定長ファイル等については，接触型ＩＣカードと同様な方式を設定することでソフト的な互換性を得ることは可能となる。また標準化においても同様にアプリケーションで対応することが可能である。

3.6 非接触型ＩＣカードの問題点

表2で示すＰＩＣＣタイプの非接触型ＩＣカードを除いてＣＩＣＣタイプ，ＶＩＣＣタイプとも現在の接触型ＩＣカードとほぼ同じ伝送速度である。したがって情報を交換する際に情報量が多ければ多いほど，アクセス時間が長くなる。情報をシリアルに転送する方式であればやむを得ないが，情報を完全に確認するためにＩＣカードをしばらくリーダーライターに近づけておき，数秒近く何もしないで待つことは非常に長く感じられる。この問題を解決するためには，できる限り短時間で情報を交換する工夫が必要となる。

4 まとめ

保健・医療分野に応用する可搬型パッケージメディアとして，接触型ＩＣカードの医療分野における応用例を略述し，それぞれに採用されているセキュリティ対策や，標準化の実績と対比して非接触型ＩＣカードについての考え方を記述した。

非接触型ＩＣカードは，メディア（カード）とアクセス装置（カードリーダーライター）とが離れていてもアクセスが可能な特徴を活かしたアプリケーションの開発，あるいは接触型ＩＣチップとの併用，もしくは光カードとの併用などでより広範囲での応用が見込まれる。

今後読み込み時間の短縮や，他の電子機器，医療機器などへ影響を与えないようなシステムが開発された暁には，携帯に便利であり，プライバシー・セキュリティ機能も具備した最適な可搬型パッケージメディアとしての応用分野の拡大が期待できる。

第9章　乗車券システムへの応用

後藤浩一*

1　はじめに

　鉄道における自動改札化への本格的取り組みは昭和40年代に始まった。国鉄や関東の私鉄でも研究開発が進められていたが，実用化は近鉄，阪急を中心とした関西の私鉄が先行した。関東地方ではJRの発足を契機として急速に普及した。

　切符の情報を読む手段として，当初は各種の方式（光学的パンチ穴方式，光学的バーコード方式，磁気バーコード方式，磁気エンコード方式）が評価されたが，最終的に選択されたのは磁気エンコード方式で，切符の裏面に磁化の方向でデータを記録している。現在では切符サイズ，材料，記録方式に関する規格が存在する（日本鉄道サイバネティクス協議会が維持管理するもので，通称サイバネ規格）。前払いカードをそのまま改札機で使えるストアードフェア（SF）システムも，JR東日本のイオカードを嚆矢として広く普及しており，関西では大阪市営地下鉄，阪急，阪神など複数の企業で共通にカードが使用できる（スルッとKANSAI）。特急券や指定席券など今まで対象外であった切符の扱いも進み，新幹線でも97年から静岡駅を皮切りに自動改札機が稼働している。

　このように磁気券を用いた自動改札システムは発展を続け，機能・性能・サービスの向上が進められているが，21世紀の新しい乗車券システムの姿を考えるとき，今までと異なる技術の導入，ブレークスルーが必要な状況になりつつある。そのような技術として非接触ICカードが位置づけられる。

2　乗車券用非接触ICカードシステム

2.1　目　的

(1) 自動改札機の改良

現改札機に対しては，切符が手から離れることによる問題（パスケースからの出し入れ，取り

---

*　Koichi Goto　㈶鉄道総合技術研究所　輸送システム開発推進部　列車制御担当
　　主任技師

間違いの発生など）が指摘されている。また機械的部分が多くコスト面でも問題がある。非接触ＩＣカードを使えば，遮蔽物がなければケースに入れたまま使用でき，インタフェースが改善されるとともに，電子的処理のため機器構成がより簡単になる。なお通信範囲は以下により制約がある。

① 改札機間，旅客間での混信の防止
② 意図と反する交信の防止
③ 法規制，環境対策，技術的制約

　　開発の初期段階では，通信範囲は30cm程度としていた。比較的ラフに使え，かつ上記の要請を満たすためであるが，種々の試験の結果，通信範囲をもう少し短めにしても問題ないという結果が得られており，特にバッテリーレスのカードの場合，距離が10cm程度になると思われ，その場合はアンテナ部にカードを触れる形で使用することになろう。

(2) 新しい乗車券システム

現状のシステムには，切符の素性はわかるがそのユーザーに関する情報が不十分という問題がある。定期券等記名式のものもあるが，そのユーザーの他の利用状況は不明である。定期券の場合には大幅な割引きという特典があるのに比べ，種々の路線を通算すると定期券を使用するのと同じくらい乗っても，それほどの割引きは受けられない。これを改善する方法としてカード利用が考えられる。カードにＩＤを付与して，個人別の利用状況を収集しマイレージなどのサービスを行う。前払い方式だけではなく，将来はカードを改札機で使用するだけで，料金は後から銀行振り込みで払うというような形態も考えられよう。

　カードが利用履歴を保存したり，セキュリティのための処理が可能でなければシステムの信頼性や安全性が保てない。そのような媒体として交通機関には非接触ＩＣカードが適している。非接触で交信できれば小型の機器で実現できることから，駅員のいる通路や車両内（図１(a)(b)）に

図１　非接触ＩＣカード用機器の設置イメージ

設置することにより，サービスの範囲を容易に広げられる。また，非接触ICカードは1つの情報処理媒体と位置づけられ，種々の応用が考えられる。

2.2 開発状況

鉄道総研が試作評価などで使用したカードの概要を表1に示す。またマイクロ波方式カードを写真1に示す。周波数や通信方式の違いによってアンテナ形状，製造方法，機能，コストなどに違いがあるため，比較検討を行った。いずれも縦横ISOサイズであり，短波方式では厚みも

表1 評価カードの概要

	中波方式	マイクロ波方式	短波方式1	短波方式2
周波数	400kHz他	2.45GHz	32MHz	13.56MHz
通信距離	30cm	50cm	20cm	3〜4cm(10cm:注1)
大きさ	54×85.4×1.4mm	54×85.4×0.76mm	同左	同左
重さ	約10g	約4g	約4g	約4g
CPU	あり	なし	なし	なし
メモリー	256bytes	512bytes	1kbytes	2kbytes
電池	あり	あり	あり	なし
寿命	3年	1年	3年：注2	注3
通信速度	9.6kbps	70kbps	250kbps	250kbps
暗号化	あり	なし	あり	あり
その他	認証機能	—	ログ機能，認証機能	同左

注1：電力供給用の電波の規制が緩和された場合
注2：現行日常温度使用での期待値
注3：電池寿命には影響されないが，カード材料自身の消耗度に依存

写真1 非接触ICカードの例

表2 主なフィールド試験

	年月	期間	場所	使用カード（表1）	使用者	主催者
1	1992.2	2日間	上野駅	中波方式	鉄道総研他関係者	鉄道総研
2	1994.2-3	1カ月間	東京駅他7駅	マイクロ波方式	JR東日本社員等約400名	JR東日本
3	1995.4-10	半年	東京駅他12駅	短波方式1	JR東日本社員等約600名	JR東日本
4	1997.4-11	半年	東京駅他12駅	短波方式2	JR東日本社員等約500名	JR東日本

規格を満足している。改札機は常に信号を送出しており，カードが近づくと必要な判定とデータ更新が行われる。少なくとも0.2秒以内で交信を完了することを目標としたが，いずれのカードもこれを満足した。

システム評価のための現地試験としては，表2に示すものが実施された。写真2は上野駅での試験時のものである。通信や機器の信頼性を確認するとともに，自動改札機のユーザーインタフェースについての評価も進められている。

写真2　上野駅における改札機の試験

3　国内外の動向

(1)　日本鉄道サイバネティクス協議会

日本鉄道サイバネティクス協議会は，鉄道事業者やメーカーで組織する団体であり，自動出改札システムの調査や規格の維持管理を行っている。非接触ICカードについても同協議会が規格を定め管理する予定である。同協議会はすでに，92年度より出改札システム委員会の調査分科会において，非接触ICカードを用いた乗車券の標準化に向けた調査活動を行ってきているが，さらに最近は次項に記す運輸省の委員会やその管轄の技術研究組合と連携した活動を進めている。

表3　運輸省の委員会の検討課題

鉄道等乗車券カード
・非接触型乗車券／定期券カード ・共通乗車カード
自動車カード
・車両情報の管理（車検証，整備記録簿，自賠責保険証等の車両情報管理） ・バスロケーションシステムでの活用 ・その他自動車に装着されたICカードの活用
移動体追跡管理カード（物流カード）
・外航コンテナカード ・鉄道コンテナカード ・パレットカード等

(2) 運輸省関係

　運輸省では93年度から「運輸部門におけるICカード活用検討委員会」を設置して活動を行っており，表3に示す分野を重点項目として整理した。このうち乗車券関係については，さらに国費による「汎用電子乗車券開発検討委員会」が設置された。また実際のカードなどの開発を進めるための汎用電子乗車券技術研究組合が96年10月に設立され，精力的に活動している。同組合の成果はサイバネ協議会に提供され，規格制定に役立てられる。同組合では，98年夏に都営地下鉄12号線とその関連バス路線を使用し，開発したカードの評価のために，一般旅客 2,000人を対象に試験を実施する予定である。

(3) 郵政省関係

　電気通信技術審議会のワイヤレスカードシステム分科会が，使用周波数や出力など各種技術基準を作成に向けて活動を行っており，98年には非接触ICカードの使用条件が明らかになると思われる。分科会にはJR東日本や前記組合もメンバーとして入っている。

(4) 実用化例：豊田町のコミュニティバス

　静岡県磐田郡豊田町では，ユーバスと呼ぶ市内循環のコミュニティバスの回数券として非接触ICカードを使用している。技術的には10cm程度の距離で使用できるが，現行の微弱電波の範囲内の出力のため，使用距離は2cm程度である。運賃は大人，子供共通で均一 100円であり，現金を運賃箱に投入するか，カードから引き去るかいずれかである。カードは 1,000円で販売し，11回利用できる。使い終わったカードは市が回収しデータを更新して再発行する。バス内には運賃差し引き用の機械（写真3）のほか，残回数確認のための表示器も設置されている。交通機関での実用化例としては，国内で最初と考えてよい。なお，バスの運行業務は遠州鉄道が請け負っている。

写真3　豊田町バスの非接触ICカードシステム

(5) 実用化例：香港のシステム

　香港の交通機関（地下鉄，大陸連絡鉄道，路面電車，バス，フェリー）は，共通の非接触カードを前払いカードとして利用している（オクトパスカード）。旅客は代金を支払いカードを入手して利用する。利用の結果残額がなくなると，カードに金額を再チャージする。会社間の清算のための会社が設立されており，香港の多くの住民が使用すると思われるため，この清算会社は有力な金融機関ともなりうる。将来は交通機関だけでなく，売店や駐車場などの支払いにも使う計

画がある．クレジットカードと同じ大きさで，通信距離は10cm程度の非接触ＩＣカードであり，不正防止のためのセキュリティ機能も実現している．97年の9月に本格的に稼働した（写真4）．

カードの種類には一般，学生，老人，子供と，個人ＩＤ付きがある．たとえば一般のカードでは，100ドル使えるカードを150ドルで購入する（50ドルはデポジットで，カード返却時に返還）．残高は35ドルまでマイナスにでき，次の金額のチャージのときに相殺される．カードを使うと通常の運賃より割引きとなる．個人ＩＤカード付きカードは，銀行と提携した自動チャージ機能（改札機で自動的に金額を追加）も実現される予定である．カード内のバリューは使用期限

写真4　香港地下鉄の非接触改札機

が設定され，期限内に使用し再チャージしないとカードが無効になる．既存の磁気カードシステムは，今後は1回券としてのみ使用される．

4　今後の旅客サービス

4.1　新しい乗車券サービス
(1)　運賃決定の方法の問題点

図2はＪＲの運賃の計算方法を表している．基準となる一次関数の傾きに距離をかけて運賃が決まる．ただし距離Ｘの運賃は必ずしも f(X) ではなく，定められた区間(a～b)内のＸの運賃はすべて f((a+b)/2) となる．つまり，その区間で半分より短い距離からは多めに，半分より長い距離からは少なめに請求していることになり，ある種の不公平があるとも考えられる．また駅間距離は端数をもつ量であり，そのままでは結果にも端数が生じるため丸めの作業も行われている．分割して購入すると安くなるという現象も主としてこれらに起因しており，不正防止にも悪い影響を与えている．

(2)　改善案

公平さの観点からは，運賃区分が短く計算過程で

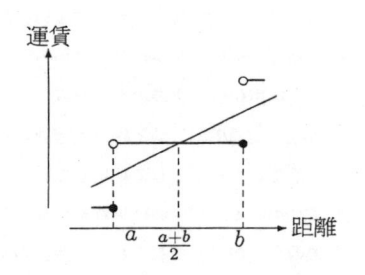

図2　ＪＲの運賃の計算方法

切り上げ・切り捨てを行わないことが望ましいが，現在の販売方法ではこれは困難である。たとえば１円の単位まで券売機で販売することは券売機が複雑になりコスト高になるばかりか，利用者も望むことではない。現金ではなくすべてカードで購入するとしても，駅ごとに運賃が細かく変わるため，小規模の鉄道を除きボタンの数が膨大となる。

しかし，ＳＦシステムにおいては運賃はカード上のデータであり，その単位が10円か１円かはデータ長の問題である。カードが非接触ＩＣカードであれば，記録容量が増え処理も高度化されるためいっそう問題は少ない。後払い方式が可能になったとすれば，結果としてのトータルの乗車キロ数に対していくら払うべきかが明確であればよい。カードによる支払いを選択した利用者には，サービスの一環として別種の基準線が適用でき，利用実績に応じたサービスを受けられるという形にすることも考えられよう。現在の基準線は図３(a)のように３つの直線からなるが，図３(b)のように４つの直線，あるいは(c)のように滑らかな曲線としてもよい。

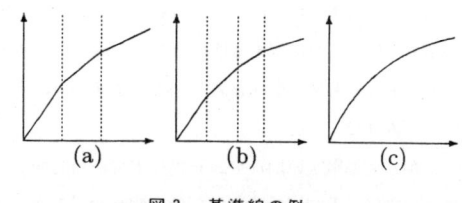

図３　基準線の例

4.2　情報提供サービス

(1)　現在の問題点

情報提供サービスは次の２つに分けられる。１つは不特定多数が対象であり，放送（列車の案内，呼び出しなど），固定的な掲示（構内地図，時刻表，運賃表など），可変表示装置（列車種別，発車時刻など）などがある。これらによる情報は限定されたものであり，存在しない情報は得られない。もう１つは個別の要求に対応するものであり，たとえば窓口，改札口，案内所などの係員に質問する方法である。単純な方法ではあるが，質問に限定はなく，特殊なものでないかぎり情報が得られる。案内所以外での対応は必ずしも本来の業務ではないが，自然な行為である。

後者については，駅の機械化が進み機会が減少しており，その分前者が増え，より見やすくより多くの場所に提示するようになってきたが，これは個別的対応の完全な代替にはならない。パソコンによる案内装置が置かれることもあるが，一般には操作は容易ではない。構内やダイヤの案内のためのＤＢを作成することは，ある意味では作業量の問題であるが，いかに良いＤＢを構築しても，質問が不明であればシステムは回答を与えられない。

(2) 今後の方向

問題はいかに利用者の意図をシステムに伝えるかである。人間であれば補足の質問をしたり，意図を推察することにより要求を把握できる。もちろん誤りもあるが，情報提供の場合には重大な問題になることは少ない。コンピュータが不完全な入力から推論や適切なフィードバックによって，正しい情報を提供することは困難な課題である。この1つの解決策

図4　非接触ICカードによる案内

は切符の情報を利用することである。利用者にとって目的地に適切な時間で行くことは最重要の要求であり，これに関する情報は切符の中に存在する。たとえば定期券や長距離乗車券，特急券などがそうである。案内装置が切符の情報から，その時点で目的地に行くために必要な情報を提供できる（図4）。

しかし金額指定の切符やSFカードなど目的地が不明な場合や，駅構内あるいは市中への案内については，上記では不十分なのは明らかである。これに対しては，非接触ICカードを一種の情報処理機器として捉え対処することが考えられる。通信が非接触ということから実は形状に制約はなく，携帯電話，電子手帳，携帯型PCなど，最近登場している種々の携帯型情報処理機器と，非接触ICカードの機能が一体となることは1つのありえる方向である（偽造，改竄を防ぐセキュリティ機能が十分でなければならない）。そのような機器と種々の情報をやりとりできる環境を駅や鉄道利用の場で構築できれば，より個別的な情報提供が可能になることが期待される。

5　おわりに

非接触ICカードに関する活動は，研究の段階から実用システムの設計の段階に至った。単に新しい乗車券としての可能性だけではなく，社会全体に拡がる各種の情報処理システムを変える可能性をもつ。逆の面からは，システムの障害が利用者の身体や財産に危害を及ぼすおそれもあるということである。このことをいつも念頭において，非接触ICカードの大きな可能性を生かすべく，今後とも実用化に向けた努力が必要である。

第10章　ゲートレス運賃徴収システム「ＩＰＡＳＳ」

曽根　悟[*1]，高木　亮[*2]

1　全体構想

電車やバスを乗り継いで，誰かを訪ねる場面を考えてみよう。日常的に行き来をしている所ならルート，運賃，待ち時間などがわかっているから，特に不安もなく利用できるが，初めての場合はそうはいかない。

事前に時刻表などでルートを調べ，駅では行き先までの運賃を自分で調べて切符を買い，どのホームからどこ行きに乗ればよいかも調べたうえでないと目的の列車に乗れない。バスはもっと厄介で，行き先や乗り場を探すこと自体が簡単ではない。このため，都内には多くのバスルートがありながら，利用者はほとんどが同一ルートの繰り返し利用者だけで，知られていないために便利なバスがあっても電車＋バスではなく，初めからタクシーを利用するようなことが多くなっている。

駅の改札には案内人を兼ねた改札係がおり，バスにも車掌が乗務していた頃は，もう少し気軽に利用できたのである。

このような問題を一気に解決しようとするのが，ここで述べる「ゲートレス運賃徴収システム」で，運賃徴収だけが目的ではないので，開発グループではIntelligent Passenger Assistance System（ＩＰＡＳＳ）と呼んでいる。

ＩＰＡＳＳの機能は大別すると，①運賃を正しく徴収すること，②個々の乗客にその客の要求に合った個別でタイムリーな案内をすること，③交通機関に詳細な需要に関するデータを提供すること，の三つである。

これまでの運賃徴収システムは，その都度利用する乗車券と定期券とは別のシステムで，併用する際のルールが面倒であったり，本当に便利なシステムを必要とする子供や身障者は利用できないとか，利用者の負担が多く，上得意には割引をするなどの，きめの細かい営業には使えなか

[*1]　Satoru Sone　東京大学大学院　工学系研究科　電気工学専攻　教授
[*2]　Ryo Takagi　東京大学大学院　工学系研究科　電気工学専攻

った。

　案内は，出改札の自動化で失われ，運賃表・時刻表，可変表示盤や放送などで補ってはいるものの，有人時代よりかなり悪くなっていることは確かである。

　需要調査は座席予約システムや自動改札，電車自体で常時計っている重量データなどを活用すればある程度できるはずであるが，今のところ活用していない。

　ＩＰＡＳＳでは利用者の乗車経路などを自動的に把握して，利用実績に応じて運賃を取ることができ，繰り返し利用者からは定期運賃を，身障者からはその割引運賃を自動的に受け取るばかりか，簡単な手続きでフリー切符などの企画乗車券として，上得意割引を利用するなど，通常の商取引に準じた営業上の工夫もできる。

　行き先（駅名とは限らず地名，催し名などでも）と望ましい利用形態（時間はかかっても安い方がよいとか腰掛けて行けるルートとか）とを予め登録しておけば，行く先々で『３番線の電車に』，『この駅で向かい側の各駅停車に乗り換え』という具合にリアルタイムな案内が受けられる。

　交通事業者には，案内要求情報などから，利用したい形態なども含めて需要の質までわかり，急行と普通との乗り継ぎなどの詳細なデータも得られる。

　このようなシステムは，簡単な表示・入力機能のついたＩＣカードか，ポケベル程度の携帯情報端末と，ＰＨＳの地上施設に相当する多数のアンテナを公共交通利用者が通るルートに設置すれば比較的簡単なソフトウェアを整備することで得られる。これで，わざわざ改札を通るために，遠回りしたり混雑したりすることから解放され，駅の構造も簡単になるので，改札ゲートをなくすことを強く推奨しており，本稿の標題も「ゲートレス運賃徴収システム」となっている。

図１　個別案内のイメージ

2　現状技術との関係

　公共交通において，現在使われているさまざまな切符やカードなどを，以下のような異なる機能的側面から捉え直してみよう。

① 情報の記憶。
② 機器との情報の授受または通信。
③ カード所有者に対する情報の表示・所有者による情報の入力。

　紙に文字が印刷されただけの古いタイプの切符の場合，①～③のどの機能も印字された文字情報それ自体が果たしている。②については，切符を読むのも切符に入鋏したり何か記入したりするのも人間である。情報は文字として，いつでも所有者に読める形に表示されている。所有者による情報の入力（文字などの追加記入）は普通行われない。

　磁気化されたカードの場合，機能①・②は磁気情報とヘッドにより実現される。磁気情報は高速に「読み」および「書き」が可能で，特に書き換えが可能なことに注目すべきと思われる。しかし，磁気情報の読み書きにはヘッドとカードの接触が必須なため，切符を改札機に投入するなどの不便が生じた。さらには，磁気カードが記憶できる情報量は多いとはいえず，セキュリティも十分確保できないため，多くの種類のカードの組合せ使用とか，暗証番号などの別なセキュリティ確保の手段の併用とかいった不便を強いられることになる。

　さらに，機能③についてカード上に印刷された文字情報に頼らざるを得ないことから，使い捨てカードを多用することになった。たとえば，磁気化切符において，券面に印字表示すべき情報は発行後に変更できないから，カードは使い捨てとせざるを得ない。オレンジカードを初め多くのプリペイドカードでは，カード上には購入時の残高が数字で記入され，現在の残高はパンチ穴などでおよその値を表示するシステムとなっている。さらに，日本のストアドフェアチケットは利用のたびに券面に利用開始・終了区間などの情報を記入することにしており，印字スペースからカードの最高残高が制約を受けている。

　非接触ＩＣカードの場合，機能①はカード上の不揮発メモリーによって，機能②は通信距離の短い非接触無線通信によって実現する。この種のシステムの世界初の大規模な実用化例として，97年9月に香港で発売されたOctopus Cardなるカードをあげることができる。このカードは，現在主に鉄道のストアドフェアチケットとして使用されているが，将来は香港のバス・路面電車・航路などの公共交通全般において使用可能なカードとなるよう計画されており，大きな記憶容量や強化されたセキュリティ機能の結果としての多機能性を備えている。また，鉄道駅では改札装置上にカードリーダーが備えてあり，磁気券では必須だったカードを機械に挿入する手間がなくなっている。しかし，通信可能距離が短いため，カードを近づける必要性は残っており，このために旧式な改札装置が温存されるなど，利便性向上は十分とはいえない。

　さらに，機能③については問題が多い。ＩＣカードは1枚あたりのコストが高く，現時点では磁気券のような使い捨て使用は難しいとみられている。香港のOctopus Cardもカード残高の積み増しが可能なシステム構成だが，券面上に残高などの表示機能はない。利用者が現在の残高を知

りたい場合は駅に設置されているカードチェッカーを使わなければならず，不便である。日本では定期券とストアドフェアチケットを組み合わせたような新商品として非接触ＩＣカードを使う検討が進められているようだが，定期券は１～６カ月と長期にわたり使用されるため多少カードのコストが高くてもペイする，という狙いがあるものと思われる。

　ＩＰＡＳＳの「カード」は，通信可能距離を数ｍと長くとり，カード上に情報表示機能，およびカード所有者による入力の受付機能を追加したものと考えている。香港のOctopus Cardなど既存の近接通信型非接触ＩＣカードのイメージと比べると，これはカードというよりポケットベルや携帯情報端末などに近いイメージであるが，とりあえず以下では「ＩＰＡＳＳカード」と呼ぶことにする。

　通信距離が長いことから，ＩＰＡＳＳカード上には電源が必須と思われる。電源をもたず無線で駆動されるカードはどうしても情報処理能力に限度があるが，ＩＰＡＳＳカードではこれに比べ格段に高い能力を期待することができ，さらなる機能の統合が実現できよう。また，情報の表示は画面でも音声でもよく，言語なども選択できるようにすることが可能になろう。情報の入力も，表示と同様に多様な手段を用意することができ，個々の乗客が選択できる範囲を大幅に拡大することが期待できる。

　また，通信距離を長くすることにより通信可能な場所はシステムのほぼ全体に広がる。携帯電話など他のメディアとの協力も前提にすれば，事実上世界のどこでも通信可能ということになろう。この結果，従来の自動改札システムのようにカードとの間の通信を改札機通過中の極端に短い時間で済ますなどの困難を避けることができ，乗客はカードを通じてシステムから情報をいつでも受け取ることができるし，逆にシステムも随時カードからの情報を受け取ったり，カードの位置や動きを測定したりすることができる。こうしたことを組み合わせると，従来必要と考えられていた改札装置やキャンセラーなどが不要となり（ゲートレス化），駅などで乗客が運賃徴収のための動作を何ら行う必要がなくなる，個々人のニーズに応じたきわめて多様なサービスメニューがリアルタイムかつ個別に案内されるなど，今までは考えられなかったサービスが実現可能となり，公共交通のイメージは画期的に変革されると考えられるのである。

3　なぜゲートレスか

　ゲートレスシステムに対する鉄道事業者の最大の懸念は，これが不正乗車の増加につながる可能性であろう。有効なＩＰＡＳＳカードをもたない乗客への対策はどうしたらよいのか。そもそも，なぜゲートを取り払う必要があるのだろうか。
　ゲートレス化の必要性は，各種の都市公共交通用運賃徴収システムを比較すると明瞭になる。

表1によると，運賃徴収システムを有人方式から自動改札に変更した結果，乗客の利便性が大幅に低下したことがわかる。ストアドフェアチケットの導入でその失地をやや回復することができ，さらに近接通信型非接触ICカードの応用で機能向上の余地が生まれたとはいえ，人間のもつフレキシビリティにはかなわない部分が残る。

表1　各種の公共交通向け運賃徴収システムの比較

		有人方式	磁気券方式	ストアドフェアチケット	無改札	非接触ICカード ゲート有*	非接触ICカード ゲートレス
乗客の利便性	運賃徴収	△	×	△	◎	○	◎
	案内	○	×	△	△	△	◎
	誤請求・過請求	△	○	△	◎	△	★
運営機能向上		○	×	×	×	○	○
コスト	駅インフラ建設費	△	×	×	◎	×	◎
	運営費	×	△	△	◎	○	○
	ハード導入費	◎	△	△	◎	×	×

◎：優，○：良，△：可，×：不可，★：技術的に未確立。
＊は，現在各方面で実用化が検討されている近接通信型のもの。

　諸外国で実用されている「無改札システム」は，共通運賃制度の全面的導入など運賃制度の単純化，ゲートの廃止，抜き打ち検札，および発覚した不正乗車に対する高額な罰金により構成されるシステムで，フリークエントユーザーにとっては非常に使いやすいシステムとなっている。他のシステムとの差は歴然としており，この原因は改札装置の存在それ自体に求めざるを得ない。
　これから新しいシステムを導入するのだから，乗客の利便性や運営機能の向上などのメリットが，無改札システムのような簡易なシステムと比較して十分に得られなければ，開発や導入の意義自体が疑われる。そういう意味で，ゲートレスシステムは定性的にはほぼ唯一の満足すべきシステムと考えられるのである。
　では，乗客がポケットなどにカードを入れて持ち歩くだけで運賃徴収が間違いなく行われるには，どうしたらよいだろうか。具体的には，以下の3つを組み合わせ適用することが必要と考えられる。

① カード群判別：多重徴収防止，カードチェック
② 検札支援：カードと人間の対応づけ
③ 不正抑制：警告システム，全席「予約」化など

①が必要なのは，乗客が複数枚のカードを持ち歩く可能性があるからだ。このような乗客1名を，1枚のカードをもつ複数の乗客と見間違えると，運賃の多重取りが発生する。乗客からみれば，当然ながら運賃の多重取りは運賃のとりはぐれよりタチが悪い。カードを2枚もっている乗客のそばにたまたまカード不所持者がいた場合，システムは「カードも2枚，人間も2人，よってOK」と判断して平然としている，ということも起こりうる。

したがって，この問題に対処するためには，複数のカードが同一人物の持ち物であることを明確に識別しなければならないことがわかる。この識別の作業を「カード群判別」と呼んでいる。

この作業は次のようにして行える。駅構内のように人間が密集しやすい場所では瞬時にカード群を判別することは容易ではない。しかし，個々の人間がばらばらに動いていて，カードは必ず人間に携帯されて動いていくとすると，カードの動きを時間を追って観察し，複数のカードが似た動きをしているならばカード群であると識別する方法が使える。カードの位置を無線で検知する際の分解能について60cmから1m程度が得られれば，おおむね満足のいく判別が可能である。ひとたびカード群が判別されれば，この中から適切な1枚のみを選び，運賃徴収の処理をすればよい。

こうして多重徴収を安全に回避されて初めて「とりはぐれ」の対策に取り組むことができる。この問題に対処するためには，画像などから別に測定した乗客位置データとカード位置データとを突き合わせ，不正乗車客の位置を自動的に特定する機構が有効だろう。検札コスト削減が可能になるだけでなく，自動警告システムと組み合わせることで，不正を心理的に抑制することもできる。

4　どのような新機能を狙っているか

複雑な都市交通の利用や運営にとって，このIPASSがいかに革新的であるか，3大機能別に具体的に効用面を説明しよう。よいことの反面には，実は個人のプライバシー漏洩の可能性など，まだ完全には解決できていない問題もあるが，これは本稿では述べない。

運賃徴収が簡単にでき，弾力的な運賃制度に対応できることの意義をまず述べよう。

まず駅に改札が不要になるとどれだけよいことがあるかを述べよう。これまでの改札は，自動改札を含めて，近くに駅員が居て，すぐに対応できることを前提にしているため，改札の場所を少なくして，そのため，すぐ目の前のホームに行くのに，階段を上り，橋上駅舎の改札を通って

別の階段を降りるとか，北口と南口に改札がある場合には，駅の南北を通り抜けるためには入場券を買うか，遠回りをしなければならない，というような不便が多くみられる。改札をなくせば，自由に歩けるから，動線は短くなり，駅は簡単な構造で混雑も減る。それにつれて，長い列車では改札近くだけが混雑するという現象も減るから，停車時間が減り，均等乗車に近づく。

　ホームや車両でチェックして利用の実態がわかるから，一枚のカードで，普通の乗車券にも定期券にもなるし，子供，学生，身障者，老人等所有者の属性に応じた割引にも対応できるし，簡単な手続きで各種の営業割引も使える。

　支払いの方法も，プリペイド方式，クレジット方式など，利用者の都合に合わせることができるし，会社の出張用など各種の専用カードも用意できる。このシステムに加盟していれば，バスやタクシーにも同一のカードでほとんど無手続きで利用できることはいうまでもない。

　高齢者社会を迎えて，日本の交通システムはこれまでの強者向けから弱者向けへの転換が急務であるが，すべての階段にエレベーターを併設するようなことは短期間ではとてもできない。

　いちばん手っとり早い方法は，乗換えの駅や列車を選べば，直通があったり，同じホームで乗換ができるなど，きめの細かい案内で対応することであるが，現状は首都を代表する都市交通機関である営団地下鉄でさえ，階段を使わずに行けるルートの案内が広報部にさえ用意されていないのである。

　IPASSではソフトさえ整備すれば，個々の利用者のリクエストに応じて，リアルタイムの

図2　超多座席サービスのイメージ

通路の補助席に座っている人は，降りる順番まで考慮して配列されているので，降車の際に困ることはない。

最適経路を案内することができる。リクエストの内容自体も増やせるが，当面考えられるのは，利用したい条件として，速く行きたい，安く行きたい，着席して行きたい，途中の歩行距離を短くしたい，階段を使い（登り，降り）たくない，乗換回数を少なくしたい，などの中から順位や重みをつけた経路の案内，案内の方法（文字案内，音声案内など），詳しさ（簡単な経路のみから発着番線，列車，号車まで），長距離利用では，各種の予約（上記のほか，喫煙／禁煙，窓側／通路側，関連する催し物，ホテルなど）も同時に行えるようにしたい。

　このシステムの，有人案内に対する利点は，リアルタイムに的確な案内ができることである。列車のダイヤや現在の混雑状態など，システムが知りうることはただちに案内に反映できるから，ダイヤが乱れていても，本来なら乗れないはずの遅れている急行に案内するとか，まだ空席のある号車の前で待ってもらうとか，有人ではできそうもないレベルの案内もできるようになる。技術的には，放送方式で多くの案内をしておき，その中からリクエストに合うものだけを取り出せばよいから，格別難しくはない。

　こうして，大量輸送機関である鉄道が，個別のニーズに対応して複雑な案内ができるようになると，サービス内容自体も大幅に多様化できる。例をあげれば，喫煙／禁煙のような個人の好みを，冷暖房の強弱，案内放送の有無やバックグラウンドミュージックの種類，照明の強弱などに拡大し，これらの組合せをリクエストに応じて可変にするとか，停車駅や開閉する扉などはある程度可変にすることで，より便利で，マイレール的感覚のサービスが可能になる。

　これまでのわが国の公共交通機関は，永年続けてきた「乗せてやる」式のサービスから脱却できていない。たとえば，座席予約システムは，今でも昭和30年代の輸送力が決定的に不足していた時代の，「公平に断るシステム」を基本にしているから，今の時代には不合理が目立つ。着席できるだけでありがたかった時代には，指定席は当然満席になるから，公平に断ることが重要だったが，座席の供給が当然の時代には，早く予約すれば安くなるとか，売れ行きに応じて喫煙／禁煙，指定／自由などを可変にするとか，予約だけにして，席の割付をあとから行うことなどが必要である。これによって，満席で切符が買えなかったのに乗ってみたら空席だらけ，などの双方に損な状況が回避できる。

　ＩＰＡＳＳによって詳しいリクエストとともに，詳しい需要がわかるから，列車を設定する場面で，運転系統，列車の設備，編成長などが合理的に設定できるだけでなく，多様なニーズに対応するための計画システムもいずれ開発されるはずであるから，これを用いれば，団体輸送なども，定期列車に増結したり，停車駅を増やしたり，分割・併合を行うことで，一般客にしわ寄せをさせずにはるかに低コストで行えるようになるし，ダイヤ乱れ時にもこのシステムのおかげで，利用可能な資源を最大限に活用して輸送を行うとともに，個々の乗客に最適なルートが案内できるから，迷惑量も大幅に減らすことができるのである。

第11章　高速道路のゲートへの応用

岩田武夫*

1　はじめに

ＩＣカードは海外では1980年代から使用されてきたが，ここにきて各種の電子マネーの実験，テレホンカードのＩＣカード化など全世界的に普及するきざしが見えてきた。ＩＣカードの有効な適用分野の1つに有料道路などの通行料金を自動的に支払うノンストップ自動料金収受（ＥＴＣ＝Electronic Toll Collection）システムがあり，これまで建設省，日本道路公団，首都高速道路公団，阪神高速道路公団，本州四国連絡橋公団および民間企業が参加し共同研究を実施してきたのでここに紹介する。

2　ＥＴＣシステムとは

ＥＴＣとは，有料道路における料金所渋滞の解消，キャッシュレス化による利便性の向上，収受員などの管理経費の節減を目的に研究開発を進めている新しい料金支払いシステムである。

料金所ゲートに設置したアンテナと通行車両に装着した車載器との間で無線通信を用いてデータ交信し，料金所を停止することなく自動的に通行料金を支払うシステムであり，以下にＩＣカードの一般的な使用方法を述べる。

① 料金所ゲートに設置した路側設備と，通行車両に設置した車載器との間で無線通信を利用した課金情報をもとに，車載器に挿入したＩＣカードから料金の支払いを行う。
② ＩＣカード内に利用者の情報を書き込み料金の支払いを口座から行う（後納方式）。
③ ＩＣカード内に前払い残高を記憶し，そこから料金の支払いを行う（前納方式）。
④ ＩＣカード内にデータ歴を格納することにより，支払いの記録とする。

＊　Takeo Iwata　日本道路公団　施設部

3 システムのイメージ

　料金所に設置したアンテナと利用者の搭載する車載器とが無線交信を行って，料金所の通過情報や課金情報を送受信し，車載器に挿入されたICカードに課金情報や通行履歴を書き込む。いわば，ICカードが電子的な通行券となるキャッシュレスシステムである。

　このシステムの導入で，対距離料金制（入口，出口ともにゲートがあり，走行距離に対して通

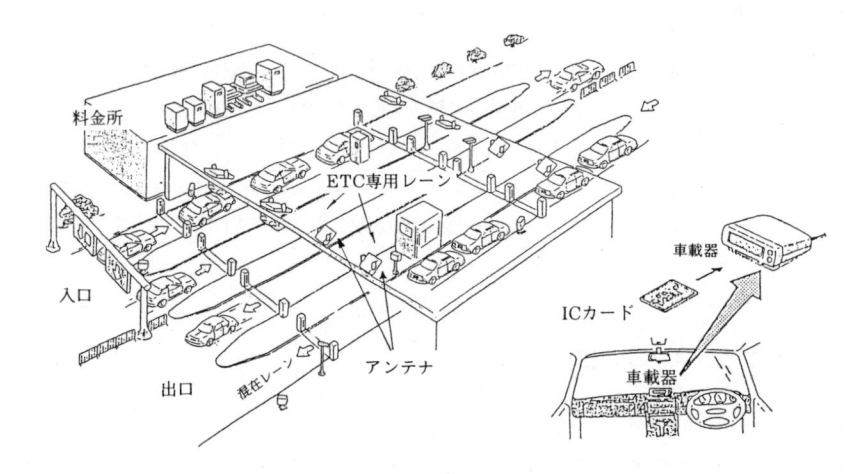

図1　料金所におけるETCシステムのイメージ

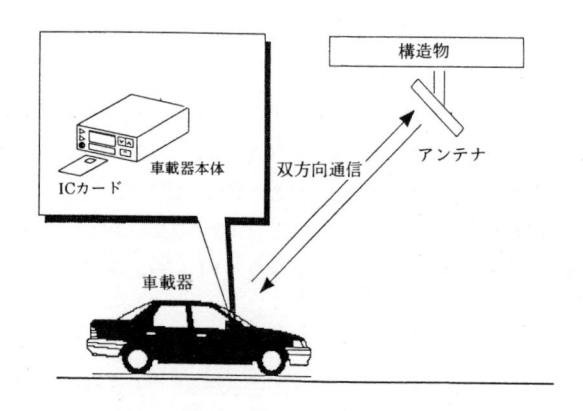

図2　車載器と路側アンテナとの基本構成

行料金を課する方式）では現在の出口料金所の車線処理能力である時間当たり二百数十台の交通容量が3〜4倍になる。

図1に料金所におけるETCシステムのイメージ図を，図2に車載器と路側無線装置との基本構成を示す。

有料道路の通行料金の料金収受方式には前述の対距離料金制と均一料金制（入口，出口のどちらかにゲートがあり，一般に区間ごとに通行料金を課する方式）がある。

また，支払手段には，車載器に挿入されたICカードにあらかじめ書き込まれた残額情報から通行した料金を支払う前納方式と，通過情報，課金情報をICカードに格納された会員番号をもとにセンター側システムで記憶し，後日，金融機関などから通行料金を口座から引き落とす後納方式がある（図3）。

ETCシステムはこれらの方式に共通に適用される。

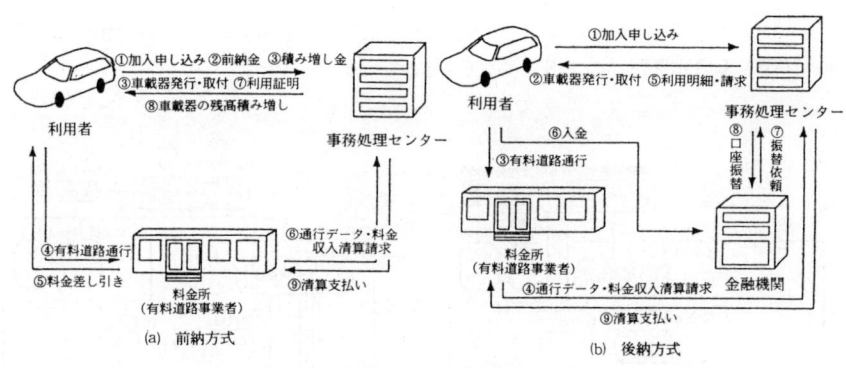

図3　通行料金の支払方式のイメージ

4　車載器

車載器には無線通信機能と，料金決済機能が一体になった1ピースタイプと，無線通信機能と料金決済機能であるICカードを分離した2ピースタイプの2タイプがある（図4）。

2ピースタイプは，料金決済機能をICカードに持たせているために，ICカードのみでガソリンスタンドやレストランなどの支払いができる拡張性や1台の車載器で複数のドライバーへの対応が可能なメリットがあり，初期は2ピースタイプでの導入の検討が進められている。

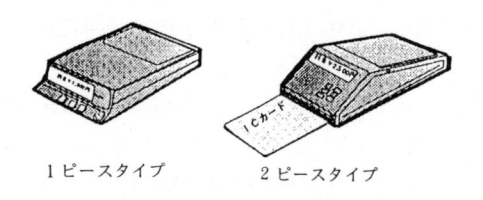

図4　車載器の種類

5　決済システムのイメージ

　決済にかかわる全体システムのイメージは図5のとおりである。車線ごとのアンテナと車載器が交信したデータは料金所に集められ，各道路事業者である公団センターに集約される。

　料金所から公団センターまでのオンラインシステムの構成は道路事業者ごとに異なっており，図5に示す（a）タイプと（b）タイプがある。

　公団センターは，事務処理センターにデータを送信し，事務処理センターは公団間の通行料金按分精算や金融機関との間で口座振替などの処理を行う。

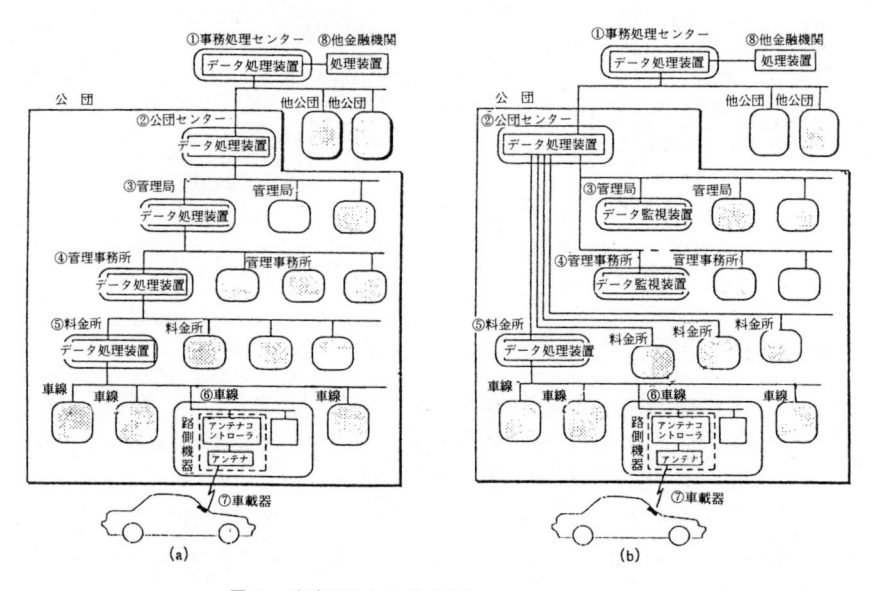

図5　決済にかかわる全体システムのイメージ

6　システムに対する基本的な考え方

日本では，すでに有料道路の大規模ネットワークが既成しており，かつ1日あたりの利用台数，取り扱い料金が大きく，全国で膨大な利用情報を確実かつ迅速に処理する必要があることから，次のような基本条件を満たすシステムを構築することとしている。

① すべての有料道路で共通利用が可能なこと
② 対距離料金制および均一料金制の両方に対応可能なこと
③ 料金の支払いは前納方式および後納方式の両方に対応可能なこと
④ 車載機器はリードライト型の機能を有すること
⑤ 適用車種は限定しないこと
⑥ 高い精度を有すること
⑦ 高いセキュリティを有すること
⑧ 利用者のプライバシーが確保できること
⑨ 安価で早期の普及が期待できること
⑩ 現行の料金収受システムの活用が可能なこと
⑪ 既存の料金所の構造に大幅な変更を生じさせないこと

などであるが，これらの基本条件を実現するためには，大容量の記憶容量を持ったメモリ，また高度なセキュリティの確保ができるICカードが必要である。

7　ETC研究開発の経緯

わが国のETCの研究開発は，94年度から始まり，同年11月に共同研究者を募集し，95年6月から10研究者との間で共同研究が開始された。これに道路管理者側として，建設省と道路4公団が参加している。

共同研究は前6節「システムに対する基本的な考え方」にあるように，

① どのような車種でも1つの車載器でいかなる有料道路にも対応ができ，異なる料金体系にも応じられること。
② 高い精度と利用者のプライバシー保護，また高度なセキュリティの確保ができること。
③ 低コストでシステムを構築するため，車載器が安価であり，かつ既存システムの有効利用が可能であること。

などを前提条件に始まった。

こうして始まった共同研究も96年8月に結果のとりまとめを行い公表した。この間6カ所での

フィールド実験，さらに同年11月から12月まで，土木研究所に模擬料金所を設置して，検証実験が行われた。これらの実験で共同研究から得られた結果が，ほぼ満足すべきものであったことが確認された。

8 海外におけるETCシステムの動向

ETCの最初の実用化システムは87年のノルウェーのオーレサンド・トンネルであり，88年には同国のトロンハイム有料道路に導入が行われている。

米国でも89年にテキサス州のダラス北有料道路，ニューヨークのリンカーン・トンネルへの導入が行われている。

一方アジア地域でも93年の香港クロスハーバー・トンネルに最初に導入され，続いて95年にマレーシアの南北道に導入されている。

海外でのETCシステムは，すでに10年前からそれぞれの方式で導入が進められており，日本での早期導入が期待されている。

9 ETCシステムで使われるICカードの規格

ここでETCシステムで用いられるICカードの規格について述べる。

初期のETCシステムのICカードは，国際標準規格（ISO）で規定されているコンタクト方式を予定しており，将来の汎用化（クレジットと併用など）を考慮してEMV規格に準拠させることとしている。

表1にICカードの規格を示す。

表1　ICカードの規格

規　　格	関連国際標準	参　　考
寸法・物理的特性	ISO7816-1	
コ ン タ ク ト	ISO7816-2	
電 気 的 特 性	ISO7816-3	VCC=3／5V
伝送プロトコル	ISO7816-3	T=1
ファイル管理	ISO7816-4	
コ マ ン ド	ISO7816-4	
アプリケーション選択	ISO7816-5	EMV準拠
デ ー タ 要 素	ISO7816-6	
環 境 条 件	IEC721-3-5	

ICカードのファイル構造については，ISOに準拠してMF，DF，EF[注1]のツリー構造をとっているが，将来の汎用化を考慮しEMV準拠のファイル構造を搭載させることを考えている。またコマンドについてもISO準拠コマンドにETC独自のコマンドを追加している。

　環境条件については，車両内の過酷な温度条件の中に放置されることが予想されることなどから，一般に規定している環境条件よりさらに厳しい条件が求められている。

10　ICカードの発行方法

　ICカードの発行方法は，
① 　専用カード（別納カード準拠）方式
② 　提携カード（カード会社と提携）方式
③ 　汎用カード（カード会社が発行）方式
が考えられるが，ETC導入当初は専用カード方式で行い，順次汎用化を図っていく方向である。

11　ETCシステムの実用化と展開

　有料道路における料金所の渋滞解消やキャッシュレス化によるドライバーの利便性の向上，管理費の節減などを図るため，ETCシステムの早期導入が求められているが，本システムの導入については，採算性，導入効果を踏まえた展開計画に基づき順次導入が図られていくこととなる。長期構想においては，全国の有料道路のすべての料金所にETCシステムを導入することとなるが，導入当初は首都高速道路，阪神高速道路，東名，名神など整備効果の高い路線の料金所から順次導入していくこととなる。

　全国1300カ所の料金所のうち，2002（平成14）年度末には約6割にあたる730の料金所に導入を

表2

	平成14年度末	長期構想目標
ETC対応料金所整備率	6割（730カ所）	概成（1300カ所）

「新たな道路整備五箇年計画（案）」より

注1　MF=Master File(主ファイル)，DF=Dedicated File(専用ファイル)，
　　　EF=Elementary File(基礎ファイル)

予定している。

12　非接触型ＩＣカードへの応用

　ＥＴＣシステムで使用されるＩＣカードはこれまで述べてきたように，将来の汎用化を考慮しクレジット会社などの動向を見極め，コンタクト型ＩＣカードを適用することで仕様化を進めているが，近年コンタクトレス型ＩＣカードの技術的な進歩から，公衆電話用カード，汎用電子乗車券，運転免許証のＩＣ化などで実用化体制が推進されており，今後の発展が期待されている。コンタクトレス型ＩＣカードは当初，電池切れ，電磁波による障害などの弊害もあったが現在ではそれらの弊害も解消されてきている。

　それでは，コンタクトレス型ＩＣカードをＥＴＣシステムに適用した場合，どのようなメリットがあるかを述べてみると，
　① 接触しないので損傷や摩耗に強い
　② 湿度や空気の汚染，また油の出やすい場所などでの使用に対する環境条件に強い

　ＥＴＣシステムでのＩＣカードは車両内の車載器に挿入して使用することから，車両の振動によりＩＣカードの接点に損傷や摩耗がないことが望ましい。

　また，排気ガスによる空気の汚染，オイル，油によるＩＣカードへの付着など過酷な環境条件に強くなければならない。

　以上のことからもコンタクトレス型のＩＣカードは，ＥＴＣシステムでのメリットも大きく，将来このコンタクトレス型ＩＣカードを採用するときがくることであろう。

第12章　ＲＦＩＤセキュリティシステムへの応用

平林清茂*

1　はじめに

　21世紀を目前に，一段と高度な情報化が進むなかで，セキュリティ分野も大きく変容しつつある。従来からの人命，財産に対する安全性はもとより，コンピューターネットワークの普及に伴う，種々の情報に対する犯罪防止や，プライバシーに関する安全性確保などが重要視されている。

　従来，個人認識を必要とするセキュリティシステムには磁気カードが多く用いられてきたが，より高度な安全性の確保というセキュリテイ市場のニーズに応えるため新しいハイテクコンポーネントとしてＲＦＩＤシステム(Radio Frequency Identification System)が注目されている。

　ＲＦＩＤは電波を利用し，カードをリーダーにかざす（カードアクセス）だけで瞬時にカードデータを読み取り識別するもので，ＩＣ化構造のためにセキュリティ性に優れた特長がある。

　名刺入れや，財布などに入れたままでも使用できる利便性，機械的露出部がないためどこにでも設置できる対環境性，摩擦や摩耗による損傷がなく長期間使用できる経済性，操作エラーの無い簡便性，コピーや改竄ができない安全性など，磁気カードでは得られない優れた機能により，種々のセキュリティシステムに応用されている。

2　セキュリティへの応用

　セキュリティシステムに用いるＲＦＩＤはより安全性を高めるため，一般的に任意の番号や同一番号を使用しないことから，読み取り専用タイプが使われる。

　また，カード操作は，明確な意志をもって行われることが前提であるため，リーダーの近くを通るだけで動作するほど，検知距離が大きいことは必ずしも良いことではない。一般的には定期入れや財布などに入れた状態で5～10cmで確実に認識できれば良いとされている。

　以下に，ＲＦＩＤを採用したセキュリティ分野におけるアプリケーションについて述べる。

　＊　Kiyoshige Hirabayashi　㈱シンデン　常務取締役

2.1 オートロック

　鍵と電気錠，鍵と自動ドアーの組み合わせによるオートロックが一般的であるが，この方式の問題点は，鍵の複製が簡単であること，鍵の紛失時や使用者の変更時に完璧な対応が難しいこと，また操作履歴が取れないことなどである。

　ＲＦＩＤカードを採用することにより，鍵方式によるこれらの問題点をすべて解消し，よりハイレベルなオートロックシステムが構築できる。

2.1.1 テナントビル入館用オートロック

(1) 常時施錠の通用口

　一般にテナントビルの通用口扉は常に施錠されていることが多い。

　入館の都度，通用口に設置されるＲＦＩＤカードリーダーに，登録されたＩＤカードをかざすと，扉が一時的に解錠される。入館して扉を閉めると自動的に施錠され，操作履歴が記録される。

(2) 年間タイマー連動の表玄関

　当該ビルの年間運用計画を，タイムチャートに組み込んだ年間スケジュールタイマーにより，入館管理を行う。

　あらかじめ設定された閉館時間帯，閉館時間帯以外でも全員が退館し，警備開始（警備機器を作動させ警戒態勢に入る）時点で自動施錠される。

　施錠中に入館する時は，登録されたＩＤカードをＲＦＩＤカードリーダーにかざし，扉を一時的に解錠する。入館して扉を閉めると自動施錠される。

　また，年間スケジュールタイマーに設定された開館時間となり，かつ登録されたＩＤカードにより正規に入館し，警備解除（警備機器の作動を停止する）とした時点で連続解錠される。

2.1.2 マンション共用玄関のオートロック

　マンションや大型共同住宅の共用玄関は，悪質な訪問販売者や不法入館者をシャットアウトするため，オートロックが採用されている。

　オートロックは，居住者と管理関係者だけが入館できるように設定された逆マスターキースイッチにより運用しているが，一人でも鍵を紛失した場合，本来の保安性を厳密に維持するならば，その時点で逆マスターキースイッチのシリンダーと，居住者全員の鍵を交換する緊急対応が必要となる。

　しかし，それには多大な費用と時間を要するため，現実には難しく，鍵式のオートロックは，居住者の入替わりとともに，マンション全体の保安性が損なわれ，安全維持管理に大きな問題を残している。

　オートロックにＲＦＩＤカード方式を採用することにより，カードを紛失した場合でも，その

ＩＤコードを抹消し，新しいＩＤコードを登録するだけで問題は解決する。

既存のマンションにおいても，玄関子機の逆マスターキーをＲＦＩＤリーダーに交換すれば簡便なＲＦＩＤカード方式に換わり，リーダーにカードをかざすだけで入館でき，安全も確保されることになる。

2.1.3 住宅玄関のオートロック

一般の家庭は構成人員が比較的少ないため，ＩＤコードの登録件数は小規模な場合が多い。

また，家族全員が所持するＩＤカードも，必ずしも名刺型ではなく，幼児や子供が携帯しやすい形状や，婦人に好まれるペンダント型など，自由なデザインを選ぶことができる。

カードリーダーは，存在そのものを秘匿するため，タイルや煉瓦壁内に埋め込み，外部から察知できない方法で設置することもある。

2.2 エレベータ制御

オフィスビルや，重要施設などにおいて，特別なセキュリティを必要とするエレベータは，ＲＦＩＤカードにより運転管理される。

2.2.1 エレベータ不停止制御

比較的小さなワンフロアー，ワンルームタイプのオフィスビルは，床面積を有効利用するため，エレベータ扉がオフィスの扉と兼用されている。

このようなビルでは，全社員が退社し，警備開始にした時点で，そのフロアーはエレベータを不停止とする必要がある。

また，大型オフィスビルでワンフロアーに複数のテナントが入居している場合においても，当該フロアーの全テナントが退社した後は，エレベータの不停止制御を行うことが一般的である。

いったん不停止になると不停止階へ行くことはできなくなり，その稼働状況は1階のエレベータ付近に設置される「エレベータ不停止盤」の表示ランプの点灯で確認することができる。

それぞれのフロアー毎に最初に出勤した社員が「エレベータ不停止盤」のリーダーにＩＤカードをかざし，不停止解除操作を行い運転を再開する。

2.2.2 エレベータ呼び込み制御

外来者の多い総合病院等で，エレベータの呼び込み操作をＲＦＩＤにより行うシステムである。

総合病院は患者やその家族などの便宜のため，本来，開放的で不特定多数が比較的自由に出入りできることが多い。

そのため，一般来訪者／職員を区別し，運行時間内（面会時間内）では，誰でも使用できるが，時間外では病院関係者に限定してエレベータの呼び込みを可能とする制御である。

施設内で病院関係者が使用する靴の中敷きやスリッパなどにＲＦＩＤチップを埋め込み，その

履き物を指定の位置に近づけると，個人のIDコードが読み取られる。

例えば，履き物を左側の指定位置に近づけると，エレベータが下降呼び込みされ，右側の指定位置に近づけると上昇呼び込みされる。

また，靴やスリッパに埋め込んだRFIDチップを応用し，手術室や，薬局など重要施設への出入りは，ハンズフリーで行うことができる。

2.3 鍵管理装置

専従警備員不在のビルにおいて鍵の保管，取り出し業務を効率的かつ確実に行う装置で，キー保管器によるロック方式，鍵保管ボックス方式，キーカセット方式などがある。

ビルの共用部等に設置し，最初に出勤した社員は，鍵管理装置のRFIDリーダーに自分のカードをかざして自室の鍵を取り出す。

最後に退社する社員はリーダーに自分のカードをかざして自室の鍵を保管する。これにより当該室は，1個の鍵で複数の社員が出入りすることが可能となり，多くの鍵を複製所持する必要がなくなる。通常，鍵の保管，取り出し操作に連動して警備システムが「入り」「切り」される。

2.4 入退出管理装置

誰が，いつ，どこに，何の目的で入室あるいは退室したかを管理する装置で，RFIDカードにより個人識別を行い，入室資格の確認により電気錠を解錠制御し，その履歴データを記録する。

2.5 在室管理

誰が，今どこにいるかを把握する装置である。会議室，応接室等目的の部屋に入退室する都度各自のRFIDカードの読み取りを行う。

社内電話の転送や在室表示を目的とするもので，この場合は当該室の電気錠を施解錠制御することは必要としない。

また社員寮などでは，カードアクセスの都度，その情報が管理人室に伝送され，在・不在状況が表示パネルに点灯される。

2.6 工事現場の出入管理

大規模建設の工事現場は，多数の作業員や関係者が出入し，しかもその行動は極めて流動的で，状況把握が困難である。

工区に入場する全関係者のヘルメットにIDタグを装着し，各工区や作業領域にIDリーダー・ゲートを設置して，出入の履歴データを集録管理する。

目的の工区に出入するには，カードリーダーを設置した簡易ゲートを経由するルールで運用され，ヘルメットに装着したIDタグにより，いつ，誰が，どの工区に出入したか，現在，どこに誰がいるかなどをリアルタイムで情報が得られる。

また，特に重要な工区で，現場責任者が入場しなければ，一般の作業員が入場できなくする場合は，「スーパーバイザー・コントロール」方式が有効である。これは，現場責任者が当該工区のRFIDカードリーダーに，カード操作するまでは，作業者の有効カードであっても受け付けない制御を行うものである。

より高度な入出場管理を行うためには，フラップゲートや回転ゲートなどと連動して，有資格者に続いて無資格者が入場することを防止するアンチテールゲートが構築できる。

また，正規に通過できる有資格者がカードアクセスした後，無資格者にカードを貸与し，不正使用することを防止するためにはアンチパスバック（方向通行制限）ゲート方式が必要になる。

これは，当該室の入側，出側にカードリーダーを設置し，IDカードにより正規に入室し，かつ正規に退室することを制度化するもので，イレギュラーアクセスを検知するシステムである。

2.7 介護支援システム

高齢者の場合，健康を害していたり，運動能力が著しく低下していることが多い。セキュリティ面においても身体的，生理的特性，行動パターンなどを考慮に入れたシステムの構築が必要になる。

例えば，通常の鍵操作が困難な人には，ペンダント式のRFIDタグや，履き物などに埋め込まれたRFIDチップをリーダーに近づくだけで開閉ができるオートロックが適している。

また，痴呆性のあるいわゆる徘徊老人に対しては，IDタグを身に付け，施設の各所に配置したロングレンジのリーダーにより，当該者の所在や行動を確認するシステムが実用化されている。

介護支援を必要とする高齢者や身障者の住居の玄関はRFIDによるオートロックで管理されることが望ましい。

複数の身障者や寝たきり老人の住居を訪問するホームヘルパーや関係機関の担当者は，緊急時にいつでも居住内に入れるようRFIDによる「ピンコード」付マスターカードを携帯することが望ましい。

ピンコードカード（Personal Identification Number）（写真）はRFIDカードと暗証番号を入力するためのキーパッドを合体したもので，カードを紛失して第三者に拾われても，暗証番号を知っている本人以外は機能しない特長がある。

キーパッドにより所持者毎に5桁までの個人暗唱番号を入力することができ，無電池で機能する。

写真　ピンコードカード

　これまで鍵やカードの共通する欠点として，紛失時の対応が指摘されてきたが，ピンコードカードの出現によりこの不安は解消された。
　特に緊急時において，複数の担当部所にアクセスが必要となる介護支援者や，警備会社の警備員が所持するマスターカードは，万一紛失すると，システム全体に影響する大きなトラブルとなるが，このピンコードカードを採用することによりマスター管理の安全性を高めることができる。
　ピンコードカードは高度なセキュリティを必要とする重要な施設への入退出管理において，有効なカードシステムとして期待されている。

2.8　銀行用マントラップゲート

　人を罠に掛ける（ManTrap）を意味する厳重なゲート機構で，拳銃を用いた凶悪な犯罪が多発する欧米において，主に銀行の顧客玄関に設置されるシステムである。
　基本的には，一人または子供連れ程度まで入れるボックス（またはブース）に，出と入のドア2機が設置され，入側ドアがクローズされた条件で出側ドアがオープンされる構造になっている。
　すなわち，顧客はまずマントラップゲートの第1のドアを開けて中に入ると，自動的にドアがクローズする（複数の通過を禁止するため，一時的に中に閉込められる）。
　次いで第2のドアがオープンして，目的の銀行内部に入ることができるというシステムで，IDカードにより識別し，人感センサー，金属探知機，監視カメラと併用して安全を期している。
　積極的に犯人を捕えることを想定したシステムであるが，このゲートは時間外に銀行関係者の通用口として使用される。
　銀行関係者が時間外に行内に出入りする場合は，RFIDカードを操作し，このゲートから出入りする。

この装置を導入した銀行では，いまだ犯罪者に狙われていないという。

我が国においても，銀行，消費者金融，特定郵便局等の金融機関が襲われているが，今後このような安全対策が必要となるかもしれない。

2.9 警備センターに連動する警備システム

工場，テナントビル，公共施設などにおいて，ハイテク機器を駆使した機械警備システムが多く導入されている。

このシステムは，警備会社のユーザーである警備契約先に入出操作器（警備開始，警備解除の切り替え操作を行う操置），センサー（侵入者を検知する電子機器），自動通報機（警備センターに通報する装置）などを設置し，提携する警備センターと通信回線で接続され，常時警備先の状況を監視する総合的な警備システムである。

警備センターに通報が入ると，警備要員は直ちに現場に急行することになるが，この受信通報のほとんどが誤報（警戒の本旨と異なる原因で発した警報）であるという現状がある。

ちなみに「社団法人日本防犯設備協会」の調査報告によると，警備会社が受信した全警報に占める誤報の割合は実に９９％であるという。

同協会では誤報原因を究明するため，その内容を分析し，誤報の種別として次のように分類し，抑止対策の検討資料として提供している。

誤報一類：機械故障により発した誤報

誤報二類：施工，保守不良により発した誤報

誤報三類：操作不良により発した誤報

   (1) やり忘れ ：解除しないで入室

   (2) やり損ない：操作間違え

   (3) やり足らず：操作不足

   (4) うっかりミス：操作連絡ミス

誤報四類：システム設計，環境不良，およびその他自然環境による誤報

誤報五類：原因不明の誤報

この中で，第１位は誤報三類（操作不良により発生）で全体の約５０％を占めており，第２位は誤報五類で約30％，第３位が誤報四類の約８％となっている。

このデータは，警備機器の信頼性や操作性がいかに重要であるかを物語るもので，特に「入出操作機器」の役割が大きいことを意味している。

すなわち，警備先において，ＩＤカードをアクセスして警備解除，警備開始の操作を行うことが必要条件であるが，この入出操作器を操作する時点で上記の誤報が発生するのである。

一般に入出操作器のID識別部には，磁気カードが多く使用されてきたが，磁気カードは差し込み方向や裏表が適正であること，さらに操作スピードに一定の制限があることなどから，確実に操作することが難しく，また，ヘッド部が濡れたり汚れたりしても正常に識別できない事態が発生する。

その結果，担当者が正常にカード操作して，警備開始，または警備解除にしたつもりでも，識別が不確実でセンサーが作動し，結果的に誤報を発生したということになる。

RFID方式の入出操作器を採用することにより，次のような抑止効果が期待できる。

誤報一類対策：RFIDは電気的露出部や摩擦部がないため故障が少ない。

誤報二類対策：RFIDシステムはメンテナンスフリーである。

誤報三類対策：RFIDは操作性に優れているためアクセスミスが少ない。

誤報四類対策：RFIDは接触面がないため設置場所を選ばず屋外に設置することができる。

誤報五類対策：RFIDの採用で原因不明の誤報はほとんど抑止できる。

協会では，誤報発生率第1位の三類（解除忘れ）対策として，最終出入り口に電気錠を設置し，入出操作器と連動させて，警備解除しなければ入室できない制御を行うよう提案している。

3　まとめ

利便性やセキュリティ性をより高めるためにRFIDを用い，キーレスでシステムを構築することが多くなってきた。キーレスでシステムを構築した場合，カード紛失時や停電時の対応が問題になってくる。カード紛失時の対応は公衆電話や携帯電話を利用してテレコンにより施錠，解錠の制御および確認ができる。

停電時の対応については，小容量のバッテリーで長期間の停電（1カ月以上）しても電気錠を解錠させることのできる電気錠用非常電源がある。

RFIDは製造段階でコードがIC化されるため，コピーや改竄が難しく，特にリードオンリータイプのIDカードは外部からデータを書き込むことが不可欠なセキュリティシステムにおいて極めて重要な要件として高く評価されているところである。

今後，RFIDはさらに低価格化する傾向にあり，識別媒体としての優れた特性を利して，これまで磁気ストライプカードの市場とされてきた領域，特にセキュリティ分野において幅広く浸透し，普及していくことは明白である。

第13章　トラッキングシステムへの応用

朝来野邦弘*

1　はじめに（法規制，他の認識システムとの関連）

(1)　ISO／IEC-JTC1-ADC／SC-31の動き
- 国際標準化を中心とした各方面の動きは他誌，他項をご参照願うとして，ＲＦＩＤやＩＣカードに関する最近の国際的な動きに注目する必要がある。
- 1996年3月のＩＳＯ総会において，ＡＤＣ技術(Automatic Data Capture：自動データ収集)に関する小委員会（SC-31）が設置され活動中であるが，われわれとしては，AIM JAPANの活動にも注目する必要がある。

(2)　電波法の動き，規制

電波法に定める各種の基準，規制には十分注意する必要がある。データ伝送の形式により対象となるアイテムは異なる場合が多いが，その動向には留意せねばならない。
- 微弱電界
- ＳＳ（スペクトラム拡散）
- 特定小電力
- 構内無線局

など構成する各機器システムにより検証，対応せねばならない。これは国内規制のみならず，海外対象システムの場合，当然，その国の規制にも留意せねばならない。

(3)　バーコード，二次元コードとの関連（複合化）

他の非接触データ管理システムとの複合化は，実際のフィールドでは見逃せない分野でもある。
- バーコードについては歴史が永く技術的にも成熟しており，特に，長距離の非接触検出技術が確立されてそのウエイトは増加している。
- 二次元データコードについては10年近い実用化のための研究期間を経て，最近各方面への応用展開がみられ，特に空間電磁波を嫌う大容量データ，少スペースマーキングを必要とする分野での応用が著しい。

＊　Kunihiro Asakino　旭テクネイオン㈱　技術顧問

以上の特徴を生かした複合システムは今後増加していくに違いない。

(4) 光,超音波などによるデータ伝送

システムの目的からみて,認識部分のデータ伝送技術としてＲＦ(Radio Frequency)以外に,光や超音波による方法もあるが,本章ではＲＦに限定する。

(5) 本章の内容

本章では,部分的にトラッキングの技術を利用したアプリケーションについて次の3例について記述する。

① 公園内などで視覚障害者を個別に誘導案内する支援システム
② 荷物,物品などの自動パレタイジングを利用するシステム
③ 荷物,物品などの追跡に加え,途中の各ゲートにおいて何らかのカード内データのアップデートを行う電気機器検査システム

2 基本システム構成と技術的課題

2.1 基本システム構成

基本システムを構成する各コンポーネントを下記に示す。

- タグ(カード)
- アンテナおよびフィーダー
- ＲＦ制御部,デジタル制御部
- 電源部
- 周辺システム

(1) タグ(カード)(写真1)

対象物のもつ固有情報を認識しかつ新たに修正情報を与えるためのもので,対象物の性状にフィットした形状や性能が要求される。カード形式,棒状形式,コイン形式,シート形式が一般に選定対象となる。

また,使用環境や運用方法から,保護方式も重要な要素となる。防水,防食,防爆,耐熱,ホルダー形状,材質など,長期性能保持と運用のしやすさから設計,選定される。

特に,設置部周辺の対象物の構造,材質は,電波の伝達特性に著しく影響を生じることから,上記の選定,設計のいかんは周波数やアンテナの設計,選定とともに,システム性能を大きく左右する重大なポイントとなる。

ＲＦＩＤ(Radio Frequency IDentitication)の普及を加速した背景の一つに,タグ内の電池レス化がある。100kHz〜200kHzの電池レス化はさらにタグの小型化を促した。実際のフィールド

では，100kHz～200kHzのほかに指向性を生かしたマイクロ波領域，電池内蔵の構内無線局扱いのマイクロ波，特定少電力対象の400MHz帯域など，適用アプリケーションは周波数等の特性に合わせて多岐にわたっているが，全体として100kHz～200kHzの電池レス・タグ方式が多くみられる。

その他，電源内蔵の有無，情報伝達原理など，それぞれ得失があるが，アプリケーションの目的から，アンテナより供給を受ける電池レスタイプが主流を占めている。

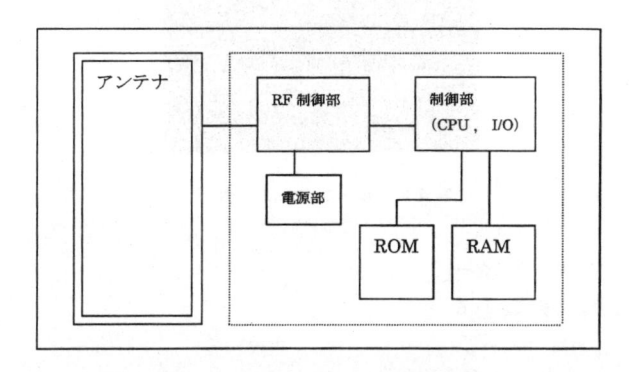

図1　RFIDカード内部構成例

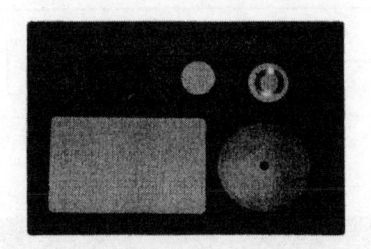

写真1　各種タグの例

(2)　アンテナおよびフィーダー（写真2）

アプリケーションにフィットしたアンテナの設計が，システムの性能を決める重要なポイントである。特に，出力そのものは，電波法上の位置づけにより決定されてしまうが，その範囲内においての形状，配置方法，フィーダー，遮蔽方法が，指向性，Qの選定，周辺環境の選定とともに重要な鍵となる。

一般には，ループ形状，ロッド形状がほとんどであるが，それらの応用として，複数並列，ゲ

ート方式，マット方式などが採用されている。

　データの書き込み修正時のアンテナの選定，設計はシステムの信頼性に大きく影響する。

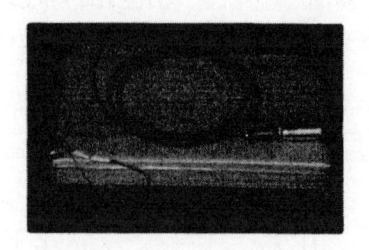

写真 2　ループアンテナ例

(3) 制御部（リーダーライター）

一般に次の 4 要素で構成される。

・アンテナ入出力部
・アンテナ入出力データ信号処理部

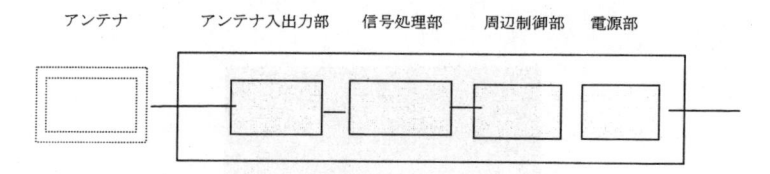

図 2　制御部構成ブロック図

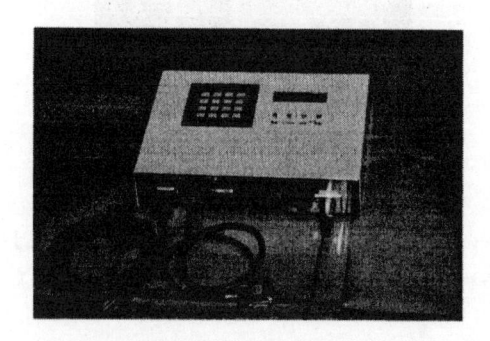

写真 3　リーダライター

- 周辺信号処理，制御出力部
- 電源部

(4) 電源部

　制御部への供給電源としては，一般交流電源(AC100V，60/50Hz)または，直流電源より所定の制御部直流電圧（5V，±12V，24Vなど）に変換し供給する。100kHz〜200kHz系の場合，電源変換部より発生するノイズにより，本来のデータキャリヤーとしての性能が著しく低下する場合が多いので，十分な対策が必要である。制御ボックスに内蔵した方式が多い。

(5) 周辺システム（センサー，データ伝送，制御機構）

　一般のトラッキング応用システムが，前述のデータキャリヤー基本システム構成のみで適用されることはほとんどなく，図3のように周辺システムとのリンクにより，アプリケーションシステムを構成するのが一般的である。

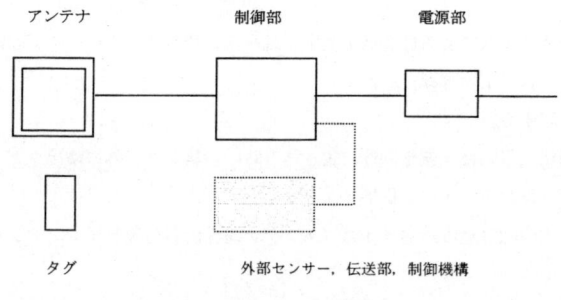

図3　周辺システム関連図

　外部センサーは，対象物が移動，搬送などにより，アンテナ所定範囲に存在するかどうかを検出判別するための形状・物体検出センサーなど，アプリケーションにより適宜構成され，タグにより情報をキャッチして，所定情報を対象物タグに書き込み後，指定された制御，サーボ機構により対象物への操作を行う。また，それらの状況データを伝送路を通じて所定場所へ情報伝送する。アプリケーションにより音声や音響によるガイド，アラームなども採用される。

2.2　基本仕様からの分類

　一般に使用される各コンポーネントの基本仕様，分類を次に示す。

① 周波数，変調方式，伝送方式
- 周波数：100kHz〜200kHz帯域，400MHz帯域，マイクロ波
- 変調方式等：電磁誘導，疑似ドップラーなど／FSK，MSK，ASK

② タグ電源:電池レス(アンテナより供給),電池内蔵
③ タグ仕様
・読み書き:読み出し専用,読み書き可能
・伝送距離:100〜5000mm
・メモリー容量:64バイト〜2000バイト
・形状:棒状,カード,コイン,シート状
・材質:プラスチック,ガラス
・構造:防水,防食,防爆,耐熱
④ アンテナ形状:ループ方式(円,楕円,四角),ロッド方式
⑤ ハンディ端末機:処理データ無線伝送方式,有線伝送方式

2.3 技術的課題

電源系や空間伝播ノイズによる性能低下対策(読み書き時のアンテナ〜タグ間距離)およびタグのコスト低減が当面の主要課題といえる。
以下項目のみ列記する。
① アンテナ形状(指向性と無指向性,書き込み時の当該タグ以外の隣接タグへの影響防止)
② 外来ノイズ(電源系ノイズと伝播ノイズ)
③ レイアウト上の回り込み誘導ノイズ(アンテナ電界内の電源ライン,センサーライン,通信ライン)
④ 書込み時の伝達距離のレベル引き上げ対策(リード時の約50%程度のものが多い)
⑤ 近接マルチオペレーション時の同期化
　　(アンテナ設置位置が約10m程度以内の場合の干渉対策)
⑥ 同一電界内でのマルチ・リード性能のレベルアップ

3 アプリケーション例

次の3例について述べる。
① 対象物固有の情報を,当該対象者に限定して出力する入園,入館案内支援システム(視覚障害者誘導支援システム,外国語案内支援システム)
② 荷物,物品などの追跡に加え,途中の各ゲートにおいて,カード内データのアップデートを行う電気機器製品検査システム
③ 荷物,物品などの追跡管理に利用するシステム(ケース物流管理)

3.1 視覚障害者公園など散策案内支援システムへの応用

(1) 概　要

特定の病気を煩い，晩年になって視力が落ち，公園などでの散策が不自由な方々が，ヘルパーなしである程度自由に行動できるべく，ＲＦＩＤ／ＩＣタグを活用し，誘導支援を行おうとするシステムである。このシステムは，外国人利用者に対し対象国語のガイドが完備されていない場合，個別の案内を行う支援システムとしても活用できる。

(2) システムの概要

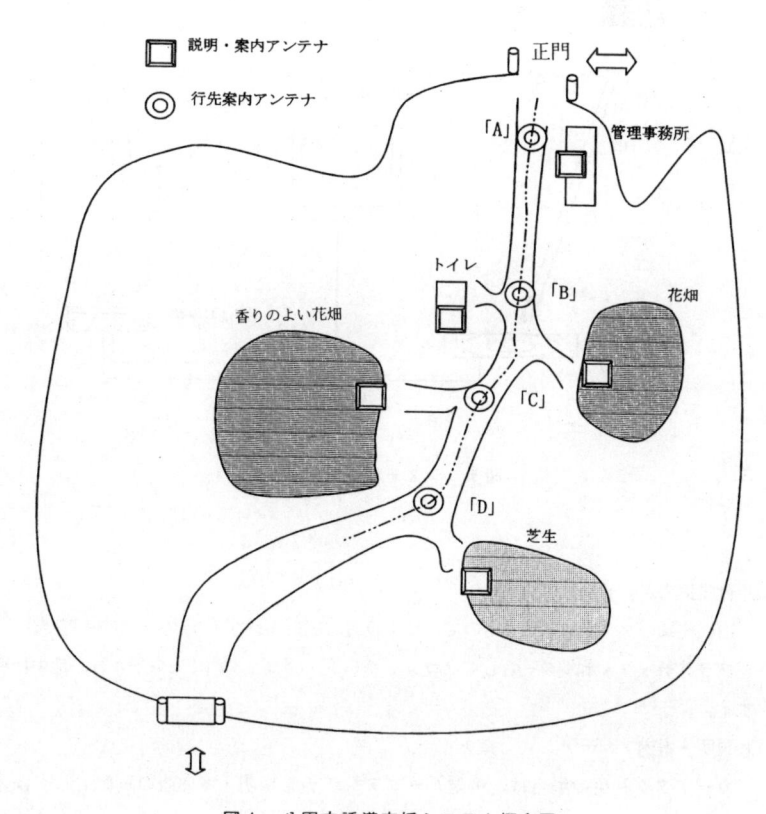

図4　公園内誘導支援システム概念図

(3) ＲＦＩＤシステム構成機器

A) タグ：キャップ方式ホルダー内に棒状もしくは小型コイン型タグを装着し，白杖先端に装

着（地中案内アンテナに対応）。説明アンテナのみの場合はカードタグを使用する。杖の先端に装着のため，できるだけ小型軽量であることが必要。

電池レス，防水型。周波数：125kHz

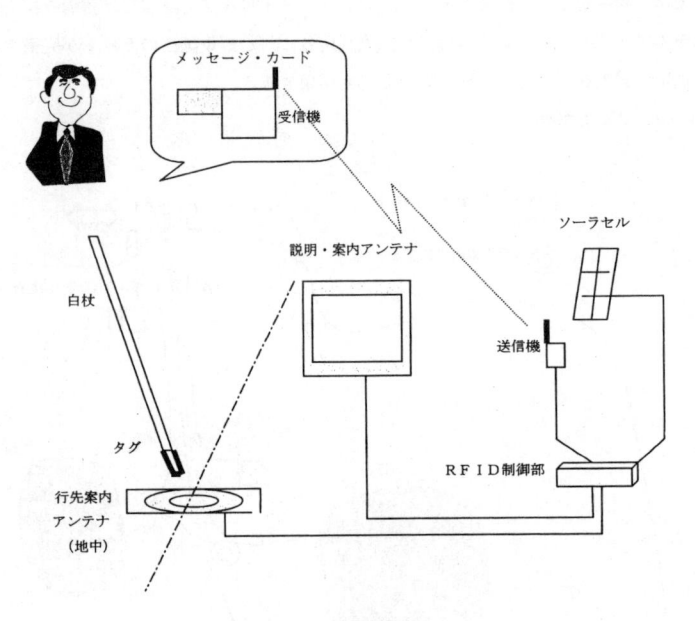

図5　システム機器構成

B) アンテナ：
　イ) 行先案内アンテナ

　　　白杖先端のタグに対応するもので，地中設置。円形ループ。サイズ：500φ程度。

　　　プラスチック・ホルダーもしくはコンクリート・ブロック内にセットされ，地中に埋設する。

　ロ) 説明・案内アンテナ

　　　カードタグ利用の場合は，角型ループアンテナを説明・案内版の裏側もしくは近傍に設置，白杖のみの場合は，必要に応じ直近の地表面（地中）に設置。サイズ：500×400 mm程度。

C) ＲＦＩＤ制御部
　イ) 内部構成

図6に示すように，基本システム構成のほか，無線データ通信部，ソーラセル電源変換部が装着される。

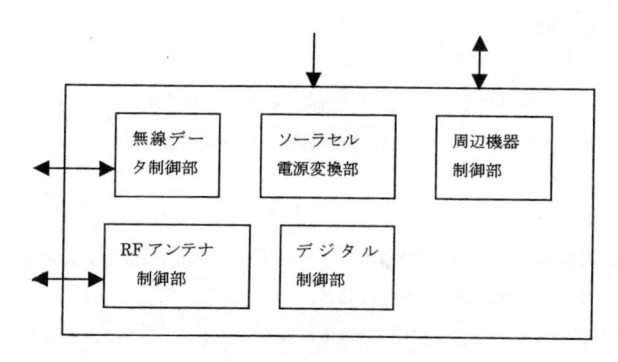

図6　制御部構成ブロック図

ロ）機能概要
- ＲＦアンテナ制御部：タグ内データをアンテナを通じて書き込みするためのアナログ処理を行う。周波数：125kHz～135kHz，ASK/FSK/PSK
- デジタル制御部：データ解析，ノイズ処理，読み書きデータの変換を行う。CPU：486/33MHz，ROM，RAM，リアルタイムクロック
- 周辺機器制御部：案内表示板内音声（音響）報知，照光表示などの制御。PI/O，SI/O
- 無線データ制御部：白杖タグもしくはカードデータにより特定したフィードバック当該者に対し，携帯する受信機内案内メッセージの起動トリガーデータを送出するためのデータ加工ならびに制御を行う。
- ソーラセル電源変換部：本事例は公園を対象にしているため，電源供給をソーラセルにより行うこととしている。もちろん一般商用電源からの供給でも何ら支障はない。
  ソーラセル：多結晶セル，パネル・サイズ：300×400mm
  設計基準：日光照射不能日数最大5日

D）送信部
メッセージを要求した当該者の携帯する受信機器に対し，内蔵する複数メッセージの中から，特定メッセージを起動するためのトリガー信号を，ＲＦＩＤ制御部からの指令を受けて発進する端末。周波数：90MHz～400MHz，FSK。

E）受信部

システムに対し，白杖（先端のタグ）もしくはカードにより案内メッセージ要求をした後，システム送信部よりのメッセージ・トリガー信号を受信，解読，自分自身へのトリガー信号であることを確認，メッセージ制御部へ特定メッセージ出力指令信号を発する。周波数：90MHz〜400MHz FSK．ポケットタイプ。

F） メッセージ制御，出力部

あらかじめ，管理室にて貸与された受信機内にある当該公園内主要個所案内メッセージ・ファイルを内蔵したカードならびに音声増幅部（視覚障害者：イヤホーンは原則として利用せず）。

(4) **システム動作概要**

A） 公園内管理事務所にて，所定の案内メッセージカードを内蔵した受信機（ポケットタイプ）およびタグを受け取り，白杖の先端に装着する。

B） 地上案内プレートに沿って公園内の散策に入る（埋設アンテナによる誘導も試験中）。

C） 総合案内板付属のアンテナに白杖の先端が接近するとシステムが起動し，登録済みの対象者かどうかをタグ内データにより判別。

D） 登録者の場合，システムの位置および登録者のデータから，発生すべきメッセージの起動信号を対象者の受信機へ送る。

E） 受信機は，受信データを解析し，自機当ての信号であること，内蔵カードのどのメッセージを起動すべきかを判別し，当該メッセージを出力する。

F） メッセージ例

イ）このまま進むと右手にトイレがあります（所要時間約5分です）。

ロ）左に入りますと，香りの良い花畑があります（所要時間約3分です）。

ハ）花畑に関する説明など。

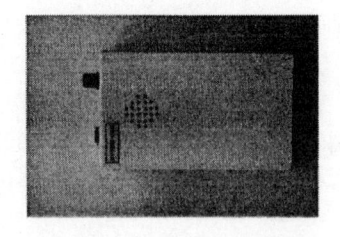

写真4　ハンディ受信部　　　　写真5　ソーラセルほか機器

写真6　路上操作試験　　　　　　　写真7　制御部

G) メッセージは受信機携帯者ごとに個別に起動されるので，複数の人々が要求しても，当該場所への到着時刻の遅れによる聞き漏らしがない。
H) 外国語などによる案内の場合も個別に対象国語にてメッセージを出力する。
I) 管理事務所からの当該者への個別連絡が可能。
J) 散策終了後，受信機とタグを管理事務所に返却。

3.2　電気機器製品検査システムへの応用

(1)　概　要

メーカーなどにおいて，完成した製品に対する検査工程中の個別対象データ管理の自動化を図る目的で，広範囲に分散配置された工程内を移動する対象物に対し，各検査工程ごとにデータを参照し，かつ当該検査結果を記入するシステムである。

(2)　システムの概要

A) 検査A工程を終了した完成品が入り口より入る。
B) アンテナにより読み取ったカード内のデータを参考に，所定コンベアに配分
C) 所定の検査ステップ（Ⅰ，Ⅱ，Ⅲ）に移動
D) 検査用測定端子，試験電源端子などをアダプターで接続し検査システムをセットアップ。
E) アンテナより読み取ったデータをもとに，当該試験，検査を実施。
F) 検査結果を編集，カードにアンテナを通じて書き込む
G) 次の検査ステップ，工程へ移動
H) 所定データは管理室へ併わせ伝送
I) 最終検査工程で，検査表の作成を行わない所定部署経由で発行。

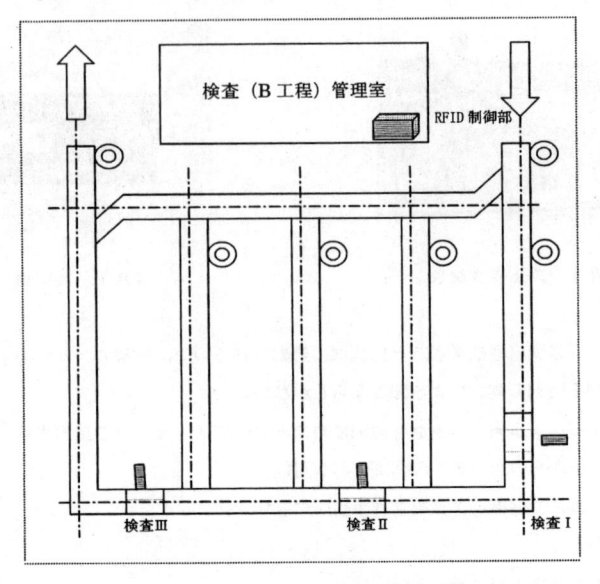

図7 検査Bライン・システム構成図

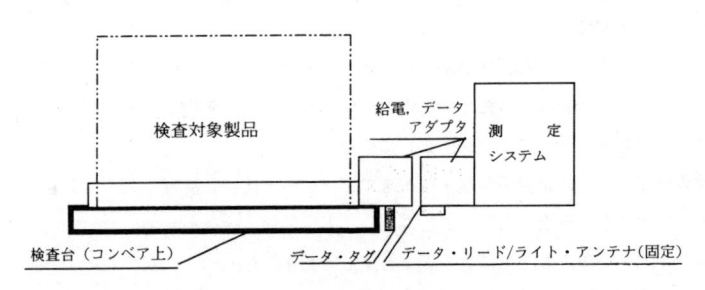

図8 機器検査台概念図

(3) RFIDシステム
A) システム構成（図9）

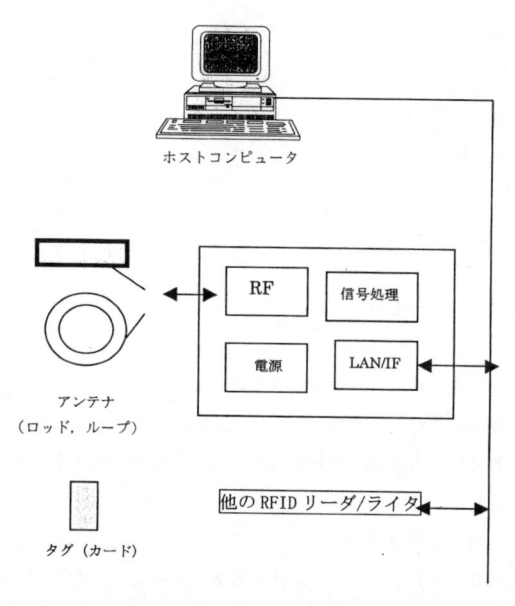

図9　RFIDシステム構成

B) 各部機器仕様

　電気的試験場所のため，近傍での発生ノイズおよび電源ラインよりの侵入ノイズなど，環境条件が厳しいが，基本的には，2.1基本システムの項にて述べた内容に準ずる。

　イ) タグ

　　読み書き距離，データ量，検査台および対象機器への装着のしやすさから，カードタイプを使用。

　　・サイズ：0.7 t ×86×54mm
　　・外被材質：プラスチック

　ロ) アンテナおよびフィーダー，設置位置

　　・出入り口での読み書き用：円形ループ，$400\phi \times 3$ mフィーダにてマッチング
　　　アンテナ～製品上のタグ間距離：400mm
　　・検査試験データ読み書き用：フェライト・ロッド，$10\phi \times 120$mmタイプ
　　　アンテナ～検査台下部タグ間：150mm程度
　　・フィーダー：同軸ケーブル3m（3C−2V）

　ハ) 制御部：

- RF周波数：125kHz
- 変調方式：ASK
- 制御：CPU（486-33MHz相当）
- ROM/RAM：2MB/4MB

ニ）データ伝送，ネットワーク
- 1：Nアークネット方式

3.3 ケース物流システムへの応用[1]
(1) 概　要
近年，「ロジスティクス」がクローズアップされ，マネージメントのレベルから物流問題が議論されているが，実際面での解決手段の一つとして，物流システムのしくみの見直しと，コスト低減が重要課題とされていることは，周知のことである。最近の多品種少量化などの市場ニーズに対し，「素早く，フレキシブルに，かつローコスト」で対応するシステムこそ「ロジスティクス」の目的を達成する有効な解決手段でもある。これらの目的達成のため開発された「ケース物流システム」を中心にＲＦＩＤシステムを応用する場合の例について紹介する。

(2) システムの概要
- 主要目的：中小規模のケース商品荷揃え・出荷作業の自動化
- 対象分野：食品，飲料品。日用品，医薬品，工業製品
- コンセプト：フレキシブル＆クイック
- フレキシビリティ：出荷計画，ケース諸元，パレット類，積付パターンへの変更に対する柔軟性
- クイックネス：高速サーボによる機械制御
- パレタイジング：ディアルプレート・スライド方式
- 積付計画支援システム：「ＣＡＰＬＯＳ」
  パレタイジング・パターンを出荷計画ごとに荷下順，積付効率を考慮してシミュレーションを行い，パターンを自動決定し，パレタイザーへ指示する。
- デパレタイジング：吸着位置のセンサーによる自動検出，すべてのデパレタイズ・パターンに対応。
- 周辺装置：ケース方向転換装置，パレットコンベア，垂直搬送機

(3) ＲＦＩＤシステム
A) ＲＦＩＤシステムの狙い
- 工場出荷から現物ケース情報を一元化し，自動読み取りすることにより，パレタイジングの

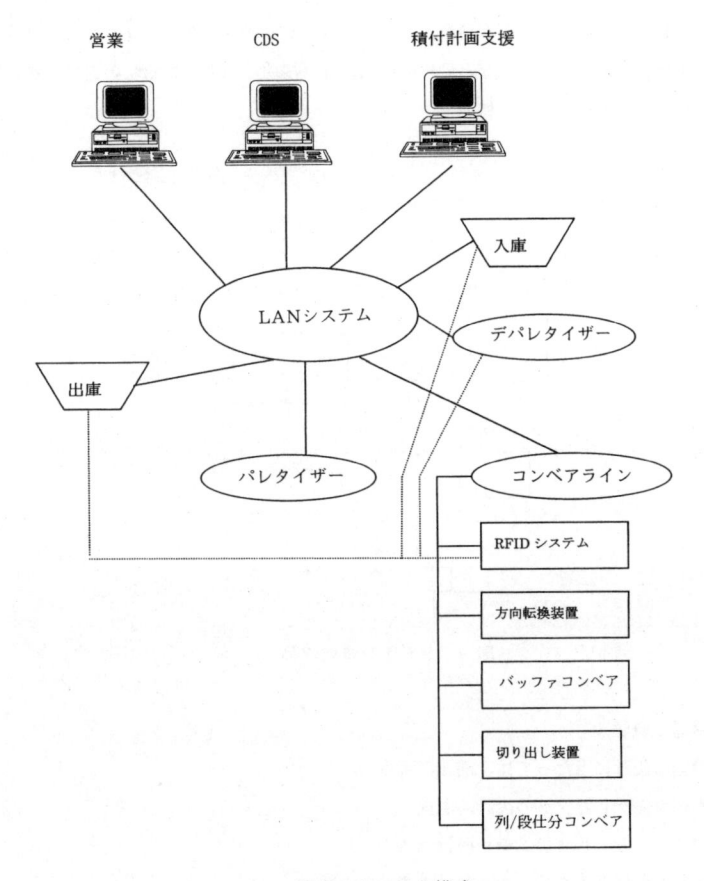

図10 システム構成

質をより向上させる。
・前記フルシステムの採用が諸般の事情から困難で，段階的にシステム化を進める場合の，個別ケース情報管理の自動化を効率化する。
・タイム・スタンプ・データの書き込みにより，現品の追跡，フォロー，センター内滞留実態カレントデータ把握，客先への輸送情報サービスを図る。
・前項に述べたように，高速かつフレキシブルな出荷管理が行えるシステムであるが，さらに多品種少量化が進み，エンドユーザーに近いポジションにおかれた配送拠点の場合は，ピッキング作業が複雑化してくる。特に，ユーザー数，商品ケース形状，アイテム数，在庫量な

どにより，ピッキング方式の選択いかん（シングル・ピッキングか，バッチか）でコスト増をきたす可能性もあり，ケースごとの現品情報管理（場所，時間，数量）がより重要となる。

B) RFIDシステム構成と機器概要

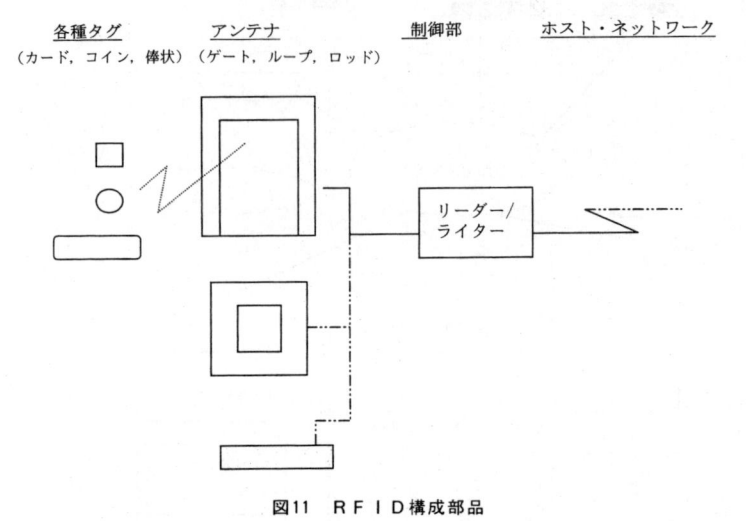

各種タグ　　　アンテナ　　　　制御部　　　ホスト・ネットワーク
（カード，コイン，棒状）（ゲート，ループ，ロッド）

図11　RFID構成部品

C) 適用機器の概要

適用機器の設計に当たっては，前述のように，

・対象物にマッチしたタグの設計，選択

・設置環境にマッチしたアンテナの設計

・システムの性能低下を起こさせない電源系の設計

・設置環境の解析と対策（ノイズと温度）が主要ポイントである。

イ）タグ

対象物ケース材質：特定のかご車を除き

・ダンボールケース

・プラスチックケース

・シュリンクケース

・平パレット

などを対象としているため，金属環境に対する考慮は内容物の影響を除きさほど生じない。

留意点は

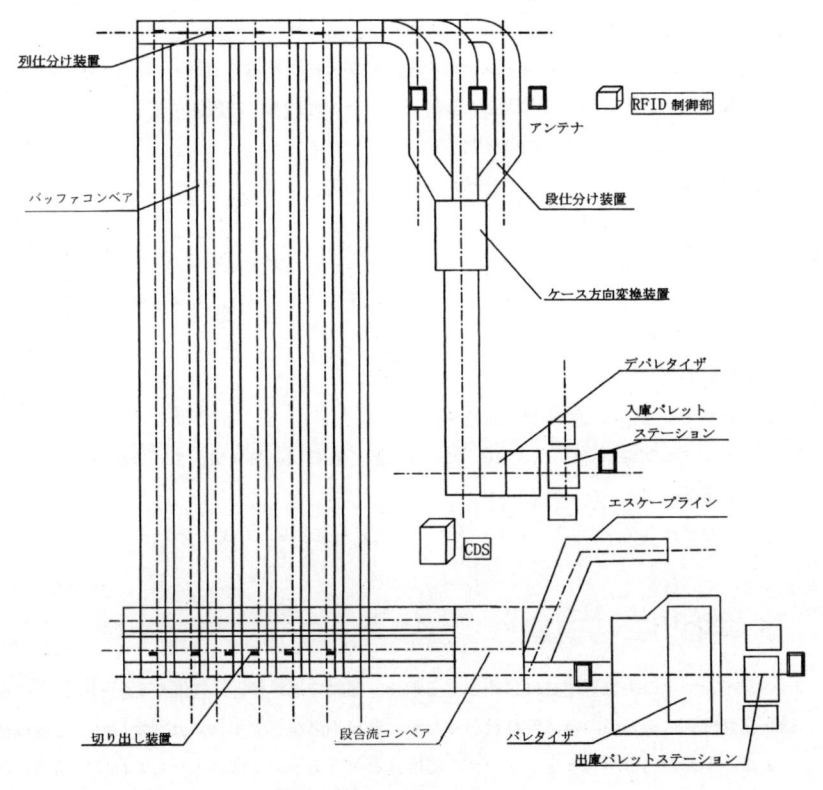

図12　機器レイアウト例

- アンテナ性状
- 同一電界内でのマルチリードに対する特性。
- タグの装着位置とアンテナ〜タグ間の読み取り書き込み特性
- パレット形状，積付方式を考慮したタグ装着
    ＊れんが積み，ピンホール積み，スピリット積み，交互列積みなど
    タグ仕様：周波数　125kHz〜135kHz

    サイズ：0.7 t ×20φ（コイン型）（ケース対象）
    　　　　0.7 t ×86×54（カード型）（パレット対象）
    読み書き，マルチリード方式
    外被材質：プラスチック

ロ）アンテナおよびフィーダー

システムの成功の可否はアンテナの設計いかんにかかることが多い。留意点は
- 積立て方式との関連を考慮した設計（アンテナ性能および設置位置）
- フィーダーのシステム内の経路
- サイズ，形状，ターン数，Q値，〜環境，周辺ノイズ
- 対象ケース内の対電界性状

アンテナ仕様：400×300mmループ，およびロッド（フェライト）：10φ×120mm

設置位置：コンベア上（ゲート），コンベア下（ループ），サイドポール（ループ），コンベア横ロッド

ハ）制御部

ＲＦモジュール：周波数125kHz〜135kHz

デジタル制御部：ＣＰＵ（16／32ビット），ＲＯＭ／ＲＡＭ，Ｉ／Ｏ制御

ニ）伝送部，ネットワーク

シリアル（ＲＳ232Ｃ），イーサネット／アークネット方式インターフェース

4　おわりに

ペンギンや牛の生態管理をはじめとする動物，植物の追跡管理，空港や宅配便などでの荷物配送所在管理システムの内容に触れたかったが，資料不足などで本章では割愛した。ご容赦願う。

また，本章の内容が「トラッキングの応用」と言うテーマには必ずしもそわない結果となったが，システム構築にあたって，何らかのヒント，きっかけになれれば幸いである。

文　　献

1) オークマ物流システム課編，ケース物流関連資料

第14章　トラック積載量と運行システム

— セメントのＳＳにおける自動出荷計量システム —

落合清治*

1　はじめに

　当社では，セメント物流の省力化を推し進めるためさまざまなシステムを開発してきた。その一環として，セメントのサービスステーション（以下ＳＳと略す）における出荷計量業務に関しても，省力化を推し進めている。

　現在，セメントの出荷管理業務において，出荷量を集計したり顧客別に請求書を発行したりする部分はほとんどがコンピュータ化されている。しかしながら，伝票を発行したり出荷実績を入力するのはオペレーターの手作業に頼っているのが現状である。特に，リアルタイムで伝票を発行するためには専任のオペレーターが必要になる。

　当社ではそのような煩わしい作業をコンピュータで自動化するために，移動体識別装置（データキャリアシステム）「WAVENET ID SYSTEM」を開発した。さらに，この移動体識別装置を利用して，無人出荷ならびに事務処理の省力化を可能とした自動出荷計量システムを開発した。

　本章では，本システムを日本セメントＳＳに導入した例を紹介する。

2　WAVENET ID SYSTEM（移動体識別装置）

2.1　機器構成

　本製品は，コントローラー（データ処理部），リーダー（アンテナ部），カセット（移動体ユニット）の3種類の構成で，図1に示す。

＊　Seiji Ochiai　日本セメント㈱　事業開発部

2.2 特徴（機器仕様：表1）

(1) 広い通信エリア（図2：代表値）

リーダーの送信出力が最大 300mWと大きいため通信エリアが広く確保でき，ガラスや雨滴の

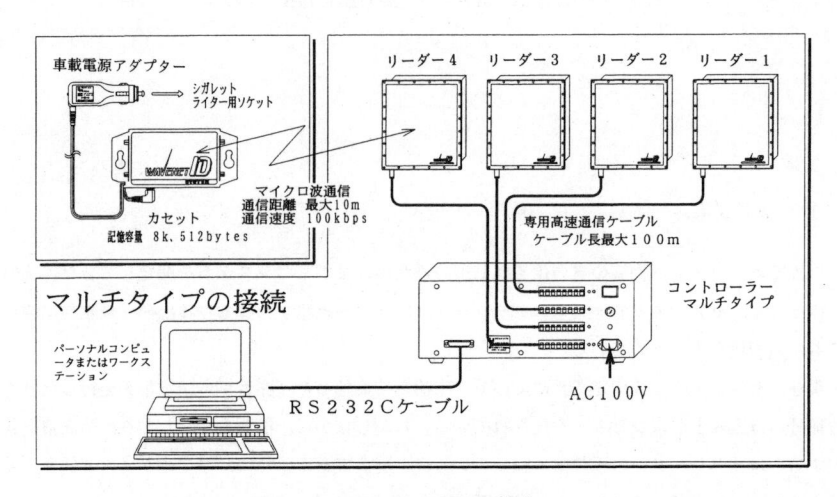

図1　WAVENET ID SYSTEMの構成

コントローラー，リーダー，カセットの3種類で構成されている。

表1　機器仕様

カセット（移動体ユニット）

形　式	WN24-CSA （バッテリー内蔵型）	WN24-CSC （車載電源アダプター 使用型）	WN24-CSD （バッテリー交換型）
データ記憶容量	8 kbytes	512bytes	
データ通信速度 通信方法	100kbps 受信：ASK方式　　送信：反射PSK方式		
電　源	リチウム電池 （交換不可） 専用車載電源アダプター （オプション）	専用車載電源アダプター 専用リチウム電池 （メモリーバックアップ用）	単3型アルカリ乾電池 リチウム電池 （メモリーバックアップ用交換不可）
寸法・重量	110×70×20mm 150g以下 防水構造 （JIS C-0920 7等級）	150×70×16mm 80g以下 防水構造なし	146×88×16mm 125g以下（電池含む） 防水構造 （JIS C-0920 6等級）
動作環境その他		温度 -20～+70℃ 電池電圧低下通知機能	

（つづく）

リーダー（アンテナ部）

型　式	WN24－RDC
送信出力	250mW(標準)
送信周波数	2.45GHz帯（構内無線局基準に適合）
交信距離	最大10m
寸法・重量	442×348×95mm，9kg以下
構　造	防滴構造（JIS C－0920 2等級）
動作環境	温度－20～＋70℃

コントローラー（データ処理部）

	WN24－CTB（マルチタイプ）	WN24－CTC（シングルタイプ）
リーダ接続ケーブル	専用高速通信ケーブル	
ホストインターフェース	RS232C準拠　半二重通信（2400～19200bps） 9600bps, 8data-bit, 1step-bit, non parity(標準)	
セキュリティ機能	ID設定機能，プロテクト機能，初期化スイッチ	
動作環境	温度：－10～＋40℃　　湿度：20～90％　結露のないこと	
最大リーダー数	4台	1台
寸法・重量	385×150×274mm, 5kg以下	182×112×292mm, 3kg以下
電　源	AC100V　50／60Hz　100W	AC100V　50／60Hz　50W

影響も抑えられ，車両管理に最適である。

(2) 大容量メモリー

カセットの記憶容量は8kbytesあり，単なる識別用だけでなくデータキャリアとしても使える。記憶内容はカセット内蔵電池によりバックアップされている（WN24－CSC：512 bytes）。

(3) 高速通信

カセットとリーダーの間は，100kbpsと高速通信なので，時速50km/h以下でのデータの読み込みが可能である。したがってトラックなど移動体をノンストップで管理・運営することが可能である（ホストのプログラムによる）。

(4) 非接触

マイクロ波を使用し，非接触なので摩耗がなく耐久性に優れている。また車両管理を目的に開発したので，汚れに強く，耐水性，耐環境性に優れている。

(5) プロテクト機能

カセットに対して書き込み禁止を指定できるので，重要なデータを誤って消してしまう事故を防止できる。また，カセットIDとユーザーIDの2本立てで構成されているので，カセットが他のシステムで読み書きされる危険を防ぐことができる。

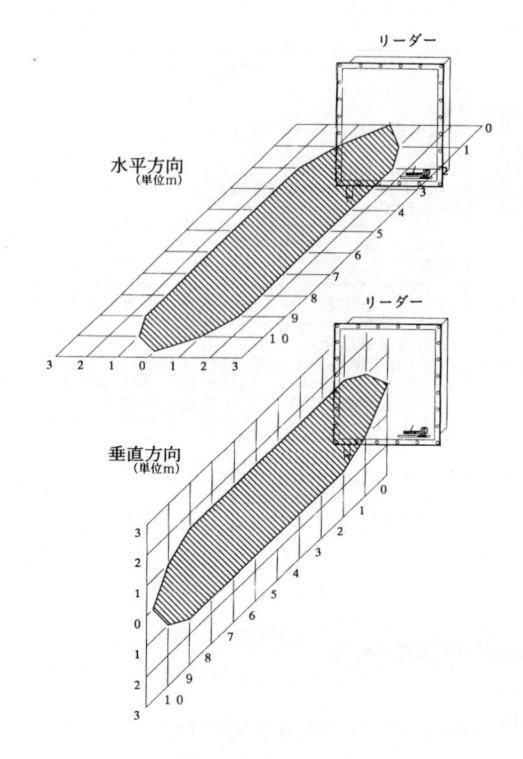

図2　通信エリア図

3　移動体識別システムの導入事例

次に，移動体識別装置の導入例として，当社セメントＳＳにおける自動出荷計量システムの概略をシステム構成図に沿って紹介する（図3）。

① 前準備・ＩＤ登録

まず最初に，あらかじめカセットに運送店コードや車番などを書き込んでおき，これをそれぞれのバラ積み用トラックの窓ガラス（内側）などに取り付ける（写真1）。

② 予約・配車

予約を受けたら配車をし，配車データをコンピュータに入力する。

③ 入　　場

カセットを取り付けたトラックが門の前に来ると，門前に設置されたリーダーによりカセット

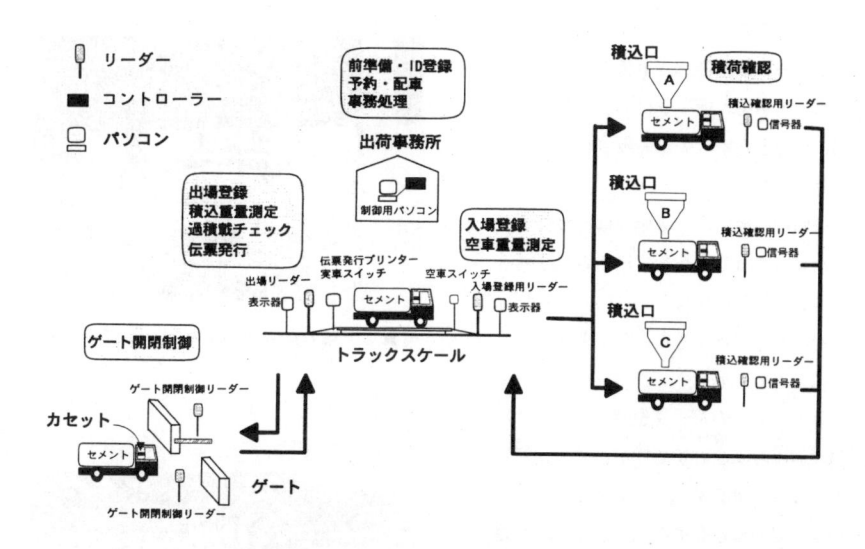

図3　システム構成

に書き込まれているデータが読み取られ，車番や予約の有無が確認される。カセットを付けていないトラックや予約のないトラックなどが入場しようとしても，門は開かないようになっている。予約があるトラックの場合は入場門が自動で開く。

④　空車重量測定・入場登録

トラックスケールで空車重量を量り，そのデータをカセットに書き込む。さらにカセットに書き込まれている車番を読み取り，積込み口および積み込み品種などを表示器に表示する。

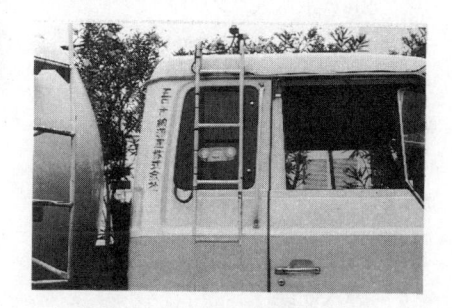

写真1　カセット取り付け例

⑤　積み込み（積み込み口：写真2）

誤積載防止のため，カセットに書き込まれたデータを読み込みチェックする。トラックが指示と異なる品種の積み込み口に入った場合，表示器に間違っている旨を表示し，積み込みダンパーの開閉スイッチを無効のままとする。カセットを所持していないトラックの場合も同様である。

⑥　積み込み重量測定・伝票発行および出場登録（写真3）

積み込みの完了したトラックはトラックスケールで積み込み重量の測定を行い，積載重量値をカセットに書き込む。表示器には品名と納入先が表示され，伝票を自動発行する。

過積載の場合，計量処理は行われず伝票が発行されないため，過積載分を降ろし再計量しなければならない。したがって過積載を防止することができる。

⑦ 退　　場

カセット内のデータを最終チェックし，積み込みおよび計量処理が正常に完了したかどうか確認する。正常に完了していれば退場門は自動で開く。計量処理が完了していないトラック，過積載のトラックが来た場合，退場門は開かない。

⑧ 事務処理

出荷実績データは事務処理用コンピュータにリアルタイムで渡す。さらに各営業所や支店および本社にデータを送り，請求書の発行や管理・分析資料などを作成する。

写真2　積み込み中のトラックとリーダー，信号機

写真3　リーダー，伝票発行器，表示器

4　導入効果

本システムの導入により，次のような成果が得られた。
① 入場から退場までの一連の出荷計量業務が無人化され，全体の省力化が図れた。
② 無人化により出荷時間を延長（24時間出荷）することが可能となった。この結果トラックの稼働効率が向上した。
③ 早朝・夜間出荷が可能となり，周辺道路上でのトラック待機による渋滞が解消された。
④ 伝票発行および出荷実績データの入力に人の手を介在しないで自動で行われるようになった。その結果，事務処理の大幅な合理化・省力化が達成できた。

⑤ 近年問題となっているトラックの過積載に対しては，伝票発行の中止，退場門を開けないことにより防止できた。
⑥ 積み込み口でデータ確認することにより，誤積載を防止することができた。

5 おわりに

セメントSSにおける移動体識別装置の使用例を紹介したが，本システムはその他セメント工場での自動出荷，採石場での砕石・骨材の自動出荷などにも応用され，同様な成果をあげている。

将来的には，本システムを各SSおよび各工場に導入することにより，積送など各SS間でセメントの移送を行う際に各SS間をオンライン接続することなく情報の受け渡しを可能（データキャリアとして使用できる）とし，伝票などのペーパーレス化を推し進め，さらなるセメント物流の省力化を目指す所存である。

また本システムは，駐車場管理，製造ライン管理，コンテナ管理などへの応用も考えられる。

第15章　地中杭への応用

佐田達典*

1　杭と情報

　日本全国の土地には，土地の境界位置を示す境界杭，ガス管や水道管などの地下埋設物の位置を示す表示杭，測量のための座標をもつ基準点杭などさまざまな用途の「杭」が無数に設置されている。これらの杭はプラスチックや石，コンクリートを素材としており，地面に打ち込むかあるいは埋設することによって固定される。境界杭には境界の種別と境界の位置を示す矢印や十字が刻印されており，土地境界の位置を示している（写真1）。表示杭にはガス管や水道管などの種別や番号などが表面に記載されており，それらの埋設位置を示している。一方，基準点杭は測量によって計測された平面座標や高さなどの情報をもっているが，一般にはそれらの座標情報は設置主体が個々に管理しているため杭には表示されておらず，他の利用者は直接は利用できない（写真2）。

　このように地面や地中に設置される杭は，土地関連の諸情報と現実の土地を結びつけている重要な印であり，表面に表示された属性以外にも多くの情報を背後に有している。

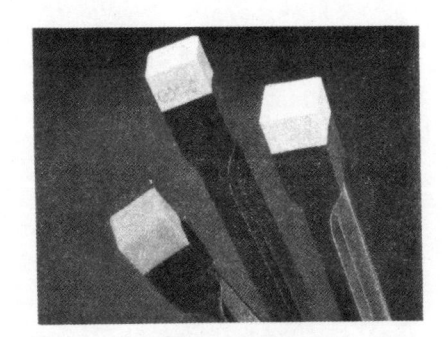

写真1　境界杭の例　　　　写真2　基準点杭の例

＊　Tatsunori Sada　三井建設㈱　技術本部　技術研究所　主任研究員

そこで，杭のもつ情報を簡単に取り出して利用することができないかという目的で筆者らが提案し，開発を進めているのが「情報杭システム」である。杭の種別，番号などの基本的な情報から，杭の位置（座標），その土地の境界，地籍，埋設物の位置関係などまでを1本の杭から簡単に情報が取り出せれば，測量をはじめとする土地関連の諸業務を大幅に効率化できるのではないかという発想である。そのための手段として情報杭システムではRFIDを用いている。本稿では，RFIDによる情報杭システムの構成と利用について紹介する。

2 情報杭システム

2.1 目的と構成

情報杭システムは土地に設置する杭に情報通信機能をもたせることによって，杭の位置情報，周辺の土地に関する情報などを現地で容易に参照できるようにしようとするシステムである。図1に示すように情報通信機能は，杭本体に情報を読み書きできる非接触型データキャリア（タグ）を内臓し，センサー（リード・ライター）で外部から通信する方法を取っている。センサーを杭に近づけるだけで杭のIDを読み取れるほか，関連情報として杭の位置情報，周辺の土地の情報（地籍など），埋設物の位置情報などを現地で参照することができる。また，書き込み機能を用いて必要に応じてそれらの情報を書き換えることもできるため，データの更新を伴う維持管理にも応用できる。これにより現地作業である土地調査，測量，地下埋設物の点検，補修などの業務を効率的に実施できる情報環境を提供することを目指している。写真3は情報杭の設置状況であり，写真4は設置した情報杭との通信状況である。

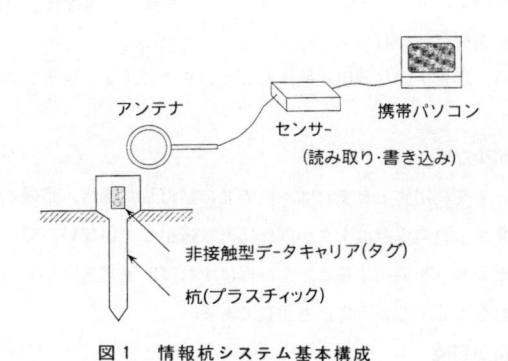

図1　情報杭システム基本構成

2.2 特徴

RFIDを採用したことにより，情報杭は次のような特徴を有している。

(1) 杭の在処探索

センサーは離れた位置からタグと通信できるので，杭が土や落ち葉，雪などで埋まっていても情報の読み書きができることから隠れている杭の探索を行うことができる。これはバーコードや接触を要する通信媒体では無理である。杭は野外にあることから土や落ち葉で自然に隠蔽されてしまう場合も多く，また，周辺の土地の改変などで地中に完全に埋没してしまう場合もある。さらに，通常は地表に出ている杭であっても，積雪があればその探索には相当な困難を伴うことになる。したがって，非接触で通信できるRFIDの特徴は杭の探索という面で非常に有利である。

写真3　情報杭の設置

(2) メンテナンスが不要

タグは無電池で作動しセンサーを近づけたときだけ応答するので，メンテナンスが不要である。杭の素材自体が石やプラスチックなどであり，半永久的な使用を前提としているので，メンテナンスがいらないことは大きなメリットである。

写真4　情報杭との通信

(3) 景観上の問題が少ない

たとえば，バーコードを利用するとすれば，杭表面に貼付した場合，景観上の問題が生じることが想定されるが，RFIDの場合はタグが内部にあり露出していないのでその種の問題はない。さらに，RFIDのセンサーを使用することを前提にすれば，通常表示している杭表面の文字や印を省略して，目立たなくしてしまうことも可能である。

(4) 記録内容の更新が可能

読み取りだけでなく書き込みもできるので，記録内容のデータ更新が可能であり，土地関係情

報の更新や地下埋設物の維持管理履歴にも適用できる．

　以上列挙したように，杭の設置や使用が野外という環境を前提としているため，バーコードなどの方式に比較して，ＲＦＩＤを採用することの利点が大きくなるといえる．

3　利用方法

3.1　杭設置時

　杭設置時に基本情報（ＩＤ，杭番号，設置者，三次元座標など）をセンサーによりタグに書き込み登録する（図2）．この基本情報は原則的には書き換えしない固定情報であり，また，ＩＤはタグの出荷時に登録されている．さらにこの情報杭を周辺の土地や設備管理に使用する場合には，タグのデータ更新可能な領域に情報を登録する．

　図3はその一例であり，測量，登記，上下水道，電気，ガス，電話の各項目について，①担当者コード，②内容（点検，補修，追加），③更新日時を登録している．

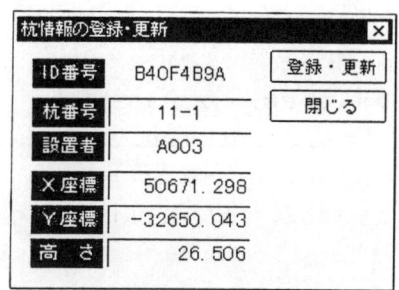

図2　基本情報登録画面

図3　設備情報の登録，更新画面

3.2　杭利用時

(1)　杭の探索と位置確認

　杭が地表に出ていない場合は，アンテナで杭の位置を探索する．この場合，探索可能距離は通

常10cm程度であり，タグとセンサーの距離がその範囲に入れば反応を検出できる。また，大型のアンテナを使用すれば数10cmの範囲で検出可能であり，積雪などの場合にも対応できる。

　一方，人工衛星を用いた測位システムGPS（汎地球測位システム）を併用して探索と位置確認を行うことができる。GPSのうち，cm精度でリアルタイムに座標を測定できるRTK（リアルタイムキネマティック）という技術を用いると，杭の座標があらかじめわかっていれば，その地点まで誘導してくれる。また，杭の発見後，杭が移動していないかという確認に利用することができる。写真5はRTKによる

写真5　GPS（RTK）による杭座標の計測

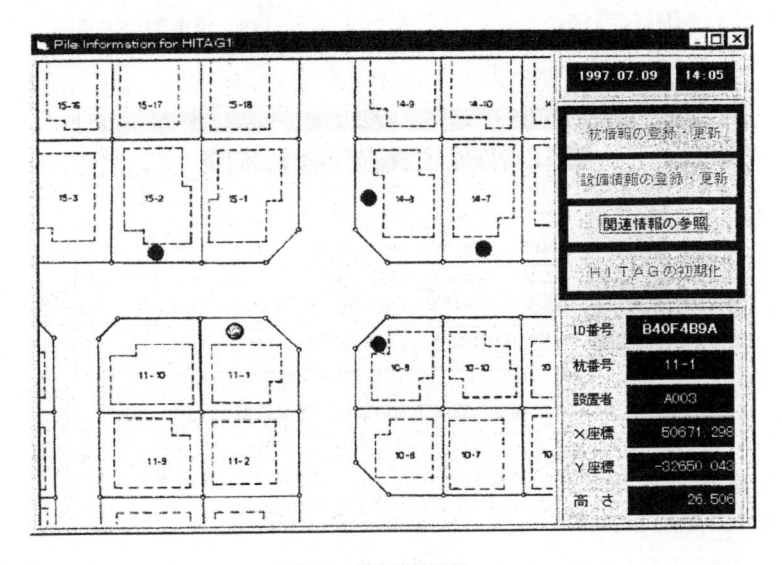

図4　基本地図画面

杭位置の確認状況である。

(2) 杭の識別と情報参照，情報更新

　杭発見と同時にＩＤにより杭を識別する。図4は情報杭システムの基本地図画面であり，識別した杭を地図画面上に表示し，関連情報を参照することができる。図2に示す杭座標などの基本情報を参照して測量などの業務に利用することができる。また，図3の設備情報から地下埋設物などのメンテナンス履歴を参照して周辺土地や地下の情報を確認することも可能である。さらに，設備情報の更新を行うことにより，メンテナンス履歴情報を現地に残すことができる。

3.3 応用機能

　図面や写真など容量の大きいデータ（詳細情報）については，タグの記憶容量では扱えないため，読み取り側のパソコンのデータベースに登録して参照できるようにするか，図5に示すようにモバイルコンピューティングにより情報管理センターと通信してＩＤに対応した詳細情報を入手することが考えられる。図6はそれら詳細情報の例であり，地下埋設物位置図，測量図，周辺写真，杭埋設状況写真などを現地で参照することによって，現地業務を迅速かつ確実に実施することに役立つ。

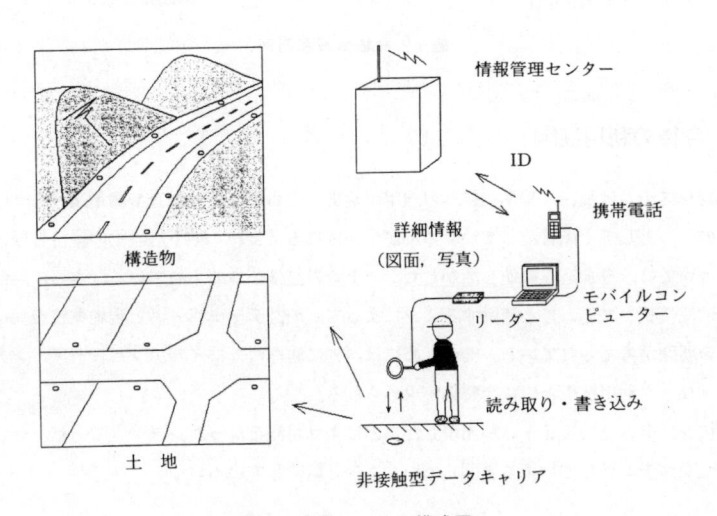

図5　応用システム構成図

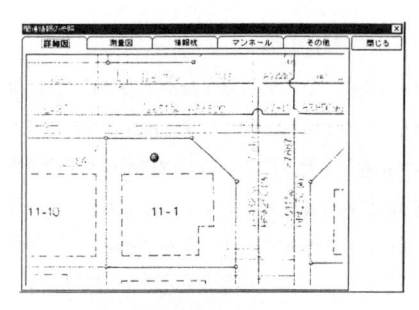

地下埋設物位置図	測量図
周辺写真	情報杭埋設状況

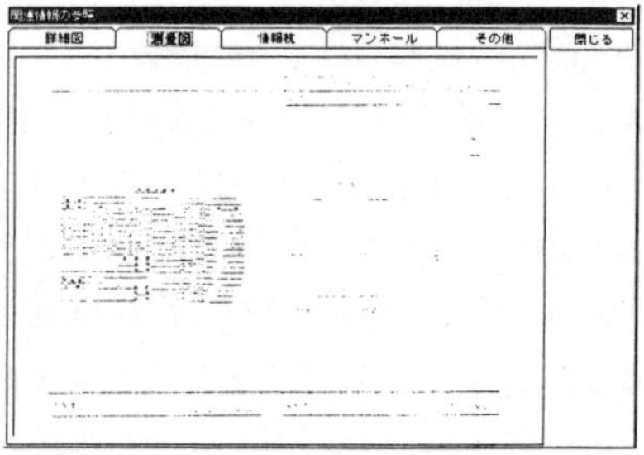

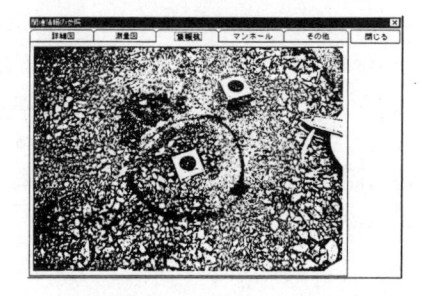

図6　詳細情報画面例

4　今後の利用展開

　情報杭システムは現在，基準点杭への適用が始まっており，土地調査や測量業務を支援するシステムの一つとして今後普及していくことが予想される。また，地下埋設物の維持管理業務への利用については，書き込み機能を活かしたシステムの整備が進められている。さらに，今後はＧＩＳ（地理情報システム）と連動することによって，地図データベースと現地業務をつなぐ技術としての展開が考えられている。そのためには，先に述べたモバイルコンピューティングを用いたネットワーク利用技術との統合整備が求められる。

　情報杭システムは，ＲＦＩＤが出現したことにより可能となったシステムであり，その特徴を活かしたシステムとして今後も展開していくものと期待している。

文　　献

佐田達典：測量杭に情報を記録させる－情報杭システムの開発－，全測連，全国測量業設計業協会連合会，1997年1月

第16章　動物の健康管理への応用

―温度センサー搭載型データキャリアの展開―

黒川徳雄[*1]，渋田淳一[*2]

1　はじめに

ＲＦＩＤは，入退室管理・ＦＡ（Factory Automation）をはじめ，さまざまな領域での検討が開始されているが，動物の個体管理もそのひとつである。現在，ＲＦＩＤの基本機能であるＩＤ識別機能・データ書き込み機能に加え，温度センサーの機能を搭載したデータキャリアの開発が行われている。

本稿では，体温測定に温度センサー搭載型データキャリアを利用した動物の健康管理の手法を中心に，ＲＦＩＤを利用した動物の健康管理について概説する。

2　温度センサー搭載型データキャリア

ＲＦＩＤ（Radio Frequency Identification）は，データキャリアにＩＣ回路を内蔵，データ交信に電磁波を利用して，離れた位置からデータの読み出し・書き込みを可能とした新しい非接触コミュニケーション・システムである。

他のＩＤシステムに比較して，非接触でデータ交信ができる，通信速度が速い，データの書き換えができる，データ保存信頼性が高い，データ交信のセキュリティ性が高いなどの特徴があり，アプリケーションとして流通・ＦＡ・セキュリティ，定期券・テレホンカード，動物の個体管理など，幅広い分野での導入が検討されている。

従来，これらの分野で利用されている機能は，ＩＤ識別機能・データ書き込み機能など，ＲＦＩＤの基本的な機能が中心であった。近年，これらのＲＦＩＤの諸機能に加え，各種複合機能を

[*1]　Norio Kurokawa　東芝ケミカル㈱　ＲＦＩＤ事業推進部　課長
[*2]　Junichi Shibuta　三井物産㈱　物資本部　物資製品部　映像・情報システムグループ　課長代理

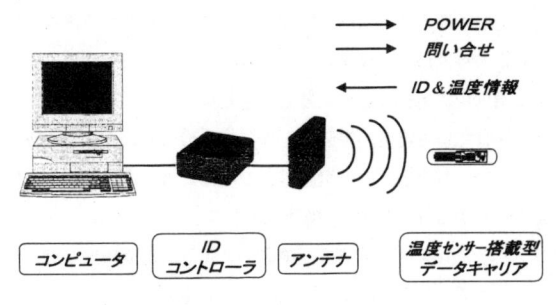

図1　温度測定システムの概要

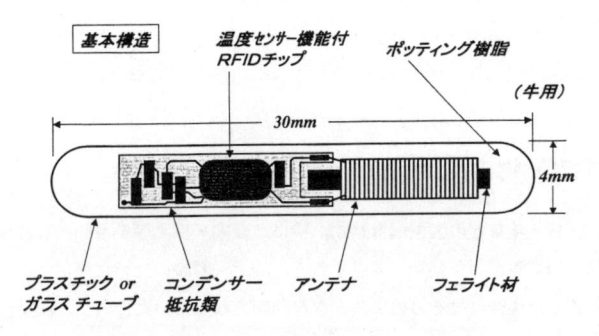

図2　温度センサー搭載型データキャリア

搭載したデータキャリアが提案されている。米国において，牛の健康管理を目的として開発されている温度センサー搭載型データキャリアもそのひとつである。

図1に温度センサー搭載型データキャリアを利用した温度測定システムの例を示す。本データキャリアは，通常のRFIDの基本機能であるID識別機能に加え，温度センサーの機能・測定データを記憶する機能を組み込んでいる。本データキャリアを使用することにより，データキャリアを装着した対象物の温度を，外部より非接触で検知することが可能となる。データキャリアは，アンテナと相対したときに，リーダー側からの問い合わせに対し，その時点の温度測定値を返信する。

温度センサー搭載型データキャリアの基本構造を図2に示す。データキャリアは，センサー機能を組み込んだRFIDチップ・回路基板・内部アンテナなどの機能部品と，衝撃緩衝材となるポッティング樹脂，生体適合性材料など使用用途に適した外装部品とから構成されている。外形寸法は直径4mm・長さ30mmのロッド型，測定温度の目標精度は±0.1℃となっている。

データ交信には電磁誘導方式を採用しており，数10cmはなれて温度を測定することができる。使用される周波数帯の特性から，金属以外の遮蔽物の影響を受けにくく，マイクロ波などで問題となる水分による通信距離劣化などの問題も発生しない。

通常市場で使用されている温度測定装置と異なり，原理的に，データキャリアに電源を内蔵しないため，電池寿命による交換，内蔵電源電圧の変化による温度測定値への影響，電池内蔵に起因する装着対象物に対する懸念などの問題がない。

展開可能なアプリケーションとしては，流通・ＦＡでの温度履歴管理，飼育動物の体温管理などをあげることができる。温度センサー搭載型データキャリアを牛の健康管理に適用した場合，これまで困難であった定期的な体温測定，ひいては，発病の早期発見や，繁殖を目的とした生殖可能期間の特定，牛舎内の適切な気温調整，放牧時の健康管理などが可能となる。

本データキャリアは，米国マイクロン社・三井物産・東芝ケミカルの3社が協力して開発に取り組んでいる。

3 大型飼育動物の健康管理への応用

これまで，牛・豚・羊などの大型飼育動物，特に，食肉・採乳等を目的とした飼育動物では，その飼育過程において管理対象動物が罹患すると，治療・看護のために発生する費用，また，病状が悪化して死亡した場合にはその損失が大きな問題となっていた。特に，伝染性の疾患が発生した場合，群れ全体にウィルスが伝播，病気が蔓延するため，その損害額は莫大であった。飼育動物の健康管理は重要な業務のひとつとなっていたが，定期的な診断の実施には多額の費用と労力が必要であり，飼育動物の病気の予防・早期発見に十分な頻度での実施は事実上不可能であった。

このため，飼育動物が罹患した場合，その症状が他覚できる程度にまで明確に現れてから，その状況を把握，治療への取り組みを行うことになり，病気の蔓延・病状の悪化・治療期間の増加・看護費用の増大・治癒率の低下，ひいては，死亡率の増大を招いていた。

ここで紹介する温度センサー搭載型データキャリアを飼育動物に装着することにより，これまで非常に困難で，かつ，労力を必要とした飼育動物の体温管理が，非接触，かつ，比較的容易に行うことができる。

大型飼育動物の健康管理への応用について，牛の健康管理の例について紹介する。

米国では，1996年に約3千3百万頭の牛が食肉として加工され，出荷されている。この過程で，7％に相当する230万頭がなんらかの病気に罹患し，その15％に相当する34万6500頭が死亡している。

ここでのポイントは，発病した牛の97％は，実際になんらかの他覚できる兆候を示す2～5日前に，体温の上昇が発生しているという点である。もし，早期に病候を検知できれば，死亡原因の90％は回避できると推定されている。特に，死亡原因の70％を占める呼吸器系疾患については，容易に治療が可能だと考えられる。死亡した牛は，当然，食肉として使用することはできないため廃棄処分となり，飼育に要した費用，見込まれていた売上について，財産上はまったくの損失となる。また現状では，早期に病候を検知できる場合に比べて，治療費・看護費・薬代等で4倍程度の費用がかかっていると計算されている。

　温度センサー搭載型データキャリアを管理対象である牛に装着することにより，定期的かつ自動的な体温測定が可能となる。これにより，発病の兆候である体温の上昇を早期に発見することが可能となり，各個体の健康を保持できるだけでなく，これまで最も問題であった伝染性ウィルスの他の牛への伝播を未然に防ぐことが可能となる。結果として，死亡による損失・看護に要する費用の大幅な削減が達成でき，また，食肉としての出荷量も確保でき，経済的に大きな利得が発生する（図3，4）。

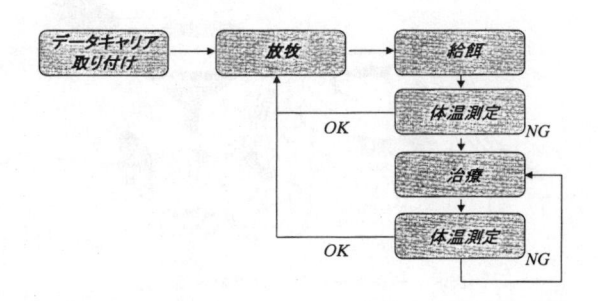

図3　温度センサー搭載型データキャリアを利用した牛の健康管理の流れ

　データキャリア装着方法について図5に示す。通常の個別認識を目的としたデータキャリアは，イヤー型・ペンダント型などの形態をとるが，体温測定を目的とした本データキャリアは，その測定原理から，体内への埋め込み（インプラント型）がポイントとなる。埋め込み部位は，耳など食肉とならない部位が選択さ

図4　牛の健康管理

れる。

　本システムは，従来検討されている自動給餌システム・自動給水システム・体重測定システム，通常のRFIDを使用した個体管理システム，これらをデータベースで統合した個体別健康管理システムなどと組み合わせて使用することが可能であり，これにより，相乗的・効率的に飼育動物の健康管理を行うことができる（図6）。

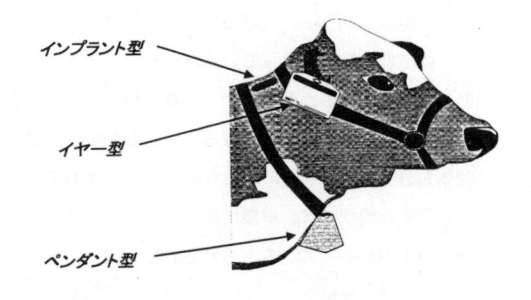

図5　データキャリアの取り付け方法

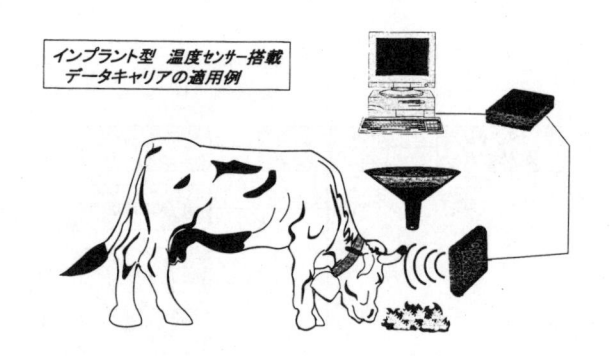

図6　給餌ステーションでの体温測定

4　愛玩動物の健康管理への応用

　温度センサー搭載型データキャリアを，愛玩動物の入院中の体温管理への適用についても検討されている（図7）。

　北海道小動物獣医師会会長の川又氏は，犬・猫などの小動物が罹患または受傷して入院した際に，温度センサー搭載型データキャリアを装着し，入院中に非接触で体温を測定，健康状態をモニターするというシステムを提案した。将来的には，温度・血圧・脈拍・各種体内成分などが検出できる複合センサーを搭載したデータキャリアについても構想提案が行われている。

図7　小動物の健康管理

5　おわりに

　東芝ケミカルは，これまで培ってきた高分子材料技術・電子材料技術に代表される基盤技術に，半導体実装技術，ハードウェア・ソフトウェア・通信技術，システム設計技術など新しい技術分野を融合し，ICアセンブリ，各種データキャリア開発から顧客システム設計，センサー機能を複合したデータキャリア開発まで幅広くRFIDシステムの開発に取り組んでいる。

　末筆ではあるが，今後，本稿にて紹介させていただいた技術内容が，読者のRFIDシステムの導入の一助になれば幸いである。

文　献

①これでわかったデータキャリア　AIM JAPAN
②トリガー　日刊工業新聞社

第17章　パチンコカードシステム

― ウイックス2000 ―

水永哲夫*

「ウイックス2000」は，非接触ＩＣカードというテクノロジーをベースに開発したパチンコ店向けカードシステムで，偽造・変造・不正利用の防止などでそのメリットは絶大なものがある。

しかしながら，どんな優れたシステムであってもプレイをする顧客に不便をかけるようでは本末転倒と言える。パチンコ店のニーズと顧客のニーズを固く結びつけるとともに，これからの新しい時代をともに築いていくというコンセプトでこのシステムは企画され，以下の4つの点を主眼に開発された。

① 高度なセキュリティ機能
② 生きたデータによる経営支援
③ 不正利用によるトラブル回避
④ 顧客サービスのさらなる向上

1　システム構成

(1) カード発券機

発券機に1,000円以上1,000円単位で紙幣を挿入することにより，10,000円までの金額でカードを発行する。1枚のカードで多種の金額に対応が可能なことは，今までの磁気プリペイドカードとは異なる点である（写真1）。

(2) 台間玉貸機

発券機で発行されたカードを台間玉貸機に挿入して，顧客のボタン操作により 500円単位で玉を貸し出す。使い終わったカードは自動的に台間玉貸機に回収される（写真2）。

---

* Tetsuo Mizunaga　㈱ウィザード　代表取締役

写真1　カード発券機

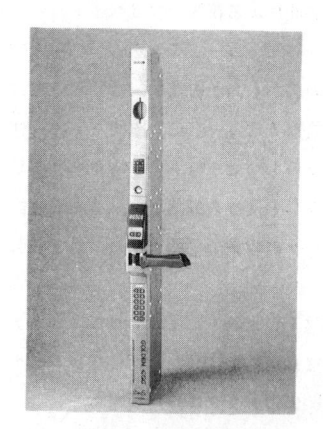

写真2　台間玉貸機

(3) 精算機

　使い切れなかったカードの残金を精算，払い出しを行う。500円単位での払い出しで精算は当日限りとなっている（写真3）。

(4) ホールコンピューター

　ホール営業中のデータ収集（売上げ・遊技台稼働など）分類のほか，カードに記憶された情報から偽造・変造・不正使用を確実にチェックする。カードと端末間のデータ伝送の暗号化・複合化を行い情報の機密性，安全性を確保する。

写真3　カード清算機

2　システムの特徴

(1) 高度なセキュリティ機能

　このシステムは，非接触ICカードの特性を十分に発揮させるために構成された機器により，カードの記憶されたデータの安全性を極限まで追求した。幾重にもはりめぐらされた安全対策は，偽造・変造・不正利用を限りなく不可能に近いレベルまで追い込んでいる。

(2) 精算機能による新しいプリペイドカードシステム

従来のプリペイドカードシステムとの根本的な違いは，このカード精算機能にある。いつの間にか，どこの店かもわからない，使いかけのカードが財布にいっぱい，という不満を解消する。

(3) 多機能なICカードによるカードの一体化

ICカードのもつ大きなデータ容量を利用して会員／プリペイドの2つの機能を一体化。何枚もカードをもつ不便さを解消した。2つの機能が一体化したことにより，従来では不可能だった"生きた"データの収集が可能となり，個々の会員の消費動向を継続的にデータ収集・管理することができる。

(4) 非接触ICカードによる容易なメンテナンス

カードに接点をもたないため面倒なメンテナンスは不要となり，また店内のキャッシュレス化により現金関係のトラブル防止にもなる。

3 システムの運用方法

① パチンコ店でプレイをする顧客はカード発券機に 1,000円単位で10,000円までの紙幣を入れると，投入された金額分がICカードに記憶され発券される。

② 発券されたICカードを台間玉貸機のカード挿入口に差し込み，玉貸ボタンを押下するとパチンコ店が設定した単価（1回に払い出される貸玉数量単価）に応じてパチンコ玉が台間玉貸機より払い出される。ICカードを差し込む形にしたのは，ICカードとRFモジュール間の通信を確実に行うためで，ICカードを台間玉貸機に挿入するとカードをメカ的にロックして通信の途中では抜けないようにして信頼性を高めている。

③ カード発券機で記憶された金額をすべて使い切ると，ICカードは台間玉貸機に吸い込まれ，回収された吸い込まれたICカードは再び発券機に入れ再利用される（約10万回の再利用が可能）。

④ カード発券機で記憶された金額を使い切れずにカードに残度数がある場合は，このカードを精算機に差し込み精算することにより現金が払い出される。ただし精算は当日発券されたカードのみに対応し，当日，当店のみ有効となっている。

⑤ 精算機で精算された残度数"0"のカードは精算機に吸い込まれ再利用される。磁気プリペイドカードの場合はカード残度数の払い戻しはできないが，このICカードであれば残度数の精算ができて顧客のニーズに合ったパチンコ店の運営が可能となる（図1）。

パチンコ店側のメリットとして，いままでより細かい顧客データが収集できる。いかに新規顧客を獲得し，更にこれを固定化させるかは並大抵のことではない。激動期を迎えたパチンコ業界

現金投入
カード発券

発券機

プレイ
残度数無　カード回収

残度数有　カード精算

台間玉貸機

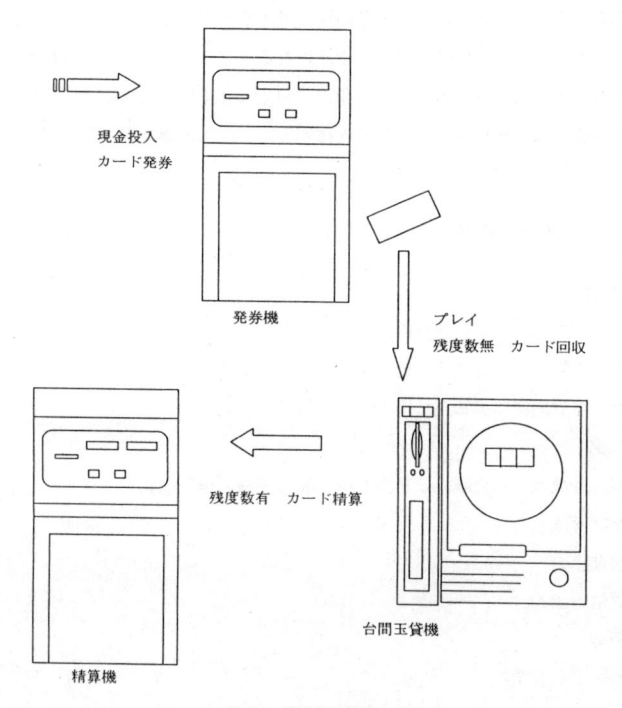

精算機

図1　運用形態図

に，いまもっとも必要なことが，顧客管理に代表される顧客動向の把握にある。顧客の損失がパチンコ店の利益となるパチンコ業界にとって，顧客の良否の判断は容易ではないが，このシステムはパチンコ店にとっていちばん大切な顧客の良否，すなわち顧客別の勝敗率，思考，動向を的確に収集し，これを分析できるシステムである。

このシステムによって，いままで店長の勘と経験に委ねられていたパチンコ店運営が確かな情報に基づく真の運営へと移行させることが可能となる。

4　現金管理の集中化

パチンコ店の遊技台は，大別してCR機と現金機の2種類がある。CR機は磁気プリペイド化になっているが，現金機はカード化が一切進んでいない。CR機のカード化マーケットはすでに確立されていて競争激化となっている。それよりも，パチンコ店側で現金の扱いに手間がかかる

現金機に対応したカードシステムとしてこのシステムを利用する。

　現金機が並んだパチンコ台の間を現金が搬送されるシステムとなっているため，安全性からみて良い状況となっていない。言うならば，事件が発生しにくいのもこのシステムの特徴といえるだろう。カード発券機と精算機のところのみに現金が集中し，現金の一元管理が可能となる。

5　システム構築の概要

(1)　基本機能
① 　ＩＣカード対応機による遊技用カードの発券
② 　ＩＣカード対応サンドによる遊技用カードでの玉貸し
③ 　ＩＣカード対応機による遊技用カードの精算，払い出し
④ 　補給制御
⑤ 　遊技機，計数機，島金庫，ＣＲ券売機，貸し玉機の信号収集
⑥ 　ホール状況表示
⑦ 　各種帳票出力
⑧ 　ランプ信号出力

(2)　付加機能
① 　会員カード発券業務
② 　貯玉加算業務
③ 　ＩＣカード対応サンドによる貯玉払い出し
④ 　会員詳細情報登録業務
⑤ 　条件，ソート付き会員一覧表示
⑥ 　個人情報表示
⑦ 　会員分布グラフ表示
⑧ 　個人別遊技状況グラフ表示
⑨ 　遊技機分布グラフ表示
⑩ 　ＰＯＳ接続，在庫状況表示
⑪ 　ＪＣ詳細情報接続

表1　システム仕様

項　目	券売機	台間玉貸機	精算機
入力電源	AC100V±10%(50/60Hz)	AC24V±10%(50/60Hz)	AC100V±10%(50/60Hz)
消費電力	200VA	100VA	500VA
動作温度	5～40℃		
動作湿度	20～80%RH（結露のないこと）		
保存温度	－5～40℃		
保存湿度	10～90%RH（結露のないこと）		
外形寸法 （W×H×Dmm）	本体　500×800×300 スタンド　500×800×400	40×810×145	本体　500×800×300 スタンド　500×800×400
重　量	本体　45kg スタンド　27kg	5.6kg	本体　53kg スタンド　27kg
使用通貨・紙幣	1万円,5,000円,1,000円	—	—
紙幣収納枚数	1万円札(300枚) 5,000円札(300枚) 1,000円札(600枚)	—	1,000枚
貨幣収納枚数	—	—	500枚
カード納入部数	最大　200枚 不正・不良カード20枚	最大12枚	最大　100枚
玉払出単位	—	125個(500円)／回	—
払い出し貨幣	—	—	1,000円札,500円硬貨

第18章　回転寿司精算システム

徳野信雄[*1]　池田　隆[*2]

1　はじめに

　無線タグの応用は，そのコストパフォーマンスの向上に伴ってＦＡ，物流，セキュリティといった分野から一般コンシューマー市場にも進出が始まってきている。本システムは，回転寿司の精算効率化を無線タグを使って実現しているもので，外食産業への応用例として紹介する。

　近年の寿司業界の動向は，消費者の外食への意識の変化，すなわちファミリーレストランやファーストフードブームなどを背景に回転寿司にシフトしつつあり，そのキーになっているのが，回転寿司が本来もっている手軽さという点に加え店内雰囲気の清潔感，高級感であり，経営的側面では，その高生産性である。これらを実現する手法の1つとして，店内オペレーションの機械化による客席回転率向上，集客力向上を目的に，商品皿の精算（客が食した皿の種類と数を自動で読み取り，料金計算と支払いの正確性および効率化を図ること）に的を絞ったシステムの開発導入を行ったものである。

2　システムコンセプト

① 基本的に，現状の運用形態を変えることなく，その問題点（皿のカウントミス，手作業精算）を改善するシステムであること。
② 店の客に新たなあるいは特別な行為や負担をお願いする必要がないこと。
③ 既存の店でも，現行設備の特別な改造を必要とせずに導入できること。
④ 客，店（従業員）双方にとってメリットが実感できるシステムであること（料金計算と支払いが，速く，正確，簡単になり，顧客サービスと作業性の向上が図られること）。
⑤ 店内雰囲気の快適さを損なわないこと。むしろ快適さを助長するものであること。

---

*1　Nobuo Tokuno　日本クレセント㈱　代表取締役社長
*2　Takashi Ikeda　東芝エンジニアリング㈱　無線タグ営業推進担当部長

3　システム概念

　回転寿司の料金精算は，一般に客が食した後の商品皿を店員が目視で数え，それを伝票に記入し客に渡す。客は，この伝票を受け取りレジで支払いを行う，という流れになっている。

　システムは，基本的にこの一連の流れを電子化するもので，商品皿にその種類を示す何らかのＩＤ機能をもたせ，そのＩＤ情報を非接触で読み取り，料金計算，レジ入力を行う仕組みとする。

　商品皿のＩＤ機能として，複数の皿の種類と枚数を一括で読み取る必要があることと皿が残滓などで汚れていても問題がないこと，という条件から，本システムでは無線タグを採用している。

　商品皿の読み取り機能については，テーブルやカウンターに読み取り用のアンテナを設置し，客が食べ終わった商品皿を自動的に読み取る方式や店員がハンディターミナルで読み取る方式，あるいはテーブルのかたづけ作業などに併せ，商品皿をアンテナが設置してある特定のコーナーやワゴンなどに載せかえて読み取る方式など種々考えられる。各方式とも一長一短があるが，本システムでは，上記コンセプトを踏まえハンディターミナル方式を採用している。また，ハンディターミナルからＰＯＳターミナルへのデータ伝送は，無線などによらず，伝票代わりの精算カードにいったんデータを書き写し，それを客に渡してレジで会計してもらうやり方にしてある。一見，面倒なように感じるが，無線で伝える場合は，客に自分の席番号を覚えてもらうなどの必要があり，これも，客に従来にない負担を強いることになるためカード方式にしたものである。

4　システム運用形態

① 客が食べ終わった商品皿は，通常テーブルの一角に積み重ねられる。
② 店員は，この皿の山にハンディターミナルを近づけ皿の種類と数をリーダーに読み込む。
③ 読み込んだデータを精算カードに非接触で書き写し，客に渡す。
④ 客は，このカードをレジにもっていきアンテナの上に載せる。
⑤ ＰＯＳターミナルに料金が表示され，支払いを行う。

図1に，本システムにおける運用形態を示す。

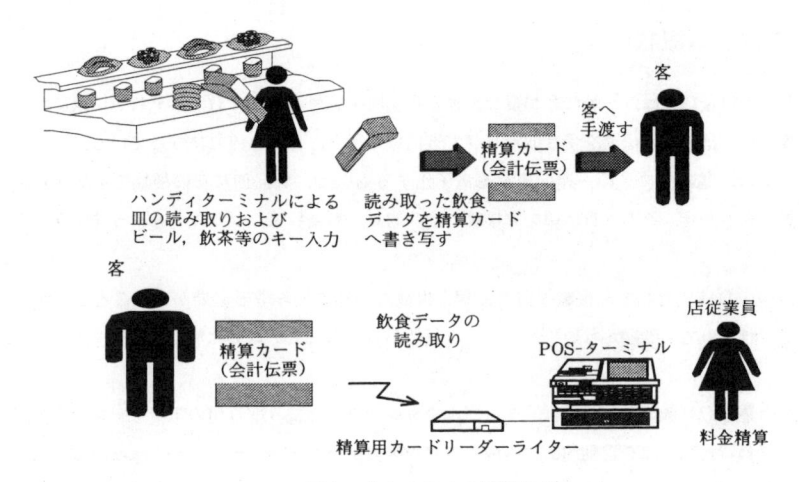

図1　本システムの運用形態

5　構成機器と機能

(1) 無線タグ付き寿司皿（写真1）

通常の回転寿司用の皿裏面にID媒体としての無線タグ（皿種データが書き込んである）を，貼り付けるかまたは埋め込んだもの。

本システムでは，皿の美観，タグの剝がれなどを考慮し，埋め込み方式とした。

(2) 精算カード（写真2）

無線タグをカード状に封止したもので，ハンディターミナルのデータをPOSターミナルに入力する中間媒体として使用。精算伝票の代わりに客に渡すものである。

形状はISO準拠。

(3) ハンディターミナル（写真1）[*1]

商品皿のデータを読み取り，加工して精算カードに書き込むためのハンディタイプのターミナル装置。アンテナ，リーダーライター，CPU，メモリー，

写真1

*1：デンソー製無線タグ用ハンディターミナル

写真2 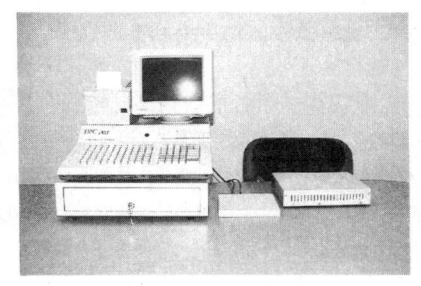   写真3

キーボード，ディスプレイで構成され，アンテナ部を，積み重ねた皿の山に近付けることによって皿の種類と数を読み取り，商品単位の明細データに変換，ディスプレイ表示する。無線タグを付加していない商品（ドリンク類など）データの入力用にキーボードを装備。

必須条件であるマルチリードライト機能を有し，小型軽量の製品を選定。

(4) 精算カードリーダー（写真2）

机上据え置き型アンテナとリーダーライターからなり，精算カードのデータを非接触で吸い上げ，POSターミナルに入力するための装置。POSターミナルとのインターフェースは，RS-232C。

(5) POSターミナル（写真3）

精算カードリーダーを経由して，精算カードの飲食明細データを読み込み，売り上げ処理，レシート発行などを行う装置。

6 無線タグの要求性能

本システムの技術的ポイントは，積み重ねた商品皿の種類と数を一括で認識するところにあり，無線タグは以下の基本的必須性能を満足するものを選定[*2]。

- タ イ プ：マルチリードライトタイプ
  複数を同心上に重ねた状態でも安定動作すること
- データ容量：20～30byte程度
- 通 信 距 離：ハンディターミナルのアクセスにて10cm程度
- 通信周波数：特に制限はないが水分の影響を受けにくいバンドであること

---

*2：デンソー製電磁誘導型無線タグ

7 本システム導入の効果

(1) ローコストオペレーションの実現と客席回転率の向上

料金計算が，誰がやってもミスなく速くできる（熟練者は基本的に不要）ため，店内作業全体の効率向上や，ピーク時間帯の人員配置が容易になるなど，ローコストオペレーションが実現できる。また，必然的に客席の回転率向上にもつながる。

(2) 顧客サービスの向上

客にとってのレジ（会計）での支払いに要する時間の短縮，料金計算に対する安心感など，快適さの提供という直接的な効果に加え，店員の料金計算にかかる負担が軽くなる分，他の対顧客サービスを充実させることができる。

8 今後の展開

商品皿にＩＤ機能を付加することによって，皿のカウントだけでなくコンベア上のネタの管理（種類，回転時間など），皿の自動仕分けなどさまざまなシステムの構築が可能になり，今後開発を進めていく予定である。

9 おわりに

以上，回転寿司店向け設備への応用事例を紹介したが，本システムのような不特定，複数，かつ山積みされた状態のものを非接触で高速識別することが求められるものに対しては，無線タグが非常に有効であり，他のＩＤ媒体では実現が困難である。

このようなニーズは，スーパーマーケットの購入商品の一括精算や配送荷物のブロック読みとりなどさまざまな分野に数多くあり，いずれも無線タグの市場としてその実現が待たれるところである。

現状ではまだまだ，部分的，実験的導入の域にあるものの，今後の無線タグそのもののハイコストパフォーマンス化と応用技術の発展により，加速度的な浸透が進むことを確信している。

材料・技術編

第19章　カード用フィルム・シート材料

石丸進一*

1　はじめに

　十数年前から検討されてきたICカードも，ここ数年急速に具体化が進み，従来の磁気カードにないアプリケーションの広がりをみせている。この動きに伴い，カード用フィルム・シート材料（素材）も改良が続けられている。ICカードは，たとえば接触型ICカードではチップの装着されるエリアの孔あけ加工など，磁気カードにない加工が施され，カード用材料には，その加工性や加工後の物性の向上などの新たな性能が求められてきている。
　一方，近年のプラスチックの廃棄問題から長年使用されてきた硬質塩化ビニル樹脂（PVC）から，新たな素材が求められる動きがあり，磁気カードからICカードへの転換を機に非PVCカード素材を望む声もある。
　当社は1970年にカード用材料を開発，上市して以来，長年にわたり，多くのカードメーカーに利用いただいているシート・フィルムメーカーである。長年培ったシーティング技術をもとに，ICカード化の動きに対応した各種シートを開発している。
　本稿では，従来の磁気カードに用いられている素材から，ICカードに用いられている素材について述べる。

2　カード用材料に要求される特性

　国内で使用されているカードは表1に示すように，プリペイドカードや定期券などの全面磁気カード，クレジットカードなどの磁気ストライプカード，ICカード，その他光カード，紙カードに分けられる。ICカードはさらに接触型と非接触型に分けることができる。
　カード用材料に要求される特性は，そのカードの種類によって異なっている。ICモジュールを内蔵したカードは磁気ストライプカードの規格に準ずる場合があるので，以下に磁気ストライプカード，接触型ICカード，非接触型ICカードに要求される特性を述べる。

---

　*　Shin-ichi Ishimaru　筒中プラスチック工業㈱　大阪研究所　主任

表1　カードの分類

		用途など	使用素材
全面磁気カード		プリペイドカード 定期券　　　　など	O-PET
磁気ストライプカード		クレジットカード キャッシュカード　など	PVC　他
ICカード	接触型ICカード	電子マネー　　　など	PVC, PETG, ABSほか
	非接触型ICカード		
光カード		メモリーカード　など	PCほか
紙カード		会員証　　　　　など	紙

2.1　磁気ストライプカード（クレジット・キャッシュカード）

(1)　構　　成

　一般に製造されている磁気ストライプカードは図1のように，印刷された白色のコアシートと透明なオーバーシートの構成となっているものが多い。積層は熱融着により行われる。素材は硬質PVCが使用されている。厚さは通常オーバーシートは0.1mm，コアシートは0.56mmであり，トータル厚さ0.76mmのカードとなる。

(2)　要求される物理特性

　カードの物理特性についてはJIS X6301，ISO7810に規定されており，用いられるカード用素材はこれを満た

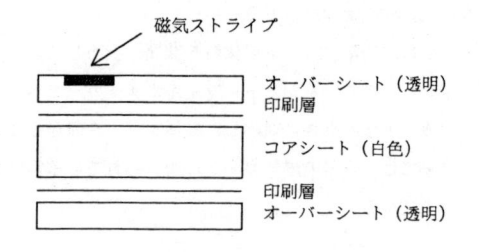

図1　磁気ストライプカードの構成

すように設計されている。規定項目について表2に示す。現在JISをISOに統合する見直し作業が進められている。

　これらの規格は，PVCカードを基準とした規格となっており，特に燃焼性などはPVC以外の素材ではすべてを満たすことが困難な場合がある。

(3)　その他の要求性能

　一般に磁気カードはコアシートへの印刷，オーバーシートへの磁気テープ貼り，コアシートとオーバーシートの積層，カード状への打ち抜き加工の工程を経て製造される。その後，カードによっては，エンボス文字，顔写真の印刷，ホログラム，サインパネルの貼りつけなどが行われる。

表2 磁気カードの物理的特性規格（JISとISOの比較）

	JIS X 6301		ISO 7810
	試験方法等	規　格	
引張り強さ	JIS K 6745	47.1N/mm²以上	―
衝撃強さ	500g球×30cm高さ	割れ・ひびのないこと	―
柔軟温度	CB式柔軟温度	52℃以上	（−35から50℃までの環境下使用可能）
積層性	150℃流動パラフィン×5分	間隙の生じないこと	層間のピーリング強度が6N/cm以上
耐熱性	60℃温水×5分	カード表面に変化のないこと	―
耐燃性	―	自己消火性	自己消火性（ISO 7813）
耐熱伸縮性	−10, 45℃×30分	±0.2％以内	―
耐薬品浸せき性	食塩水，アルカリ・酸×24時間	剥離を生じないこと	指定の薬品の浸せきにて変化のないこと
粘着性	40℃×90％RH×4.9KPa×48時間	粘着のないこと	粘着，退色，移行のないこと
耐湿性	40℃×90％RH×48時間	外観変化のないこと	25℃，5〜95％RHで使用可能であること
光透過濃度	―	2.0以上	1.5以上
毒性	―	毒性のないこと	毒性のないこと

したがって，物理特性以外には印刷性・磁気テープ貼り特性・積層性・エンボス適性・ダイカット特性（打ち抜き性）などのカード加工性も求められる。

・印刷性

一般に大判サイズのコアシートへの印刷は通常スクリーン印刷，オフセット印刷が行われる。インキの密着性，仕上がりのよさ，印刷時の裏写りのないことなどが求められる。

・磁気テープ貼り特性

磁気ストライプは通常オーバーシートに接着層をもった磁気テープを加熱圧着により，あらかじめ貼り付けておき，コアシートと積層，一体化される。

オーバーシートには磁気テープの貼り付ける際の作業性のよさが求められる。

・積層性

一般にPVCでは 140〜160℃の加熱と20kgf/mm²程度の圧力により，積層されるが，この積層性のよいことが求められる。

・ダイカット性

印刷，積層の後，カード形状に打ち抜き加工が行われる。この際にカードの端面にバリが発生しにくいことが求められる。

・エンボス適性

クレジットカードなどは専用の機械で英数字・カタカナなどが刻印されるが，その際の文字割れの発生しないこと，カードの反りが発生しないこと，エンボス文字の高さが熱や圧力により容易に戻らないことなどが求められる。

2.2 接触型ICカード

接触型ICカードは海外でのテレホンカードを始めとして，国内ではガソリン会員カードなど発行実績が多い。規格はJIS，ISOに規定されており，製造方法もほぼ確立されている。

(1) 構　成

カードの構成は図2のように基本的に磁気カードの形状で，ICモジュールをはめ込むザグリ穴を作製し，接着剤にて接着している。インフラが整備されている磁気ストライプカードとの併用が必要な場合はAのような構成をとることが多い。このような併用の必要のない場合はBのようにオーバーシートがなく，製造コストを低減させた構成が多い。海外のテレホンカードなどはBの構成が多い。

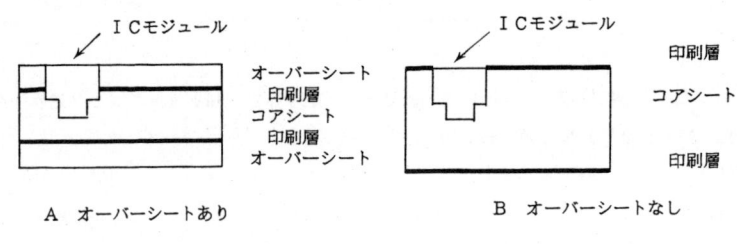

図2　接触型ICカードの構成

(2) 要求される物理特性

Aの構成のカードに要求される物理特性はJISX6303，ISO7816-1に規定されており，それぞれ磁気カードの規格（JISX6301，ISO7810）にほぼ準拠しており，同様の特性が求められる。さらに，折り曲げ，ねじり，紫外線，X線，磁界などに対しての耐性試験の規定も追加されている。

Bの構成の場合，サイズなどJIS・ISOの規格を踏襲していることが多いが，シート物性に関し，特に規格はなく，アプリケーションごとに対応しているのが現状である。

(3) その他の要求性能

Aの構成のカードの製造方法は磁気ストライプカードと同様であり，前述したカード特性が必

要とされる。Bの構成の場合ではシートから製造される場合とインジェクションにてザグリ穴をもった生カードを製造する場合があり，求められる性能も異なってくる。

共通して求められる性能としてはICモジュールとの接着性能がある。

・ICモジュール接着性

ICモジュールは素材のザグリ穴に接着剤にて接着されるが，使用中に折り曲げ，ねじりによりICモジュールが剥離しないことはもとより，偽造防止のためICモジュールを引き剥がそうとしたときに，ICモジュールが破壊するだけの接着力が求められる。

現在，使用されている接着剤はホットメルト系接着剤，シアノアクリレート系接着剤などであり，最近は生産性，コストの点からシアノアクリレート系接着剤が利用される傾向がある。素材により接着性能が劣る場合があり，注意が必要である。たとえば，ポリエステル（PET）系シートは，この接着剤では接着しにくいし，また，PVCシートはその添加剤の種類により，接着剤のグレードにより接着力が低下する場合があり，生産方式にあった素材が要求される。

2.3 非接触型ICカード

非接触型ICカードは現在，規格はなく，埋め込むチップの形状および生産方式がメーカーごとに異なっている。このため，素材に求められる性能も生産方式により異なる場合があるのが現状である。

非接触型には磁気ストライプあるいは接触型ICモジュールとの併用タイプと併用しないタイプがある。

併用タイプの場合は素材に求められる物性は前述のとおりで，エンボス適性，磁気テープ貼り特性などがあり，素材としてはPVC，非晶性ポリエステル樹脂（PETG）が検討されている場合が多い。

テレホンカード，定期券や商品管理タグなど磁気などと併用する必要がないカードの場合，単独規格はなく，形状・使用される樹脂は自由に選択されており，物性もアプリケーションごとに決められている。傾向としては非PVCの傾向が強く，PETG，ABS，ポリカーボネート樹脂（PC）などが検討されている。

素材に求められる特性としては，両タイプの場合ともに生産加工性をもとめられる場合が多く，低温融着性・易埋め込み性・接着剤による接着性能などである。

3 カード用素材

以上のように，カードのタイプによって素材に求められる性能が異なり，従来のPVC以

外の素材も用いられてきている。世界でカードに使用されている樹脂の種類としてはPVC，ABS，O-PET，PC，PETGがあげられるが,比率としては圧倒的にPVCが多く使用されている。

各樹脂の一般的なカード適性を表3にまとめる。

表3 各樹脂のカード適性

	項目	PVC	PETG	ABS	PC	O-PET
物理特性	引張り強度	○	○	×	○	◎
	剛性	○	○	△	○	◎
	耐熱性	○	○〜△	○	◎	◎
カード加工性	エンボス性	○	△	×	×	×
	印刷性	○	○	○	△	△
	磁気テープ貼り	○	○	×	×	—
	シートコスト	○	△	△	×	×

＊上記評価はあくまで一般の樹脂を用いたシートについて定性的に判断したものであり，組成の変更，改質により改良されうる点もある。

3.1 PVC

(1) 特徴

PVCは，カード用材料として優れた物性をもち，かつ安価な材料として広く使用されている。ICカード用途においても，接触型，非接触型を問わず数多く検討されている。

(2) 組成と製法

PVCは他樹脂と異なり，樹脂以外に安定剤，補強剤，加工助剤，色剤，充填剤などを配合することにより，物性の改質が可能であり，あらゆるカードの要求性能に対応できる。製法としてはカレンダー加工によりシーティングされる場合が多い。

(3) 製品紹介

カード用として一般に使用されているグレードを表4に示す。

この他に当社コアシートではシアノアクリレート系接着剤の接着性改良タイプ・低温融着タイプ・高耐熱タイプなどがある。オーバーシートでは抗菌剤の添加されたタイプ・表面の熱昇華転写方式による印刷性に優れたタイプなどがある。

表4　PVCカード材料の代表物性

品名　サンロイド　ビップ

試験項目	試験方法	単位	オーバーレイ PRC111 0.1mm	コア 一般タイプ PRN430 0.28mm	コア 耐熱タイプ PRH401 0.28mm
引張り強度	JIS K 6734	N/mm^2	51	48	49
落球式衝撃強度	JIS K 6734 50g鋼球	cm	50	120割れず	140割れず
柔軟温度	JIS K 6734	℃	64	60	82
加熱伸縮性	JIS K 6734 100℃×10分	%	±10以内	±5以内	±7以内

3.2　PETG

プリペイドカードなどに使用されている2軸延伸PET（結晶性ポリエステル樹脂）とは異なり，PETG樹脂は非晶性ポリエステル樹脂である。

加工性に優れ，透明性，バランスのとれた諸物性をもち，ディスプレイ材料，成形材料として近年多く用いられてきている。カード用としては透明・不透明シートともPVCと類似した物性とカード加工性を有することから非PVCカード材料として注目されている。

(1) 特　徴

磁気カード規格JIS X 6301，ISO7810の物理特性を満たすことができる。ただし，樹脂単体では難燃性の規格を満たすことが困難である。

PVCと同様な印刷，磁気テープ貼り，熱融着，ダイカット，エンボスが可能である。PVCと比較して，有利な点は低温での積層が可能，比重が小さい，環境負荷性が小さいなどがあげられる。

(2) 組成と製法

PETG樹脂はプレス時に金属板との密着が大きいため，透明のオーバーシートには金属密着防止処方が施されている。コアシートには白色充填剤，色剤のほかに性能に合わせた添加剤が混入されている。また，他樹脂とポリマーアロイ化することにより耐熱性をアップすることも可能である。

製法としては押出し加工が一般的である。

(3) 製品紹介

当社では表5に示すとおり現在試験販売している3グレードがある。現在さらにカード加工性，その他の改良グレードの検討を実施しており，一部ユーザーに評価を願っている段階である。

表5　PETGカード材料の代表物性

品名　サンロイド　ビップPET

試験項目	試験方法	単位	オーバーレイ 0.1mm	コア 一般タイプ 0.28mm	コア 耐熱タイプ 0.28mm
引張り強度	JIS K 6734	N/mm²	48	52	53
落球式衝撃強度	JIS K 6734 50g鋼球	cm	70	140割れず	140割れず
柔軟温度	JIS K 6734	℃	63	64	83
加熱伸縮性	JIS K 6734 100℃×10分	%	±10以内	±5以内	±5以内

3.3　ABS

ABS樹脂は比較的安価な非PVC材料として、用いられている。しかし、ABS樹脂は不透明であるため、オーバーシートには対応できない。

海外のテレホンカード（接触型ICカード）など磁気テープの併用やエンボス文字を必要としないICカード用途に用いられている。

(1) 特　徴

PVCと同様の熱と圧力による積層が可能であり、非接触ICモジュールの埋め込みなどが可能である。

(2) 組成と製法

ABS樹脂はモノマー比やゴム成分の粒子径、分子量などにより物性を変化できる。これらに充填剤、加工助剤などの適当な添加剤を選定することにより、カード用素材として用いられる。

製法としてはインジェクション成形、押出し加工、カレンダー加工が用いられる。インジェクション成形では成形時にICモジュールを埋め込んだり、印刷シートを積層することができ工程削減が可能である。

(3) 製品紹介

当社では表6に示すABSカード素材を揃えている。PVCやPETGに比べ引張り強度が低く、また、自燃性であることから現状ではJIS規格を満たすことは難しい。

樹脂組成の変更、添加剤の変更により印刷性、エンボス適性などの改良が図れる。また、耐熱性を上げるために他樹脂とのポリマーアロイ化が行われる場合もある。

表6　ＡＢＳカード材の代表物性

品名　サンロイドビップＡＢＳ，品番　ＰＲＡ400

試験項目	試験方法	単位	サンロイドビップ ＡＢＳ ＰＲＡ400
引張り強度	JIS K 6734	N/mm^2	36
落球式衝撃強度	JIS K 6734 50g鋼球	cm	120割れず
柔軟温度	JIS K 6734	℃	80
加熱伸縮性	JIS K 6734 100℃×10分	%	±5以内

3.4　その他の樹脂

(1)　ポリカーボネート樹脂（ＰＣ）

耐熱性が高く，耐久性に優れており，海外のＩＤカードや光カードに用いられる場合がある。価格が高い，カード加工性が劣ることから，多くは利用されていない。

(2)　２軸延伸ポリエステル（Ｏ-ＰＥＴ）

現在のテレホンカードやプリペイドカードに多用されているＯ-ＰＥＴは耐熱温度，引張り強度，剛性が高いなど優れた物性を備えている。ただし，ＩＣカード用途に用いる際は，熱積層ができないため接着層を設ける必要がある。

(3)　その他

結晶性ポリエステル，ＰＰなどの樹脂，環境問題から近年，生分解性樹脂などがカード用樹脂として検討されているが，物性，加工性，価格などの問題から現在利用されている例はほとんどない。

4　おわりに

これまでに述べたように，従来，多く用いられてきた２軸延伸ＰＥＴの全面磁気カード，ＰＶＣの磁気ストライプカードは，ＩＣカード化の流れに伴い多様化し，種々の素材，性能が求められ，目的にあった素材が使用されるようになってきている。

カード素材メーカーとして，今後とも市場の要求に対応したカード素材を開発，提供していく予定である。

第20章　非接触ICカード用IC実装基板材料

田中　泉*

1　はじめに

　非接触ICカードは，99年から始まるNTTの公衆電話機用テレホンカードやプリペイドカードに用いられるカードの厚さ0.25～0.50mm以下の薄型のものと，IDカード，物流管理，交通アクセス，電子マネーなどに用いられるISOの規格で決められた0.76mm厚のものが，実用化に向けて開発が進められている。
　前者は，基板レスの方向で進むと考えられるため，ここでは，後者の0.76mm厚に使用されるIC実装基板について述べる。

2　ICカード用プリント基板

　非接触ICカードは，数年前から家電メーカー・ICチップメーカー・大手印刷メーカーなどで本格的な検討段階に入っていたが，一昨年来，相次いで試作品が発表されている。初期段階ではICモジュール基板は短冊状にて生産されていたが，ここへ来て量産のめどが立ったため，フレキシブル材（図1）を用いてTAB（テープ・オートメーティッド・ボンディング）方式での製造が急ピッチに進められている。
　このICカードに用いられるプリント基板（以下PCBと呼ぶ）としては，ICモジュール基板とアンテナコイル部を分けたもの（セパレート型）と，1つのPCB上に形成したもの（一体

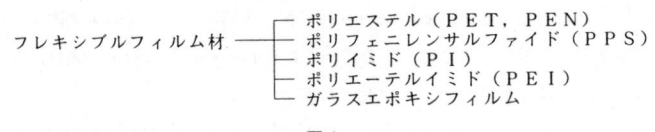

```
フレキシブルフィルム材 ─┬─ ポリエステル（PET，PEN）
                        ├─ ポリフェニレンサルファイド（PPS）
                        ├─ ポリイミド（PI）
                        ├─ ポリエーテルイミド（PEI）
                        └─ ガラスエポキシフィルム
```

図1

---

*　Izumi Tanaka　利昌工業㈱　化学技術研究所　化研一部　主事

型）がある（図2）。ゆえに使用されるPCBの構成も，前者はICモジュール基板は図3に示したような2層あるいは3層タイプの片面金属箔張り品が使われる。この場合，アンテナコイル部については巻線コイルや金属箔エッチングによる片面金属箔張り品が使われる。また後者は，2層タイプの両面金属箔張り品が主に用いられる。

IC実装方式としては，図4，5に示したように，ICチップをフリップチップなどの方式で搭載するフェイスダウン方式や，プリント基板材にあけた穴の中の銅箔上にICチップを搭載し，ワイヤーボンディングによって接続する方式などがIC実装メーカーにて検討されている。

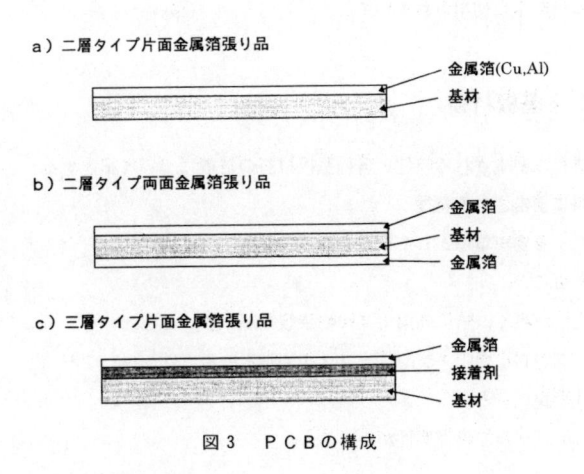

表1に示したように，フリップチップ方式による接続の場合，接続方法によって使用される材料が異なり，異方性導電シートや導電性接着剤を使用するものには，安価なポリエステルフィルム基板が用いられ，特に最近では

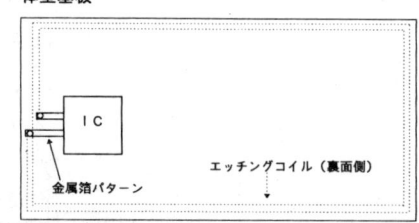

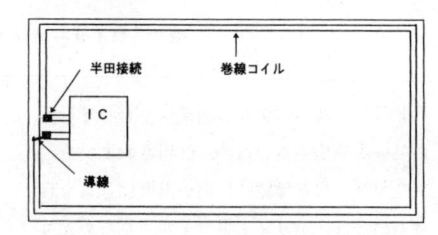

図2　ICカードに用いられるプリント基板

図3　PCBの構成

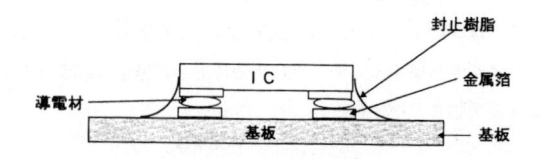

図4　フリップチップ方式の実装例

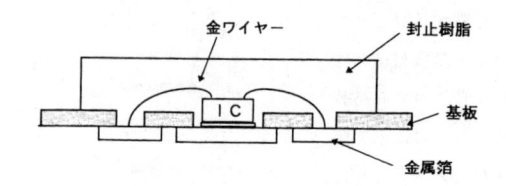

図5　ワイヤーボンディング方式の実装例

　PETフィルムにアルミ箔を張り合わせた両面基板が価格も安いため，注目されている。

　金バンプなど接続時に高い温度にさらされるものには，ポリイミドフィルム基板やガラスエポキシフィルム基板などが用いられているが，やはり価格面において優位なガラスエポキシフィルム材が主に使用されている。

表1　フリップチップ基板

ICチップ接続方法	主に用いられる材料
異方性導電シート	ポリエステル基板
導電性接着剤	ポリエステル基板
ハンダバンプ	ガラスエポキシ基板
金バンプ	ガラスエポキシ基板

3　プリント基板材料

次に，基板材料に要求される特性と各種基板材料の特徴について記述する。

(1) 基板材料に要求される特性

基板材料に対する要求事項としては，

① 安価であること，

② 寸法安定性が良く，特に高温下での膨張収縮が小さいこと，

③ ICチップの封止樹脂・アンダーフィル樹脂との密着性が良いこと，

④ 耐薬品性が良いこと，

⑤ リール to リールでの作業性が良いこと，

などがあげられる。

　図6に，PETフィルム，PIフィルム，ガラスエポキシフィルムの環境試験における比較デ

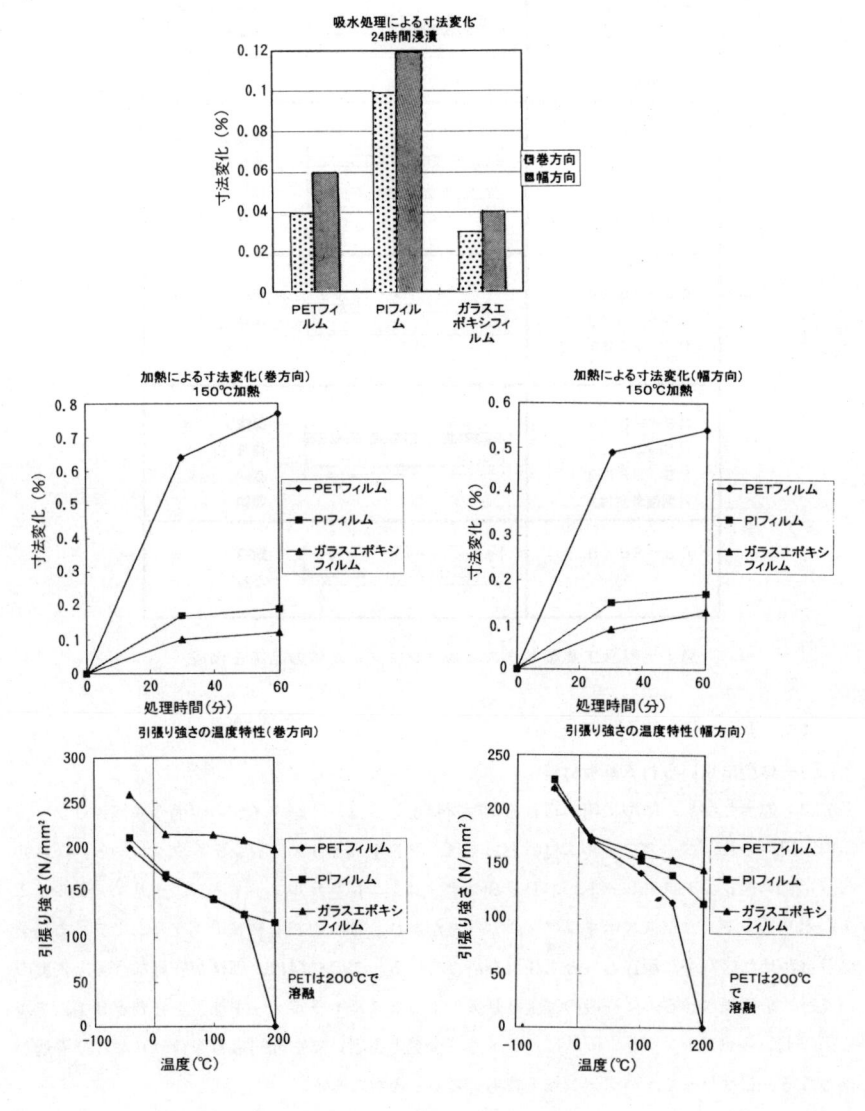

図6

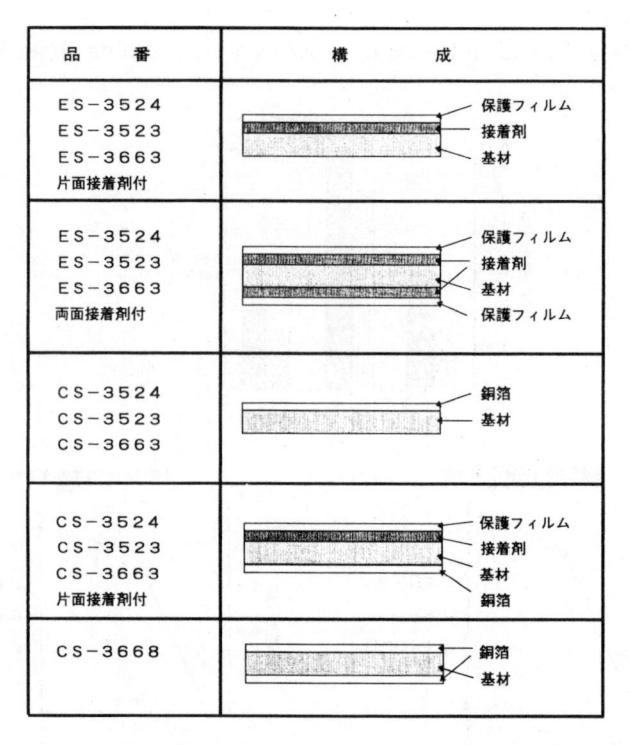

品番	構成
ES-3524 ES-3523 ES-3663 片面接着剤付	保護フィルム 接着剤 基材
ES-3524 ES-3523 ES-3663 両面接着剤付	保護フィルム 接着剤 基材 保護フィルム
CS-3524 CS-3523 CS-3663	銅箔 基材
CS-3524 CS-3523 CS-3663 片面接着剤付	保護フィルム 接着剤 基材 銅箔
CS-3668	銅箔 基材

図7　利昌工業製ガラスエポキシフィルム材の品種と構成

ータを示した。

(2) 一体型に用いられる基板材料

先にも述べたが、一体型に用いられる基板材料としては、2層タイプの両面金属箔張りフィルム材が用いられ、ベースフィルム材料としては、PET（ポリエチレンテレフタレート）、PEN（ポリエチレンナフタレート）、PPS（ポリフェニレンサルファイド）、ポリエーテルイミド、ポリイミド、ガラスエポキシフィルムなどがあり、その中でもPETフィルムにアルミ箔を貼り合わせた材料が、現在もっとも注目を浴びている。この材料は、価格が安価なうえ、表裏のパターンを導通させるのに一般の銅張り基板のようなスルホールメッキ加工を必要とせず、アルミ箔の上からパンチングし、同時にカシメる（金具等を用いて物理的接着を行う）だけで導通が得られる。したがって、パターン加工費も抑えることができる。

表2 ベーステープ材の一般特性

項　目	材　質 品　番		高耐熱ガラスエポキシテープ ES, CS-3524, 3523		T_g 200ガラスエポキシテープ ES, CS-3663		備　考
	厚さ（μm）		70	120	70	120	
色　調	常　態		黄	黒・黄	黄	黄	―
吸水率（%）	吸水 D-24/20		1.0	1.0	0.7	0.7	JIS-K-6911
寸法変化率 （%）	吸水 D-24/20	巻Y 幅X	0.03 0.04	0.03 0.04	0.02 0.04	0.02 0.04	JIS-C-2318
	吸湿 C-24/40/90	巻Y 幅X	0.02 0.03	0.02 0.03	0.02 0.03	0.02 0.03	
	加熱 E-1/150	巻Y 幅X	−0.04 −0.05	−0.04 −0.05	−0.04 −0.04	−0.04 −0.04	
引張り強さ （N/mm²）	常　態	巻Y 幅X	210 130	280 170	230 170	310 210	
引張り伸び率 （%）	常　態	巻Y 幅X	1.6 0.8	2.2 1.1	1.6 0.8	2.1 1.1	
表面抵抗 （Ω）	常　態 煮沸 D-2/100		$10^{12}\sim10^{13}$ $10^{10}\sim10^{11}$	$10^{12}\sim10^{13}$ $10^{10}\sim10^{11}$	$10^{13}\sim10^{14}$ $10^{11}\sim10^{12}$	$10^{13}\sim10^{14}$ $10^{11}\sim10^{12}$	JIS-K-6911
体積抵抗率 （Ω-cm）	常　態 煮沸 D-2/100		$10^{14}\sim10^{15}$ $10^{13}\sim10^{14}$	$10^{14}\sim10^{15}$ $10^{13}\sim10^{14}$	$10^{14}\sim10^{15}$ $10^{13}\sim10^{14}$	$10^{14}\sim10^{15}$ $10^{13}\sim10^{14}$	
絶縁破壊 （kV/0.1mm）	常　態		3.3	3.3	3.6	3.6	
T_g（℃）	―		150	150	185	185	DSC法
耐燃性	A, E-168/70		―	―	94V-0	94V-0	UL法

吸水：20℃-24時間浸漬　　吸湿：40℃，90%RH-24時間処理
加熱：150℃-1時間処理　　煮沸：沸騰蒸留水中で2時間処理
上記数値は測定値であり保証値ではない。

(3) セパレート型に用いられる基板材料

　セパレート型に用いられる基板材料としても，前述のベースフィルム材料の2層と3層タイプのものが考えられるが，耐熱性や価格面よりガラスエポキシフィルム材が注目を浴びている。このガラスエポキシフィルム材の品種と構成ならびに一般特性を図7，表2に示した。

4　今後の展望

　ICカードの場合，磁気カードに比べ記憶容量が大きく，またセキュリティの面でも高いた

め，1枚のＩＣカードでいくつかの用途に使える。その中でも，今回取り上げられた非接触ＩＣカードは，接触ＩＣカードのような機械的な接触がないため，読み取り機の摩耗や損傷がなく，カード自体も湿気や汚れなどの影響が少ないため，広範な分野での利用が可能となり，今後伸びていくものと予測される。

文　　献

1）　田中，電子材料，(10)，74（1996）

第21章　非接触ＩＣカード用アンテナコイル

山内　毅[*]

1　はじめに

当社はもともとコイル用自動巻線機およびＦＡ関連機器メーカーであるが，1995年後半からのアジアを中心とした非接触ＩＣカードおよびタグ用アンテナコイル巻線機の引き合いや受注をきっかけに96年7月より市場調査をスタートし，96年11月に事業参入を表明，97年3月に当プロジェクトチームを発足し，現在に至っている。

しかし，事業参入後のこの1年で，非接触ＩＣカードは「試作中心の研究段階」から「実用化を前提とした究極の電子マネー」としてテレホンカード・定期券・入退出・運転免許証などへの利用が広がっており，21世紀に向けてのビッグビジネスとなりつつある。それに伴い，新規参入および新技術開発が激化しているのが市場の現状である。

当社では世界シェアの40％をもつコイル用自動巻線機の製造技術と96年11月に提携した独アマテック社の非接触ＩＣカード用アンテナコイル巻線およびＩＣチップモジュールへの継線技術をミックスし，きたるべく非接触ＩＣカードの低コスト・高歩留り・量産化に対応可能な技術開発を推進中である。本稿では，非接触ＩＣカードにおけるアンテナコイルの役割・種類・各種製造方法・カード内の構成部品と材料との関連・品質評価についての概要・市場動向について述べる。

2　非接触ＩＣカード用アンテナコイルの役割 [1)]

役割としては主に「カードとリーダー／ライター間のデータ通信用」として使用されているのが一般的である。

現在，一番使用されていると思われる電磁誘導方式を例にとって説明すると，リーダー／ライターから常時発信されている微弱電波によって発生した誘導電磁界に，導体であるカードをかざすと起電力が発生する。カード側はこの起電力を電源としてデータ通信を行う。ここで初めてリ

---

*　Takeshi Yamauchi　日特エンジニアリング㈱　ＩＣカードプロジェクト

ーダー/ライターから要求されたデータを読み書きし，ＣＰＵで暗号処理をしたりすることができるようになる。カードとリーダー・ライター間のデータ通信の仕組みを図1に示す。

よって，アンテナコイルは部品としては実に単純であるが，非接触ＩＣカードに必要不可欠なものである。

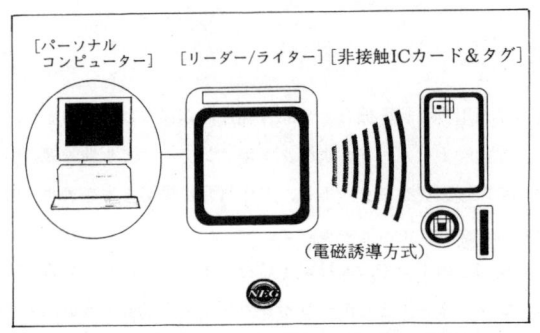

図1　非接触ＩＣカードシステム基本構成

3　非接触ＩＣカード用アンテナコイルの種類 [1)]

種類は大きく分けて下記3種類となる。
① 密着型用
② 近接型，近傍型用
③ マイクロ波型用

表1　アンテナコイルのタイプ別特徴

タイプ	密着型	近接型	近傍型	マイクロ波型
周波数	4.91MHz	13.56MHz	～400kHz	2.45GHz
通信距離	～2mm	～20cm	～1m	数m
電池の有無	無	無	無	有
アンテナコイル種類	印刷，エッチング 巻線，埋込み巻線	印刷，エッチング 巻線，埋込み巻線	巻線，埋込み巻線	印刷，エッチング
アンテナコイル巻数	～20	4～6	～400	仕様による
アンテナコイル個数	2	1	1	1

各タイプの特徴を表1に示す。ちなみに当社のアンテナコイルは近接型・近傍型に適しているが，コイルの巻数（ターン数）を少なくすることで密着型への対応も可能である。

4 非接触ICカード用アンテナコイルの製造方法

市場形成途上である現在，各社様々な製造方法でアンテナコイルを製造しているが，大別して下記の3種類に分類される。

4.1 エッチングコイルおよび印刷コイル

主な特徴を表2に示す。

表2　エッチングコイルおよび印刷コイルの特徴

主な製造技術	エッチング，印刷，表面実装
精　　度	ミクロン台
主な製造設備	・エッチング，印刷関連装置 ・ICチップ関連実装装置
作業環境	クリーンルーム （1万クラス）
メリット	・固定化されたアンテナコイルやICチップを使用すれば，量産性は高い。 ・カード表面の平坦性はよい。 ・異方導電性接着剤使用によるベアチップ実装が可能。
デメリット	・多品種少量生産に不向き。 　"仕様変更時のイニシャルコストが高くつきがち" ・アンテナコイルへ曲げ・ねじれなどの負荷がかかるとダメージがつきやすい。 ・エッチング工程時に発生する大量の廃液処理が必要。 　"環境問題への対応に難。" ・高価な設備・作業環境が必要なため，償却負担大。 ・通信距離の動作特性が不安定になりがち。よってコンデンサーを必要とするケースが多く，カードにしたときの物理特性・信頼性を落としてしまう可能性がある。

4.2 巻線コイル

主な特徴を表3に示す。

それぞれに一長一短はあるものの，カード，ICチップなどの仕様・大きさ・厚み・使用環境・コストなどのさまざまな条件によって使い分けられる。

表3　巻線コイルの特徴

主な製造技術	コイル巻線，はんだ，溶接
精　　度	ミリ～ミクロン台
主な製造設備	・コイル巻線機 ・はんだ機または溶接機
作業環境	クリーンルームは不要。
メリット	試作レベルでの低コストは可能。
デメリット	・自動化・大量生産は不可能であり，「試作の域を出ない製造方法」。 ・自動化ができない手作業工程が最低でも2つある。 　※コイルリード線の被膜・剥離。 　※接着剤にてコイルをカード材料に貼り付け，固定する。 ・はんだ，または溶接によるICチップへの熱・圧力ダメージが大きく，不良率が高い。 ・カード表面の平坦性は悪くなりがち。 ・ラミネートおよび射出成形時にコイル位置がずれて，ショートしたり，リード線が断線するケースがよくある。 ・0.76mm厚仕様のカード製造が困難。 ・アンテナコイルへ曲げ・ねじれなどの負荷がかかるとダメージがつきやすい。

4.3　埋込み巻線コイルを利用した"インレット製造方式"

当社では「インレット製造方式」と呼んでいるが，「アンテナコイルがICチップモジュール，またはベアチップに継線された状態でカード材料に埋込まれているシート材」を「インレット」と定義しており，特にヨーロッパのICカード業界では一般的に通用する言葉となっている。

独アマテック社および当社が今まで培った自動化および巻線・継線技術を活かして，単なるアンテナコイル巻線にとどまらない高信頼性・低コスト・量産性・フレキシブル性が高く，曲げやねじれ特性にも優れる数少ないアンテナコイル製造技術といえる。参考までにインレット外観を写真1に示す。また，インレット製造方式の特徴および各種アンテナコイルとの生産性およびコストパフォーマンス比較を表4に示す。

なお，これらのアンテナコイル製造方法は，カード仕様・厚み・ICチッ

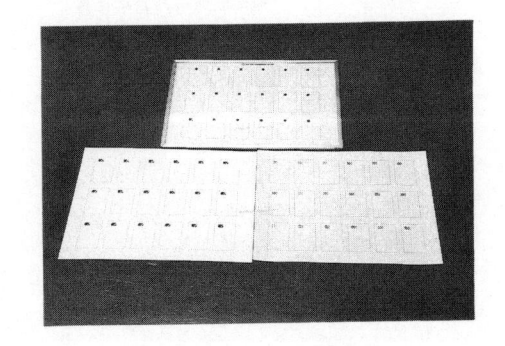

写真1　インレットの外観

表4 インレット製造方式の特徴

インレット製造方式の特徴(1)「アンテナコイル埋込み巻線方式」

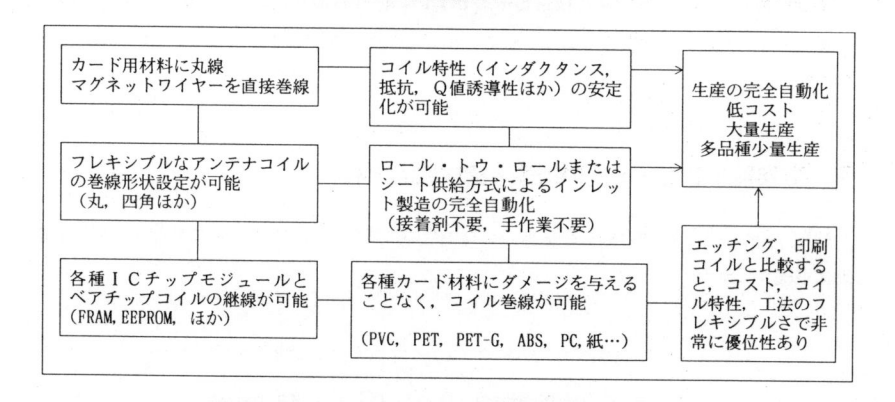

- カード用材料に丸線マグネットワイヤーを直接巻線
- フレキシブルなアンテナコイルの巻線形状設定が可能（丸，四角ほか）
- 各種ＩＣチップモジュールとベアチップコイルの継線が可能（FRAM, EEPROM, ほか）
- コイル特性（インダクタンス，抵抗，Ｑ値誘導性ほか）の安定化が可能
- ロール・トウ・ロールまたはシート供給方式によるインレット製造の完全自動化（接着剤不要，手作業不要）
- 各種カード材料にダメージを与えることなく，コイル巻線が可能（PVC, PET, PET-G, ABS, PC, 紙…）

→ 生産の完全自動化／低コスト／大量生産／多品種少量生産

エッチング，印刷コイルと比較すると，コスト，コイル特性，工法のフレキシブルさで非常に優位性あり

インレット製造方式の特徴(2)「アンテナコイルとＩＣチップモジュールへの継線自動化」

従来のはんだ・溶接での継線によるＩＣチップへの熱の影響，手作業（コイルリード線剥離等）による歩留まりの不安定さ・生産性の悪さを大幅に改善し，コイルとの継線が可能

インレット製造方式の特徴(3)「低コスト・フレキシブルな生産方式」"各種アンテナコイルとの生産性・コストパフォーマンスの優位性比較"

アンテナコイル種類	大量生産	多品種少量生産	生産の自動化	コスト性	カードの薄型化平坦性	歩留まり
埋込み巻線コイル	○	○	○	○	○	○
巻線コイル	×	△	×	○	×	×
印刷コイル	○	×	○	△	○	△
エッチングコイル	○	×	○	△	○	△

プおよびICチップモジュールの大きさ・厚みなどの実にさまざまな諸条件によって取捨選択されるため，簡単に「どれがよい・悪い」「どれが業界標準になるか」といった論議より，もっと大事なのは「市場原理に基づいて，市場（＝マーケット）がおのずと決める」というマーケティング感覚を持ち，いかに無意味な技術論争をせずに「信頼性の高い現物（"モノ"）をいち早く市場（＝マーケット）に出して実証することができるか」が決め手となることを繰り返し強調しておきたい。

5　非接触ICカード内の構造・構成部品・材料

当社の「インレット製造方式」を基本とした場合の代表的な基本構造・構成部品・材料例を図2および図3に示す。

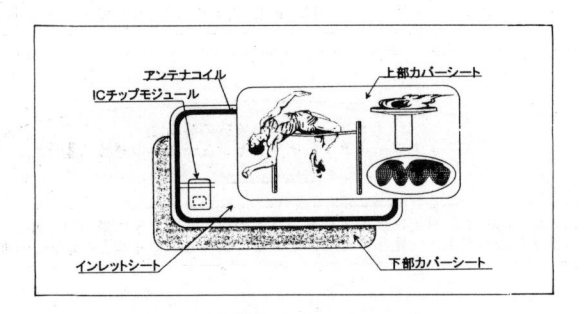

図2　非接触ICカード基本構造

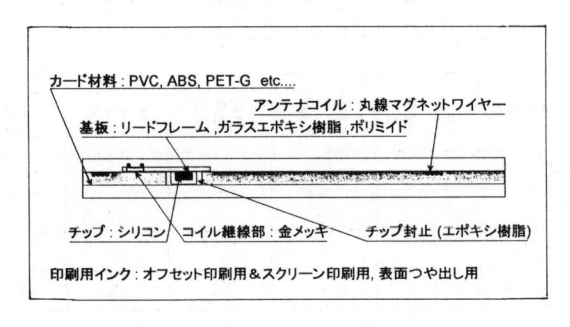

図3　非接触ICカード構成部品＆材料

6 非接触ICカード用アンテナコイルの品質評価

ICチップおよびカードメーカーによって評価方法はまちまちと思われるが、大別して下記2種類に分類される。

6.1 アンテナコイル単品での品質評価

一部のメーカーには、コイルの誘導性・抵抗・Q値などをかなり気にしているところもあると推察されるが、こと非接触ICカードについていえば、「あまり意味があるとは思えない」評価方法といえる。

なぜなら、ICチップとつなげて初めて機能するのがアンテナコイルであり、巻線（＝ターン数）、線径などをいくら計算式を駆使してアンテナコイルを設計しても、アナログ部品としての性格上、最初から通信距離がピッタリ合うことはまずありえないのが現状だからである。これはICチップおよびリーダー／ライターとの相性や、使用されるアンテナコイルの材料（銅、導電性インクなど）のバラツキも起因する。

6.2 カード化後の品質評価

現状ではカード化後に発生した現象・原因と思われる点を各構成部品・材料に分けて分析・原因究明しているメーカーが大半といえる。

よって「カード化したときの歩留りをいかに向上させるか？いかにカードを作りやすくし、大量生産・低コストを実現させるか？」という観点のもとに各構成部品・材料が設計・製造されるべきであり、当社もこの観点でアンテナコイルおよびインレットを設計・製造している。

カード化時でのアンテナコイルに留意しているのは、当社では主に下記項目である。

① ラミネートおよび射出成形時の熱・圧力によるコイル線材の断線・表面剥離→カードの動作不良
② カードの表面印刷時の平坦性
③ カードの物理特性試験への対応
④ 各種ICチップとコイル接続部の引張り強度
⑤ フレキシブルなアンテナコイルのデザイン、仕様変更への対応
　※エンボス、接触型ICチップなど

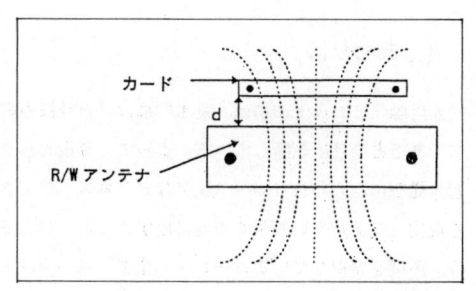

図4　カードリーダー／ライターの磁束通過のイメージ図

がつくハイブリッドおよびコンビカードへの対応
※カード側アンテナコイルの設計自由度を高めることによるリーダー／ライター側アンテナ部の設計簡便化（磁束を多く通りやすくし，カードとリーダー／ライターの消費電力配分を設計しやすくする）。
イメージ図を図4に示す。

7　今後の展開・展望

最後に当社の今後の事業展開を，市場展望とあわせて述べる。

当社としては，今後開発・製造するのは「インレットとホワイトカード（印刷前のカード）」である。それ以外のICチップ，COB実装，カード表面印刷，リーダー／ライター，システム・インテグレーションについては，さまざまな企業との提携戦略を進めていく所存である。よって，利害が一致した企業とはどの企業とでも取り引きし，今までの日本のカード業界慣習を学びはするが，とらわれない戦略を進めていくこととなる。

その布石が独アマテック社との提携や，97年10月に丸紅・伊藤忠商事・ロームおよび当社を幹事会社として合計9社にて設立した日本初の非接触ICカードの事業会社である「マイティカード」である。当社としては，この2社のネットワークをフルに活用し，同時に他にも当社の事業展開・内容に興味をもっていただいた企業には日本以外の地域にも積極的に展開する。

幸いにして，当社のコア技術である「インレット製造方式」はアマテック社が，独ルフトハンザ航空のマイレージカード，韓国ソウルおよびプサンでのバス・地下鉄カード，中国深圳でのバスカードなどへの納入実績を上げてくれたことによって，フィールドテストを当社に代わって先鞭をつけてくれた形となっており，信頼性は保証できる。

8　おわりに

非接触IC カード市場は，基本的には「自社技術のノウハウ」だけでは勝てない市場・ビジネスであると当社は判断している。よって，今後ビッグビジネスへ飛躍するには，過去の経験・慣習・発想にとらわれない「フェアなビジネス」ができる提携パートナーをみつけて「信頼性のある現物（モノ）をいち早く市場に出す」ことに尽きるのではないのだろうか。それが日本企業が，今，市場を席捲しているヨーロッパ企業に勝つ方法と確信する。

文　　献

1) 「トリガー」，日刊工業新聞社，1997，Vol.16，No.8，7月号"特集 非接触ＩＣカードはどこまで使えるか？"，p.12～13

第22章　ＲＦＩＤチップ

山口　卓*

1　ＲＦＩＤチップの分類

ＲＦＩＤチップはチップ構成からは下記の2つに分類される。
- ＲＦ部分離型（アナログ部のＲＦチップとデジタル部のメモリーチップの2チップ）
- 一体型（アナログのＲＦ部とデジタルのメモリー部の一体型）

信頼性と価格的な面から1チップが有利なことは自明である。技術の進歩から近年は1チップが主流となってきている。

次に機能面をみてみると、使う周波数により3つに分類される。
- 125kHz近辺
- 13.56MHz
- 2.5GHz近辺

それぞれの長所、短所は次のとおりである。
- 125kHz近辺
  ◎通信距離が長い（数十cmから数m）。
  ×通信速度が遅い（数十bps）。
  ×アンテナの巻き数が多くコストが高い。
- 13.56MHz
  ◎アンテナの巻き数が4反ほどで量産に向いていて、性能比で価格が安い。
  ◎通信速度が速い（100〜200kbps）。
  ×日本では電波法などの制約から通信距離が短い（数cm）。
- 2.5GHz
  ◎通信速度が速く大出力が出せるので、数十cm距離での交信が可能である。
  ×電波の指向性が高く、送信側の工夫が必要である。

コスト的な面と世の中のデファクト的な意味から今後は、1チップ構成で13.56MHzを使った

---

*　Takashi Yamaguchi　シーメンス㈱　ＩＣカード部　営業担当部長

チップが主流となると考えられる。

変調方式はASK10％とASK100％の2種類があり，それぞれ次の特徴がある。
・ASK10％
○固定出力の給電信号と送受信のデータ信号が別々になっているので，安定した電源供給が可能である。
×合成信号の大きさの割りにデータの振幅が小さいのでノイズに弱い。
×送信側の回路が複雑になる。
・ASK100％
○送受信データだけで断続するので，同じ振幅での比較ではノイズに強い。
○送信側の回路が簡単である。
×給電が断続的なので，ICカード側の回路に工夫が必要である。

2　ＲＦＩＤチップの設計的な特徴

ＲＦＩＤチップはデジタルとアナログが混在するチップである。技術的にはバイポーラＣ－ＭＯＳテクノロジーを使うのが一般的だが，コスト的な意味から違う技術を使う会社もあるようである。設計手順としては，次のような手順が一般的なようである。
① デジタル回路の設計
② アナログ回路の設計
③ 電源回路（アンテナからの給電部と整流回路）

通常の接触型チップがすべてデジタル回路で設計されるのに対し，ＲＦＩＤチップの場合は，ＲＦ部がアナログ回路で，その他のデジタル回路と同じチップに載せる必要がある。この場合に注意しなくてはならないのは，信号のダイナミックレンジで，特に交信距離を伸ばそうとしてチップのＲＦ部の感度を上げすぎると，読み取り装置のアンテナとカードが密着した状態での交信に支障をきたす場合がある。

3　ＲＦＩＤの実装例

近年，ＲＦＩＤへの関心が高まり，従来のＩＣカードメーカーのみならずさまざまな業種からの新規参入がある。その中で，次のような非接触ＩＣカードの製造方法が開発されている。
① モジュラー方式
　　アンテナ直付けタイプ

　　　　アンテナ基板付けタイプ
　② インレット方式
　　　　モジュラータイプ
　　　　チップ直付けタイプ
　③ 構造による分類
　　　　ラミネート型（シートを積層するもの）
　　　　インジェクション型（アンテナ組み立てをモールドで固めるもの）
　コスト的にはアンテナ直付けのインジェクションがもっとも安いと思われるが，平坦度など解決しなくてはならない点がまだ残っているようである。

4　ＲＦＩＤの複合化と進化

　ＲＦＩＤは確かに便利ではあるが，セキュリティーや信頼性などを考えると必ずしもリモートが万能であるとは考えられていないようである。特に個人責任を重んじる欧州ではセキュリティーとともに個人の意志表示が尊重されるため，非接触といえども勝手にアクセスされることは許されないという考え方があるので，お金に絡む部分は接触型ＩＣカードを選択する傾向がある。しかし，バスや電車などの交通機関での使い勝手は非接触型のほうが勝っていることもあり，接触型と非接触型の両方のよさを活かしたコンビカードとよばれる接触端子付きのＣＰＵチップと非接触チップの一体型が広く採用されようとしている。シーメンス社からはSLE44R42という型式でドイツの金融ＩＣカードに使われているＣＰＵチップと非接触チップを一体化させたチップが提供されている。

5　ＲＦＩＤの実際例１（SLE44R35 Mifare（r））

　現在，非接触ＲＦＩＤ用のチップはいくつか入手可能であるが，ISO14443の範疇に入るチップでもっとも多く生産されているものの一つがSLE44R35(Mifare(r))である。これは，13.56MHzの周波数でASK100％の変調で交信している。もともとの開発コンセプトは相互乗り入れなどを視野に入れた電子乗車券を始めとする複数アプリケーション（最大１５個）に対応するチップということであった。現在までのアプリケーション例としては，下記のようなものがある。
　－ 韓国のソウルなどで運用されているリロード型の定期券
　－ ドイツのルフトハンザ航空による電子搭乗券
　－ イギリスにおける地下鉄とバスの共通定期券

― オーストラリアにおけるバスや店の共通電子マネー

メモリーの使い方としては，全体で1024バイトあり，これを16分割している。それぞれが64バイトあるセクターをさらに4分割して16バイトずつのブロックに分けている。セキュリティを確保するために，鍵を2個用意し，それぞれに読み書き，読み込みのみ，減算のみという機能を設定することができる。

セキュリティとしては，ＩＣカードと読み取り装置が相互認証する3パス認証方式を取っている。3パスとは，

① 読み取り装置からカードへ乱数と認証データを送り，認証を受ける，
② カードから認証の計算結果を読み取り装置へ返送して認証を受ける，
③ 読み取り装置は，計算結果を認証した後このデータを使ってカードで認証を受ける，

という3回のデータのやりとりを意味している。認証方式としてはチャレンジ＆レスポンスというＣＰＵカードで一般的に使われている本格的な手法を採用している。

通信速度は，毎秒106キロボーと高速通信を実現していて，実際の定期券としての使用例では約0.1秒で処理をしているので，実用性に耐えうるシステムといえる。

6　ＲＦＩＤの実際例2　(SiCATS)

ＲＦＩＤとして期待されているのが自動車への応用で，シーメンス社は世界に先駆けて読み書き型の盗難防止装置用ＲＦＩＤチップセットを開発した。これは，SiCATS(Siemens CarAnti Theft System) と名づけられたもので，前述のMifareに似たシステムを使い，車のＣＰＵがカードを認証することにより車のエンジンが始動する許可を出すもので，内蔵メモリーに前回のデータを蓄積しておくことで認証の連続性をもたせることができるので，二重に偽造を防止することができるという優れたシステムである。特徴としては

- チップ単体としては公衆電話プリペイドカード並みの低価格を実現
- 認証には乱数を使った高度なチャレンジ＆レスポンス方式を採用
- カード（鍵）側のチップは1チップの無電池方式を採用
- 通信データも暗号化することによりセキュリティーを強化
- 内部データは最低10年間の記憶を保証
- 車側の送受信装置も千円台の1チップで実現して低価格化を図ったこと

などがあげられる。

7　ＲＦＩＤの将来展望

　ＲＦＩＤは非接触ＩＣカードの普及・低価格化に伴って統合化の方向に向かうと考えられる。すなわち，非接触ＩＣカードシステムが普及することにより，読み取り装置がより安価で小型化され，このインターフェースをＲＦＩＤ一般に使うことにより，単なるタグであっても，高度な電子マネーのカードであっても何のカードかというＩＤは認識することができるようになることによりさまざまなＲＦＩＤのインフラが統合されると思う。周波数としては，数量的にもっとも期待できる13.56MHzを有望視するのが一般的である。使われ方としては，ＩＣカードチップを使うメリットを最大限に発揮するために複数の機能を１つのＲＦＩＤにもたせることが日常化するものと考えられている。これは高いセキュリティをもつ認証機能により複数の秘密鍵を独立してもたせることにより実現する方法で，すでに欧州の公衆電話用プリペイドカードでは実現しているシステムである。

文　　献

　ＩＣカードのバイブル的存在が Handbuch der Chipkarten (Wolfgang Rankl und Wolfgang Effing, "Hadnbuch der Chipkarten", Carl Hanser Verlag, Muenchen Wien ISBN 3-446-17993-3)である。この本は欧州のＩＣカード専門家の間では必読の書となっている。この中で非接触ＲＦＩＤに関するものは下記の通りである。

　この他に，参考となるのは各社のインターネット・ホームページであろう。 ISO 14443に関連する非接触ＲＦＩＤ(13.56MHz)製品を開発，製造する会社のインターネットホームページ例を下記に示す。

http://www.siemens.com
  Mifare関連チップ
    SLE44R31　　64 Bytes 非接触メモリーチップ
    SLE44R35　　1k Bytes 非接触メモリーチップ
    SLE44R42S　4k Bytes 非接触メモリーチップ＋4k Bytes接触型CPUチップ
http://www.mot.com
    SGS Thomson社との共同開発による非接触ＣＰＵ内蔵チップ
http://www.st.com
    モトローラ社と共同開発による非接触ＣＰＵ内蔵チップ
http://www.rohm.co.jp

ラムトロン社のFRAMを搭載したRF-ID用のLSI/モジュール
http://www.mec.panasonic.co.jp
　　米国のレイコム社との共同開発によるRF-IDチップ
http://www.gemplus.com
　　1k Bytes Mifare 非接触メモリー型ＩＣカード
http://www.pavcard.de
　　1k Bytes Mifare 非接触メモリー型ＩＣカード
http://www.gemplus.fr
　　1k Bytes Mifare 非接触メモリー型ＩＣカードなど

第23章　ＩＣカード表面印刷技術

後上昌夫*

1　はじめに

　十数年前，当時のニューメディアブームの中で当初，携帯可能なオフライン簡易メモリー媒体としてスタートしたＩＣカードは，最近の世界的規模のネットワークを前提としたマルチメディアの世界においても，そのセキュリティ技術の有力なツールとして，ますますその価値を高めつつある。

　これは，パーソナルコンピュータなどと同様，搭載されるＩＣチップの機能アップにつれて，応用展開が広がり，その商品価値を生み出していった製品先行，需要後追い型の数少ない成功商品のひとつということができると思う。

　また，ＩＣカードは，その搭載ＩＣチップに代表される電子機器の側面と，カードとしての印刷媒体の側面と，両方の側面を持っており，その製品開発においても，電気メーカーに代表される電子機器側からの開発と，印刷メーカーによる印刷媒体側からの開発の流れがクロスオーバーし，他業種間の競争と提携により発達してきた特徴ある商品ともいえる。

　印刷媒体としては，ＩＣカードも大量複製を目的とした印刷物のひとつであり，基本的には既存の印刷技術の応用事例のひとつである。

　本稿では，「ＩＣカード表面印刷技術」として，現在の印刷技術動向に加えたＩＣカードならではの最新技術動向を紹介するとともに，将来，応用展開が見込まれる，昇華転写方式のカード印刷技術についても紹介する。

2　ＩＣカードにおける印刷技術動向

　ＩＣカードは，現在そのアクセス方式において，①接触式（コンタクトタイプ）と，②非接触式（コンタクトレスタイプ）に大別される。

　印刷媒体として見た場合，これらはほとんど同じものとして見なすことができるが，接触式

---

*　Masao Gogami　大日本印刷㈱　ビジネスフォーム研究所　副課長

ICカードは，基本的には印刷済みのカード基体（一般的磁気カードと同構成）にICモジュールの挿入穴を掘って（ミリング）作られる構造が一般的であるため，印刷工程では，ほとんど一般カードと同じに扱えるのに対して，非接触ICカードの場合は，すでにICチップや，アンテナなどのコンポーネントが入ったカード基体に印刷を行う必要があるため，通常の印刷技術に加えて，

① 搭載ICチップへのダメージ防止
② カード表面凹凸への追従性
③ 被印刷材料の多様化（塩ビ代替材料の要求）
④ 被印刷物（カード）厚み対応（0.25～0.84mmまで）

などの技術的な課題がある。

```
┌─────── 非接触ＩＣカード印刷技術動向 ───────┐
│ ・搭載ＩＣチップへのダメージ防止              │
│ ・カード表面凹凸への追従性                    │
│ ・被印刷材料の多様化                          │
│   （塩ビ代替材料の要求）                      │
│ ・カード厚み対応（0.25～0.84mm）              │
└──────────────────────────────────────┘

┌─────────── 一般的印刷技術動向 ───────────┐
│ ・高品質（高品位，精細印刷化）対応            │
│ ・多品種小ロット化対応                        │
│ ・短納期化対応                                │
└──────────────────────────────────────┘
```

図1　非接触ＩＣカード印刷技術動向

①の搭載ICチップのダメージに関しては，既存印刷技術としては，印圧を下げるほかは対策がなく，②の表面凹凸対策と合わせて，印刷技術側の要因よりも，カード構造，実装技術側の要因が大きいと思われる。

つまり，IC，アンテナなどのコンポーネントを内包した非接触ICカードにおいて，実装技術的に平滑な表面が達成されれば，これから述べるオフセット印刷などの既存印刷技術でも，十分なICチップの信頼性が確保されるものといえる。このように，内包されるICチップのダメージに関しては，IC搭載部分のカード表面の凹凸に深く関係するため，実機印刷テストによる確認が不可欠であると思われる。

②の表面凹凸に関しては，オフセット印刷などでは，どんなに印刷条件を調整しても正常な印刷品質が得られるのは，表面凹凸±0.05mmまでであり，±0.1mmを超えるとインキが表面に転移せず，いわゆる白ぬけの状態となる。

③の被印刷材料の多様化は，環境問題とも絡んで，カードの材質であるプラスチックの種類が，将来世界的傾向で代替えが予想されるためであり，具体的には焼却時の廃棄ガスの問題から，現状の塩化ビニルから，PET，ABS，ポリカーボネートなどの分子構造的に塩素などのハロゲン族を含まないプラスチックになっていくものと思われる。印刷技術的には，インキの樹脂系の選択で対応可能であり，材料にあったインキを選択すれば，既存の印刷技術で対応可能である。

④のカード厚み対応とは，最近，日本において電話カードなどの用途で，厚み0.25mmの非接触ＩＣカードの実用化のめどがたってきたため，カードの厚みとして，0.25mm厚の薄型カードと，ＩＳＯ国際標準規格の0.76mm厚（最大厚0.84mm）の２種類のカードを印刷する必要が出てきたためである。

　これは，既存のオフセット印刷機としては，印刷品質（再現性）の点から，１台で２種類の被印刷物に対応するのは，困難であり，市場のカード専用印刷機をみても，どちらかの厚みに対応した構造となっている。

　これらの技術的課題に対して，実績のある既存印刷技術（水なしオフセット印刷）での実例を次に述べるとともに，これら課題を解決した新技術（昇華型再転写方式）を最後に紹介する。

3　ＩＣカード印刷技術概要

　ＩＣカード印刷技術といっても，これまで述べたように，既存のカード印刷技術の応用にすぎない。それぞれの実例を述べる前に，ここでは印刷技術の立場から，ＩＣカードを含めたカード印刷技術の概要について述べてみたいと思う。

　出版や商業印刷物に代表される一般の印刷物と比較して，カード印刷は，当社では証券や金券などのセキュリティ印刷の範疇に入れている。これは，主に金券などに代表されるセキュリティ管理がＩＣカードにも不可欠なことによるが純粋に技術面からみても，カード印刷には以下の特徴がある。

①　被印刷体がプラスチックである。
②　特色が多い。
③　カード構造（層構成）により印刷技術が異なる。

　①はいわゆる一般的な紙への印刷と異なり，材料的に塩ビなどのプラスチックはインキが浸透していかないため，被印刷材料，つまりカード材料とインキの樹脂系の相性（相溶性）が重要であると同時に，インキを見かけ上浸透させる（セットさせる）表面形状が必要となる。これは，具体的には，シボとか，マット目とか称されるもので，材料表面に微細なエンボス模様をつけることで，その谷間にインキを見かけ上セットさせるもので，マット目の深さと印刷条件，印刷品質とは密接な関係があるため，各社のノウハウとなっている。

　②の特色については，一般の印刷物はイエロー，マゼンダ，シアン，ブラックの４色の網点掛け合わせによるプロセス４色で印刷される場合が普通であるが，カードの場合，特に日本では４色の掛け合わせではなく，特色（つまりそのものずばりの色のインキ）を用いて印刷する場合が多いのである。

これはコーポレートカラーなどのように（カードの場合は，各クレジット会社のイメージカラーなど），色調の正確さとあざやかさが要求される場合が多いためである。印刷技術的には，通常なら4色ですむところが，8色にも12色にもなるわけであるから，印刷機も多色機が必要となり，いわゆる色の重ねあわせの位置精度（見当精度）も高度なものが要求される。

　カード印刷の場合，通常，印刷技術的には，これから述べるオフセット印刷とスクリーン印刷の方式を組み合わせて印刷される場合が一般的で，異なる印刷方式の組み合わせにおける見当精度の合わせ込みは技術が必要とされるところである。

　オフセット印刷とは，現在印刷の主流を占める印刷方式で，もともとの意味は版から直に被印刷体に印刷するのではなく，一度ゴム胴（ブランケット）に版の画像を写しとり，ブランケットから被印刷体に印刷する間接刷りを意味する。本来の意味からは，使う版は凸版でも凹版でもよいわけであるが，水と油の反発作用を利用して，画線部と非画線部を形成する平版が主流であるため，オフセットといえば平版印刷を意味する[1]。

　このようにオフセット印刷では版面に化学的処理を施し，親油性の部分と親水性の部分を作り出し，版面に水とインキを与えることにより，親水性の非画線部（インキの着かない部分）には湿し水が着き，画線部にはインキが着くという微妙な科学的バランスのうえでインキの転移がなされる印刷方式で，本来，材料的に水の吸収が見込める紙への印刷に適した方式であるが，精密な画線の再現が可能であるなどの品質面と，版の作製コストが安く，版の耐刷性が高いなどのコスト面からカード印刷についても主流となっている印刷方式である。オフセット印刷機は，水を与える装置が必要となり，インキと水の微調整が不可欠なことから，一般的に複雑な構造となることが多く，オペレーターのスキルも高いものが要求されるが，後で述べるように，最近，カード印刷専用機として簡便な水なしオフセット方式を用いた印刷機が市販されるようになった。

　一方のスクリーン印刷方式は，主にカードの背景となる単色の画像部分（ベタ）の印刷に用いられる方式で，版は枠にスクリーンを張り，画像以外の部分のスクリーンの目を潰したものを版とし，スクィージという一種のゴムベラでスクリーン目を通してインキを押し出して印刷する方法で，特徴としてはインキの層が厚く（厚盛りが可能），インキの選択範囲が広いため，広範囲な材料に印刷可能であるなどの特徴がある[2]。

　日本におけるカード印刷の場合は，この2種の印刷方式を組み合わせて印刷することが多く，ベタなどの画像の面積の広い部分は，スクリーン印刷，精密な画像や文字は，オフセット印刷を用いることが一般的である。これに対して海外では，他の印刷物と同様，4色掛け合わせのプロセスオフセット印刷で済ませることが多く，コストダウンの有力な方法となっている。

　非接触のICカードにおいても，コスト面から，プロセス4色のオフセット印刷が今後主流になっていくと思われる。

図2　カード層構成と印刷方式

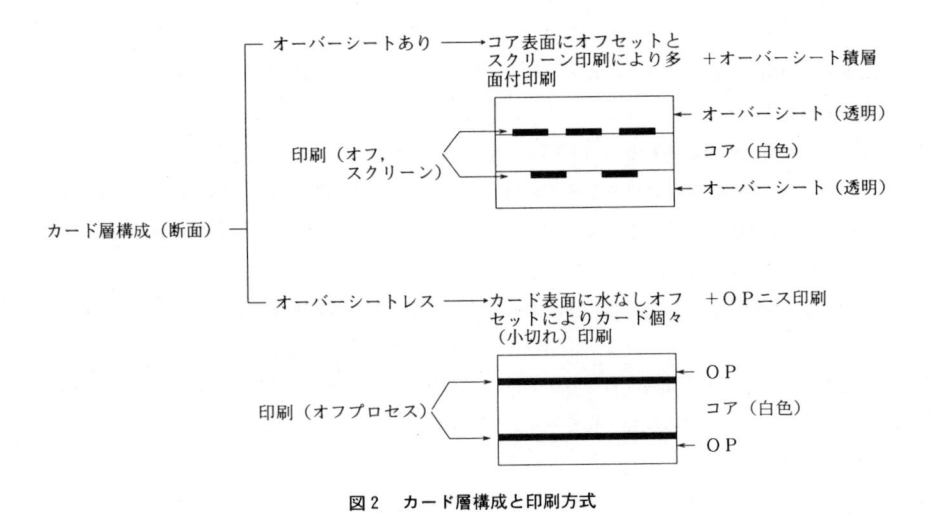

　次に，③のカード構造と印刷技術の関係を述べる。
　図2に断面図を示したように，ICカード含めたカードは，通常，コア層と称する白色のプラスチックシートと，オーバーシートと称する表裏の透明な表面保護シートの3層構造をとることが一般的で，非接触ICカードの場合はコア層中にアンテナやICチップを実装したコンポーネント層（インレイ）が入る。カード構造的には，このオーバーシートの有無によって，カード層構成（断面）中の印刷層の位置が決まるため，多数で同時印刷する枚数（面付け）と合わせて，印刷技術が若干異なる。つまり，オーバーシートを積層する構造では，カード1枚ずつではなく，多面付けとしてコア表裏に，あらかじめオフセット印刷，スクリーン印刷により印刷を施してから，オーバーシートと積層する方法が取られる。これに対して，オーバーシートを積層しない構造では，射出成形や所定の厚みの白色シートをカードの大きさに打ち抜いた単層カード個々に，次に述べる水なしのオフセット印刷を用いて，プロセス4色の印刷を施す方法をとることができる。この場合は，印刷層の表面保護と艶だしのため，OPニス（オーバープリントニス）という透明インキを一層印刷する方法を取る。このOPニスは，その表面強度が必要なことはもちろんであるが，カードの場合，さらに発行処理などの後加工で，レーザーやインキジェットなどによる文字や画像が入る場合があり，強度と同時に加工印字適正も必要となるためその材料組成に関しては，各社ノウハウとなることが多いようである。

4 水なしオフセット印刷技術の応用

　現在，海外，特にICカード先進国であるヨーロッパにおいて，水なしオフセット印刷方式を用いて，カード印刷を行うICカードメーカーが増えてきた。
　これは，複雑な湿し水とインキの調整が必要ない簡便さと，短納期対応が可能なことから広まってきたもので，今後，日本においても，特に電話カードなどの印刷絵柄的に多品種少量生産が必要な品目については有利な方法といえる。水なしオフセット印刷は，湿し水の代わりにシリコーンゴムをインキの反発層とするもので，湿し水を用いないので水とインキの乳化に起因する印刷中の変動が少なく，安定性が良いのが特徴である。
　また，版の現像方法としては，画線部となるシリコーンゴム層を水道水を潤滑材として，物理的にブラシを用いて掻き取ることにより現像される方式で，専用の現像機では水道水のみが排出される環境面を考慮した方法になっている[3]。
　非接触ICカードへの水なしオフセット印刷の応用展開については，前に述べたオーバーシートレスカードに代表される，カード個々を印刷する方式（小切れ印刷）の専用印刷機が国内で1社，ドイツで1社市販されており，いずれも以下の特徴がある。

① プロセス4色プラスOP1色の5色が標準
② スキルレス
③ 品質の安定
④ 環境対策

　①は，海外で標準的な印刷の色数で，コスト的にも今後日本でも増えてくるものと思わる。
　②は前にも述べたように，湿し水の調整が原理的に不要なうえに，ドイツメーカーの専用印刷機ではインキ出しの調整も不要となっている。これは，一般的なオフセット印刷機では，インキの出し量はインキつぼのつぼネジにより微調整するが，この印刷機は多孔質のセラミックスのインキ出しローラーでインキを出すキーレスインキつぼ方式となっており，水なし方式と合わせてスキルレス化が徹底している。
　③は印刷のスキルのもっとも必要な印刷条件の調整がほとんど必要なく，一定品質の印刷カードが得られるようになっており，当然，印刷品質の変動も，要因が少ないため少なくなっている。
　④は一般の湿し水を使うオフセット印刷ではインキと水の乳化の微調整に，湿し水中にアルコール（IPA）の添加が必要なのに対して水なしではIPAの必要がなく，大気汚染の心配がない。また，前に述べたように版の現像もクリーンな方式が取られている。
　このように既存の印刷技術の中でICカード印刷に適した水なしオフセット印刷方式であるが，印刷技術的にはその原理的な課題があり，その防止方法が各印刷機メーカー，インキメーカー，

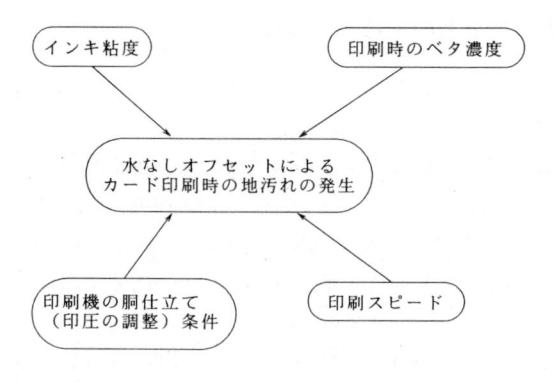

```
        ┌─────────┐              ┌──────────────┐
        │インキ粘度│              │印刷時のベタ濃度│
        └─────────┘              └──────────────┘
              ↘                    ↙
              ┌──────────────────────┐
              │水なしオフセットによる│
              │カード印刷時の地汚れの発生│
              └──────────────────────┘
              ↗                    ↖
   ┌──────────────────┐        ┌──────────┐
   │印刷機の胴仕立て  │        │印刷スピード│
   │（印圧の調整）条件│        └──────────┘
   └──────────────────┘
```

図3　地汚れと各印刷ファクタ

そして印刷メーカーの技術となっている。

　それは水を使わないため，どうしても印刷物が汚れやすい（地汚れ）という欠点があるためである。

　地汚れの防止には，図3に示した各印刷ファクタとの相関関係を検討する必要があり，特に，インキの粘度と地汚れが発生する温度とは相関関係がみられ[4]，一般的にいってインキの粘度の高いほど，地汚れの発生温度は高くなり，つまり地汚れしにくくなるが，インキ粘度が高くなるとどうしてもベタのつぶれなどの印刷品質は低下する。

　このように，地汚れとインキの粘度が密接に関係するため，印刷機の機構として各胴版面の温度コントロール機構が不可欠で，通水による温度調整機能がつく場合が一般的である。

　今後日本においてもスキルレス化や，短納期対応がますます必要となるものと思われるので，非接触ICカードにおいても，あらかじめ作り置きしておいた白紙の非接触ICカードに，水なしオフセット専用印刷機で所定の絵柄を印刷して，必要に応じて発行処理をして，出荷するプロセス形態が一般的になってくると思われる。

5　昇華型再転写印刷技術の応用

前に述べた非接触ICカードの印刷ならではの技術課題は，
① 搭載ICチップのダメージ，
② 表面凹凸対応，
③ 塩ビ代替えプラスチック材料への印刷，

④ 広範囲な厚み対応,

などの技術課題に対応可能な新印刷方式として,昇華型再転写方式のカード用プリンターがあげられる[5]。

これは,最近,各種プリンターの分野に応用が目立つ昇華転写の技術を利用したプリンターであるが,図4に示すようにカードへ直接プリントする従来の昇華転写プリンターではなく,非接触ICカード等へ対応するため,一度,中間転写フィルムへ逆イメージでプリントした後,熱ローラーでカード表面に再転写する方式で,カード表面にサーマルヘッドが直接接触しないため,従来この種のプリンターの欠点であった非接触ICカード等の表面に凹凸が避けられないカードへも良好な印刷品質が得られる方式である。

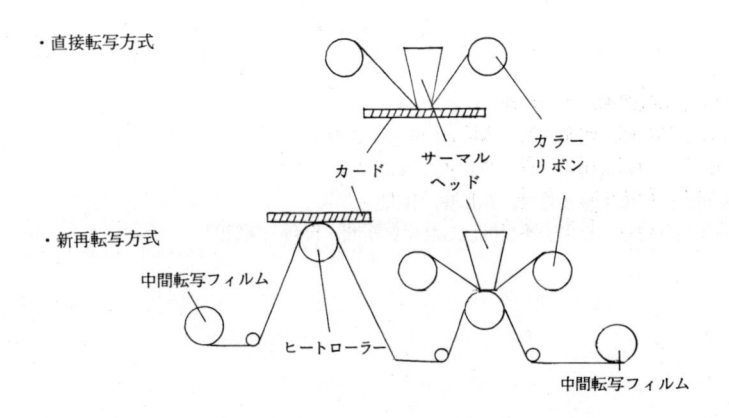

図4 昇華型直接転写方式と再転写方式

また,現在開発中の専用の中間転写フィルムを用いることで,塩ビ以外の各種プラスチック材料への印刷の可能性も広がった。

オフセット印刷等の通常のカード印刷と同様,カード全面へのプリントが可能であることから,今までコスト面で実現が困難であった極小ロットのオリジナルデザインカードなどの用途にも応用が期待される印刷方式である。

6. おわりに

非接触ICカードに代表される次世代のカードは人間や組織どうしを直接,間接的につなぐ,

コミュニケーションの道具のひとつとして,これからも発達してくものと予想される。人が携帯しその目に触れるものであるかぎり,実際の機能に加えて,見た目の美しさが求められることは当然のことであり,コストの許す範囲で最上の印刷品質のものを安定的に供給することは,カードメーカーの重要な責務のひとつであるといえる。

　ただし,今後,コスト低減,多品種小ロット化,スキルレス化はますます進むものと思われるので前後工程と合わせて,印刷技術的にも非接触ＩＣカードならではの品質,効率を考えた専用印刷技術の早期確立が,今後さらに必要になるものと考える。

文　　　献

1）　印刷学会出版部編,印刷技術,p. 42
2）　日本印刷学会編,印刷辞典,大蔵省印刷局,p. 195
3）　宮口生吾,印刷情報 4 月号,Vol. 56,1996
4）　舘野宏之,印刷情報 4 月号,Vol. 56,1996
5）　1996年10月29日,日本工業新聞,日経産業新聞,日刊工業新聞

第24章　超薄肉・インサート射出成形技術

藤井勝裕*

1　はじめに

　日本製鋼所は，非接触式ICカードの射出成形システム（写真1）の販売を行っている。非接触式ICカードには，薄肉（0.76mm）の樹脂カード内にICモジュール（ICチップと通信コイル）が内臓されており，射出成形は困難とされていたが，当社はこの成形技術の開発に成功した。

　本稿では，その成形技術とシステムの特徴を紹介する。

写真1　ICカード成形システム

2　システムの概要

　本システムは，ICモジュールをインサート成形する非接触式ICカードの射出成形システムである。

＊　Katsuhiro Fujii　㈱日本製鋼所　成形機器システム事業部　営業技術部　主任

2.1 特徴

(1) 高い生産性

本システムには，材料供給・インサートおよび取り出しロボットなどの自動化機器が含まれており，連続・安定生産，全自動・無人生産が可能である。

(2) 工程の簡略化

成形されたICカードは，金型内ゲートカット機能によりゲート処理されている。また，印刷されたラベルを使用すれば，成形後のICカードは最終製品となり，成形後のゲート処理工程・印刷工程は不要である。

(3) 成形サイクル

樹脂・ICモジュールの種類により異なるが，2枚取り・4枚取りとも，15～25秒のサイクルで成形される。

(4) ICモジュールへの対応

ICモジュールのインサート成形であるため，同一システムでさまざまな形状・種類のICチップおよび通信コイルの成形が可能であり，多種・少量の生産にも対応できる。

(5) 拡張性

本システムでは工程あるいは材料の一部に工夫・修正を加えることで，磁気テープの付加，エンボス加工，接触式ICカードの成形，接触式・非接触式併用ICカードの成形などが可能である。

2.2 システムの種類

現在，2枚取りと4枚取りの2種類のシステムの販売をしている。また，弊社射出機センターに2枚取りのシステムを設置して成形テストに対応しており，現在までに数十件のテスト実績がある。

3 射出成形法について

3.1 射出成形法の工程

射出成形法の工程を図1に示す。金型を閉じ，射出の樹脂圧力に対抗する型締力を金型にかける。金型には成形品と同形状のキャビティ（空間）があり，それに樹脂を高圧・高速で射出充填する。樹脂は冷却収縮するため，保圧工程で樹脂に圧力をかけながら樹脂を補充する。成形品は金型内で冷却され，その間に次のサイクル用の樹脂を外部加熱ヒーターとせん断発熱効果で可塑化溶融する。成形品が冷却固化されると金型を開き，金型から成形品を突き出し1回のサイクル

図1　射出成形工程図

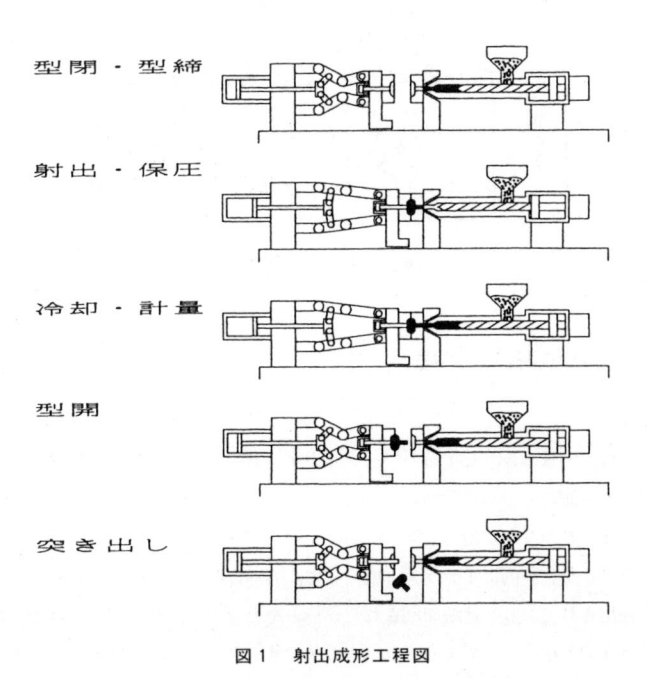

が終了する。

　射出成形法は，このような工程を繰り返すことで連続的に安定した樹脂の成形加工が行え，材料供給装置・ロボットなどを使用することで，自動・無人化の生産が容易に可能である。

3.2　非接触式ICカードの射出成形

　0.76mmのカードの射出成形は特に難しいものではない。大きさ・樹脂にもよるが，超薄肉成形品としては0.3mmの厚さの製品も射出成形で生産されている。

　しかし，非接触式ICカードは，厚さ0.76mmのカードにICチップと通信コイルを内蔵させるため，通常の射出成形法での成形は困難である。ICモジュールをカードに内蔵させるということは，金型のキャビティ内でICモジュールを中空に保持する必要があり，通常の金型構造では成形できない。また，射出成形法は，高速・高圧で樹脂を射出充填するため，ICチップおよび通信コイルを破損してしまう。さらに通信コイル内側への樹脂の充填は，図2のように樹脂流路が0.3mm以下となるため非常に困難であり，通信コイル内部へのエアの巻き込み・充填不足が発生する。

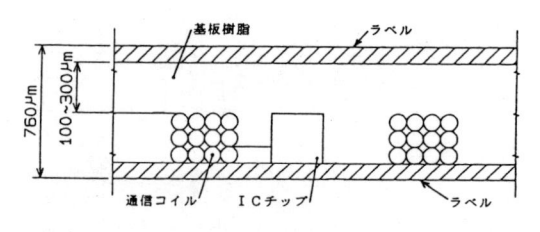

図2　カード断面図

4　システムの成形法と工程

4.1　特殊成形法

本システムでは，困難とされたICモジュールのインサート射出成形を，下記のような特殊成形技術を採用して可能にしている。

(1) インモールドラベリング法

印刷済みのラベルを金型内にインサート成形して，成形後の印刷工程をなくす方法である。食品容器に多く採用されており，連続印刷されたシートをカッティングして金型内にインサートし，射出成形を行う加飾方法の1つである。ラベルのインサートロボットには高いインサート位置決め精度が要求される。

本システムでは，ラベルにICモジュールを固定し金型内に入れることで，ICモジュールの金型内での中空保持を可能にするとともに，印刷ラベルの使用で後工程印刷の省略を可能としている。

(2) 射出圧縮成形法

光学用成形品の残留応力低減として開発された特殊成形方法で，現在ではソリ低減・ガス抜き効果などで通常成形品にも広く適応されつつある。射出圧縮専用の金型を使用する場合と，汎用金型を使用する場合がある。

専用金型では，金型を開いておいて樹脂を射出充填することができ，充填後樹脂を圧縮する。図3に示すように，金型を開いて樹脂を充填するため樹脂流路が大きくなること，圧縮工程でキャビティ全体の樹脂圧力を均一にできること，保圧を低減または0にできることで，低圧成形および残留応力の均一化・低減が可能となる。

本システムでは，ICモジュール保護のためと通信コイル内への樹脂の充填性向上のために射出圧縮成形法を採用している。

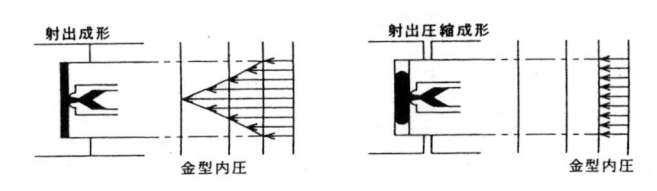

図3　金型内圧分布図

(3) 金型内ゲートカット

通常の射出成形の場合，成形後にゲートカット工程が必要になるが，本システムでは図4に示すような射出圧縮の動作を利用する金型内ゲートカット機構を採用しているため，成形後のゲートカット処理工程は省略できる。本システムでは樹脂が冷却されないうちにゲートカットするため，カードのゲート跡はほとんど判別不可能である。

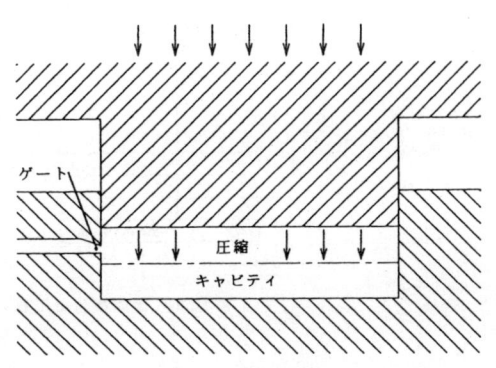

図4　金型構造図

4.2　構成機器

システムの構成機器と工程の流れを図5に示す。基本システムの構成機器はラベル供給装置・インサート取出しロボット・金型・射出成形機・その他付帯機器である。また，生産状況に応じての設計が必要であるが，ICモジュール接着装置・カード整列装置も準備している。

4.3　システムの製造工程

(1) ICモジュールの接着

ICモジュールは，ラベルに接着剤で固定される。ICモジュールの形状・供給状態により受注設計の必要があるが，接着装置も製造販売している。

(2) ラベルの供給

ラベル単体およびICモジュール付きラベルは，ラベル供給装置によりロボットに1セットずつ供給されていく。

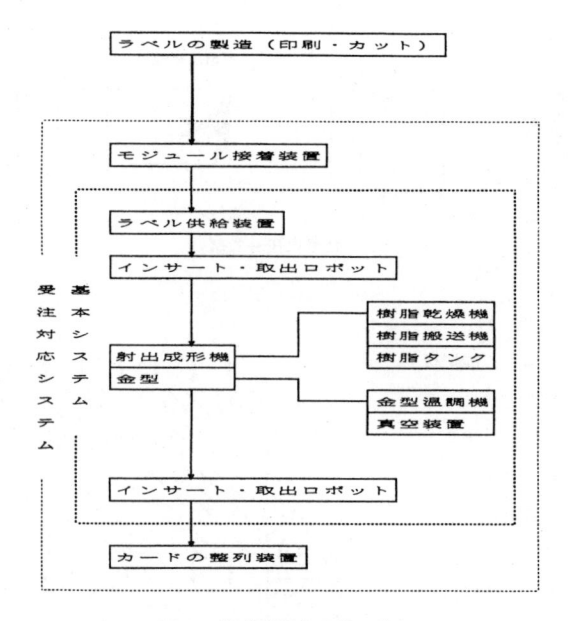

```
                    ラベルの製造(印刷・カット)
                              │
          ┌───────────────────▼───────────────────┐
          │                                       │
          │      モジュール接着装置                │
          │              │                        │
    受 基  │      ラベル供給装置                   │
    注 本  │              │                        │
    対 シ  │      インサート・取出ロボット         │
    応 ス  │              │                        │
    シ テ  │              │        ┌─ 樹脂乾燥機  │
    ス ム  │      射出成形機 ──────┼─ 樹脂搬送機  │
    テ    │      金型              └─ 樹脂タンク  │
    ム    │              │        ┌─ 金型温調機  │
          │              └────────┤              │
          │                       └─ 真空装置    │
          │              │                        │
          │      インサート・取出ロボット         │
          │              │                        │
          └──────────────┼────────────────────────┘
                  カードの整列装置
```

図5 構成機器と工程の流れ

(3) ラベルのインサート

ラベル単体およびICモジュール付きラベルは,ロボットが金型内に精度よくインサートし,ラベルは真空吸着により金型に固定される。

(4) 射出圧縮成形

図6に示すように,射出成形工程では射出圧縮成形法が採用されており,金型はある隙間をもって閉じられ,樹脂が射出注入される。その後金型は圧縮され,樹脂はカード形状に広がっていく。さらに射出圧縮と同時に,金型内でゲートカットされる。

(5) カードの取り出し

射出成形されたカードは,取り出しロボットにより金型から取り出され,整列装置に移される。取り出しロボットはインサートロボットと同一であり,工程上はカードを取り出した後,ラベルを固定側と可動側に順次インサートしていく。

(6) カードの整列

取り出しロボットは,カードを金型から取り出して積み重ねていくだけだが,カードを整列させる整列装置も組み込み可能である。

ラベルインサート
（ICモジュールインサート）

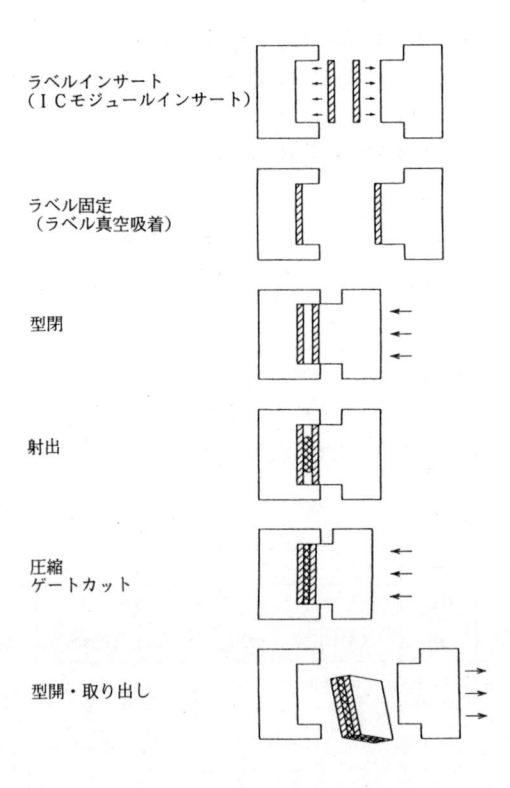

ラベル固定
（ラベル真空吸着）

型閉

射出

圧縮
ゲートカット

型開・取り出し

図6　ICカード射出成形工程図

5　主要構成機器

5.1　電動射出成形機　J－EL Ⅱシリーズ

　本システムには，トグル式射出圧縮機能を標準装備としている電動射出成形機を採用している。選定理由は，電動射出成形機が優れた性能・機能をもっていることにあるが，特にトグル式射出圧縮機能の位置制御精度が高いことが第一の理由である。

（1）仕　　様

　電動射出成形機は，近い将来小型射出成形機の主流となると予測されており，J－EL Ⅱシリーズは日本製鋼所が長年射出機メーカーとして蓄積した射出成形法のノウハウと，射出成形機の製造経験を生かして新開発した電動射出成形機である。単に油圧駆動を電動サーボモーターに置

き換えたものではなく，新たに開発した射出機専用のサーボドライブシステムや射出圧力制御を搭載し，電動サーボモーターの優れた特性が射出成形工程の細部にまで発揮されるような機構設計がなされている。

表1にJ－ELⅡシリーズの各機種の主仕様を示す。

表1 「J－ELⅡシリーズ」仕様書[a]

	項　目	単位	J55ELⅡ			J85ELⅡ			J110ELⅡ		
射出装置	スクリュー記号	－	KK[b]	K	A	KK[b]	K	A	KK[b]	K	A
	スクリュー径	mm	20	25	28	25	32	35	32	35	40
	射出圧力	kgf/cm²	2,500	2,000	1,600	2,500	2,000	1,670	2,300	1,920	1,600
	理論射出容積	cm³	25	49	62	49	97	115	97	134	176
	射出率	cc/sec	78	122	154	78	128	153	128	153	201
	可塑化能力	kg/hr	11	28	38	28	61	76	65	76	105
型締装置	型締力	tonf	55			85			110		
	デーライト	mm	550			650			750		
	型締ストローク	mm	250			300			350		
	金型厚さ	mm	160〜300			180〜350			200〜400		
	タイバー間隔	mm	310×310			360×360			410×410		
	エジェクタストローク	mm	60			80			80		
その他	機械重量	ton	2.9			3.7			4.6		
	機械寸法(L×W×H)	m	3.63×1.07×1.52			4.22×1.11×1.60			4.56×1.19×1.67		

注a) 数値は研究改良によって変更することがある。
　b) OP.

(2) 性　　能

本シリーズでは，低慣性な構造と高性能サーボモーターの採用で，射出速度の加速・減速時間を大幅に短くしている。そのため充填性が向上し，薄肉部品・小物部品の成形に威力を発揮する。

射出圧力のフィードバック制御には，現代制御理論を取り入れて独自に開発した制御アルゴリズムを採用している。この圧力制御（APC制御）は，アンダーシュートやオーバーシュートのない抜群の圧力追従性，ショックレスな圧力制御，および，さらに完成度の高いソフトパックサーボ制御を可能にした（図7）。

電動射出機であるため，すべての駆動系は位置・圧力・速度がフルクローズド制御されており，再現性が優れ，機械間の特性差がなく，外乱の影響を受けにくく，高速から低速までの広い範囲で安定精密な制御が可能である。

電動射出成形機の各駆動軸のサーボモーターは，必要工程以外では電力を消費しないためと，高効率なエネルギー伝達機構のため，油圧駆動の射出成形機に比較して省エネ性に非常に優れ

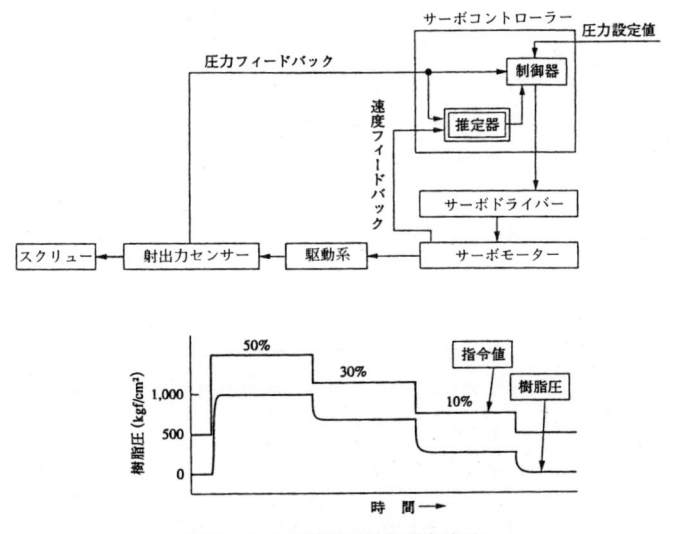

図7 APC制御と射出圧力波形

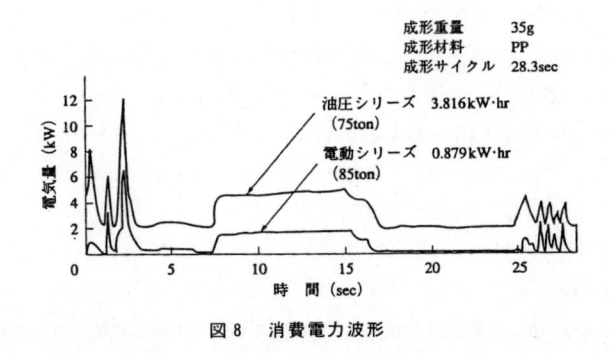

図8 消費電力波形

ている。比較テスト結果では，油圧機の1/3～1/4以下の消費電力しか必要としていない（図8）。また，オイルクーラーの冷却水が不要なため，使用冷却水を油圧機より大幅に節約できる。

電動射出成形機は，各駆動軸に専用のサーボモーターを搭載しているため，型開中EJ・型開中可塑化などの複合動作が標準仕様機で可能である。

作動油を使用しないため，クリーンな工場環境が実現できる。また，消防法規制外のため工場

設備の自由度は油圧機に比べて優れている。

5.2 ロボット

本システムでは，インモールドラベリング成形を行っており，ICカードの外観上の要求品質は厳しいため，ラベルのずれは許されず，ロボットのインサート位置精度は高い。ロボットにも電動サーボモーター駆動が一部に採用されており，高速・高精度でインサート・取り出しが行える専用ロボットとなっている。

ロボット・ラベル供給装置の開発・製作は，広洋自動機が担当した。

5.3 金　型

金型は，インモールドラベリング対応および射出圧縮対応の精密金型である。金型内ゲートカット機能，およびホットランナ装置を装備しており，廃却樹脂量（再生可能な場合が多いが）をカード1枚あたり約0.3gと最小限にしている。

金型の開発・製作は，池上金型工業が担当した。

6　カードの構成材料

6.1　ICチップ

低圧成形法を採用しているため，ICチップの破損はほとんどないが，ICチップが大きい場合や脆い場合は，樹脂の圧力によりICチップに割れが生じることもある。

射出充填時に樹脂温度はABS樹脂で240℃以上になるが，ICチップが樹脂の熱により破損した事例はない。樹脂の量が少なく，薄肉で金型への熱の移動量も大きいため，ICチップの温度は破損するまで高くならないと思われる。

6.2　通信コイル

基本的には，ラベルに接着固定できればどのような形状でも成形可能である。角型・丸型の通信コイル，プリント基板タイプの通信コイルなど十数種類の成形実績がある。

ただし，カード自身が0.76mmの厚さであり，ICチップおよび通信コイルの厚さが0.40mmを超えると成形が困難となる。システムに最適なICチップおよび通信コイルの形状・仕様を決定するため，成形確認テストの実施を推奨する。

6.3 樹　脂

射出成形用の樹脂であれば，本システムで成形可能であるが，ICモジュールの保護のためには高流動性の樹脂のほうがよい。現状の磁気カードは塩化ビニル樹脂であるが，環境問題の点で塩化ビニル樹脂の採用は少なくなると思われる。現在射出成形法でもっとも多く使用されているのはABS樹脂であるが，PETや耐熱グレードの樹脂の成形実績もある。カードの要求仕様により樹脂の選定を行う必要がある。

6.4 ラベル

ラベルの材質は，印刷との相性とカード表面の要求特性で選定されるが，ラベルの材質と樹脂の種類によっては，樹脂とラベルが成形後剥離することがあり，選定には注意が必要である。これまで，塩ビ・PET・ABSなどのラベルの成形実績があるが，剥離した事例もあり，この場合は，ラベル表面に特殊加工をして剥離を防止する必要がある。

7 おわりに

現在，接触式ICカードは，磁気カード同様の製造法と射出成形法との2種類の製造方法で生産されている。非接触式ICカードも同じように両者の製造方法が考えられている。どちらが主流になるかはわからないが，近い将来非接触式ICカードの需要が急増するのは間違いなく，本システムが射出成形法の長所を活かし安定生産とコスト低減に寄与できることを期待する。

第25章　筐体実装

中井智之*

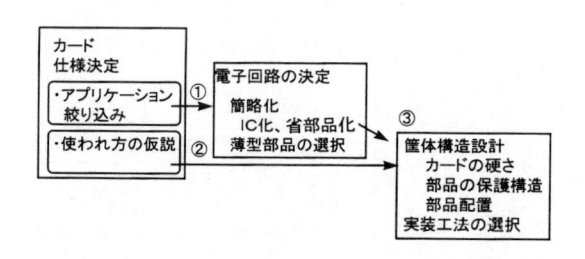

1　非接触カードの課題

　非接触電子カードは，電磁結合などの通信方式により，カードと読み取り装置を接触させることなく，データの送受信が行えるようにしたものである。このため，カード内部には，通信およびデータ処理に必要な電子回路を内蔵している。しかも，電子カードは人が携帯して使用する用途が多く，その携帯性から薄型にする必要がある。このように，非接触カードは，決められた厚さの中に，電子部品を薄く実装することが求められる。

　薄型を要求される非接触カードは，その携帯性から，使われ方によるさまざまなストレスがかかることが予想される。そのため，内部の電子回路は，使われ方からのさまざまなストレスにも耐えることが求められる。

　図1に電子カード設計上の課題を示す。物理的ストレスに強い，携帯性に優れた非接触カードを実現するためには，図1に示すように，①カードの用途を明確に絞り込み，電子回路の簡略化と薄型部品の選定を行う，②使われ方を把握し，それに適した筐体設計を行う，③薄型化を実現するための実装工法を選択することが重要となる。

　以下にカードの筐体設計と，非接触カードの構成部品の選定，実装工法の選択およびカードの

図1　非接触カードの課題

* Tomoyuki Nakai　オムロン㈱　技術統括センタ　生産技術開発センタ　実装開発課

筐体構造バリエーションについて述べる。

2 カードの筐体設計

ここでは，物理的ストレスに強いカードを実現するための筐体設計の考え方を示す。

2.1 アプリケーションの明確化とカード仕様の決定

表1に一例として，クレジットカードの使われ方のいろいろな場面で発生する物理的ストレスの例を示す。非接触カードは，薄いため物理的なストレスに対する耐性が低いにもかかわらず，表1に示すように使われ方に伴うカードにかかるストレスは多様であり，過酷な使われ方も予想される。このように，薄型でありながら過酷な使われ方のストレスに耐えるカードを作るためには，カードの基本仕様の決定がもっとも重要であり，思い切ったアプリケーションの限定とそれによる回路規模の適性化を行うことが必要である。

表1 市場で非接触カードに作用するさまざまなストレス例

ストレス発生の場面	作用するストレス
ズボンの後ろポケットに入れ座る。	R形状の曲げ荷重が作用する。
ポケットに入れて満員の乗り物に乗る。	他の人の体の一部やポケットに一緒に入れているもの（コイン，ペン）による局部的な荷重が作用する。
衣類から取り忘れたカードが洗濯機で洗われる。	水流による曲げ捻じり荷重の作用。
筆記の際，下敷き代わりに使用される。	局部的な集中荷重の発生。
無意識にカードが捻じられる。	カードに捻じり荷重の発生。
靴べら代わりに使用される。	カード短辺方向に曲げ荷重の発生。
凍結した車の窓の霜取りに使用される。	カード筐体外装の損傷。

多くの部品を使用しても非接触薄型カードを作ることはできるが，至る所に部品を配置すると物理的ストレスに耐えられる筐体を設計することは困難となる。

2.2 カード筐体の硬さの選択

薄型カードを設計する際，物理的ストレス対策の観点でカード筐体の硬さの決定が課題となる。現在，筐体を柔軟に曲がるように柔らかくする考えと硬くする2つの考え方がある。

筐体を柔らかくする方法は，カード全体が曲げられてもカード内で発生する応力伝播が少ない

ため，曲げストレスに対しては強い。しかし，電子回路部に荷重が集中した場合は，電子回路部を周りから支える部分がないため，応力を分散することができず，破壊に至ることになる。

硬いカードの場合，カードに発生する応力の伝播が強く，柔らかいカードとは逆の性質を示す。この硬いカードの設計思想は，一定以上の曲げは発生させない思想であり，限界荷重（または，曲げ半径）を設定する必要がある。

カード全体にかかる曲げに対しては，その応力の伝播により電子回路部にも大きな応力が作用する。その反面，電子回路部に集中荷重が作用する場合は，発生応力が分散され比較的強いカードができる。

以上のように，カードの硬さによって，作用するストレスに対するカードの強さの長短が変わる。この特性は，カードの使われ方により選択する必要があるが，たとえば，クレジットカードのように不特定の個人がさまざまな使い方をする場合は，硬いカードのほうがよいと考える。カードが硬ければ，過度の曲げを与えることを抑制できることと，集中荷重に対しては，強いカードを提供できるためである。

2.3 カード内への部品の配置

表2にストレスの種類からみた部品配置の決定法を示す。曲げ試験は，試験の方法により結果が異なる。表2の曲げストレス1で示した場合は，曲げモーメントを作用させて試験したときの結果であり，この場合はカード全域に同じ応力が発生する。これに対して，表2の曲げストレス

表2　発生ストレスの種類から見た部品配置の決定

想定ストレス	カードに発生する応力	荷重説明図
曲げストレス1	カードの至る所で，同一の曲げ応力が発生。このため，部品はその配置位置によらず，同一のストレスが発生する。	
曲げストレス2	押圧治具とカードが接触する領域を中心に応力が発生。カード端部の発生応力は，比較的低い。部品は，カード端部に配置する。	
捻じりストレス	カードの対角線上に最大の応力が発生。部品は，対角線上を避けて実装したほうがよい。	
集中荷重	集中荷重発生点に最大の応力発生。部品は，予想される集中荷重発生点を避けて実装する。	

2で示す，限界曲率をもつ押圧治具により試験した場合は，荷重点近傍に集中荷重が生まれる。このことは，同じ名称の試験であっても，「曲げ方や支点の取り方」により試験結果が異なることを示している。曲げは，手で故意にカードを曲げられる場合を除いて，ズボンの後ろポケットに入れて椅子にすわるなど，何かに押されて曲がる場合が多いと考えられる。よって，その曲げから限界曲率を設定して，押圧治具により曲げ試験を行うほうが，実際により近い曲げ試験である。

表2から，どのような荷重が作用するかにより部品配置の考え方が異なることがわかる。そのため設計の対象となっているカードの使われ方を調査し，その想定ストレスからカード内部の部品レイアウトを決定することが重要である。

次に一般的な部品の配置方法を示す。

① 押圧による曲げの場合は，荷重点に最大のストレスが発生するため，部品は荷重点から遠く離れたところに配置するほうがよい。
② 捻じりストレスに対しては，カード対角線上に最大ストレスが発生するため，部品は対角線から離れる位置に配置するほうがよい。
③ 胸ポケット中のカードが何かに押されるなどの荷重点が予測できないストレスに対しては，部品はどこに配置しても同じである。電子部品近傍を荷重から保護する構造を作ることが必要である。

①と②を完全に満たす位置は，カード上にはわずかな領域しかない。このため，電子回路部をなるべく小さく作るか，かかるストレスの大きさを吟味して，もっとも心配されるストレスに対して優先的に部品配置をする方法をとる。

2.4 物理的ストレスからのIC部とディスクリート部品部の保護構造の実現

カードが薄くなるほど，使用する部品も薄くなり，物理的ストレスに対して弱くなる。これに対して，前述の電子回路部を小さくすることとその配置を適正化することが重要であるが，さらに，電子回路部を保護することも必要である。たとえば，回路部をエポキシ樹脂などの比較的硬質の樹脂で固める方法や金属板などの保護部材を使用する方法が考えられる。この回路部の保護構造は，硬いカードや柔らかいカードにかかわらず，実施すべきである。

2.5 カード外装の物理的ストレスに対する耐性の向上

カードが曲げられたとき，一般にもっとも大きなストレスは，カード外装に発生する。このため，外装に亀裂などが発生することがある。特に，柔らかいカードの場合，電子回路を内蔵した箇所は，カード筐体材料に対して電子回路部のほうが硬いため，ストレスはカード筐体材料のほうに集中しやすく，破損が発生しやすい。筐体材料の選定などにより，カード外装の亀裂発生耐

性を高める必要がある。

2.6 カードの平坦度の実現

カードは，外観上の美しさの観点で，平坦度が強く要求される場合がある。また，個人使用のカードの場合は，顔写真などの印刷が行われる。その印刷工程からの要求としては，平坦度が強く求められる。必要な平坦度は，そりや曲がりがないことのほか，カード表面を斜めから見たとき，内部に内臓した部品の痕跡が，表面に見えてはいけないとされている。平坦度実現には，筐体内部を平坦にする工夫を行うとともに，必要により，カード表面を研磨する場合もある。

3 非接触カードの構成部品の選定

カードで使用する部品とその厚さは，カードの薄型化と使われ方から決定されなければならない。ここでは，薄型化を実現するための部品選定について述べる。

図2[1]に電磁結合方式の回路図を示す。その構成は，信号を送受信するためのLC結合部，送受信信号を生成するアナログ回路部と制御および情報を記憶するデジタル回路部から構成される。この場合の実装構成部品を表3[2]に示す。表3に示すように，さまざまな部品の組合せが存在する。

ICについては，コストの低減と実装部品数の削減による信頼性の向上の観点で，1チップ化が望ましい。カードが物理的ストレスを受けた場合，最も破壊しやすいのがICチップである。このため，ICはできるだけ1チップ化し，かつ小さなチップを用いるほうが信頼性上好ましい。

コイルは，要求される通信距離と実装作業の難易度により選択する。巻線コイルは，Q値が高いため，長距離通信を比較的容易にできる。しかし，リード線と基板間の接続の自動化が大量生産時の課題となる。一方，プリントコイルは，回路基板上にコイルも形成した構成のものがもっとも多く使われており，コイルの実装工程を削減することができる。しかし，通信距離を長くすることに課題がある。

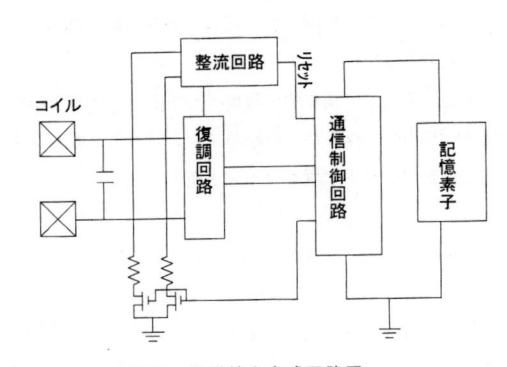

図2 電磁結合方式回路図

表3　非接触カードの実装部品構成

構成部品	バリエーション	特徴
IC	デジタル・アナログ混載ICチップ	部品数削減に寄与 開発難しい。
	デジタルICとアナログIC	部品数多くなる。コストアップ。ただし開発は容易。
コイル	巻線コイル	長距離通信が容易。実装が煩雑となる。
	プリントコイル	薄型化容易。実装が容易。
基板	フィルム状基板	薄型化容易。
	リジッド基板	薄型化が課題。もっとも一般的な基板のため、比較的安価。
	リードフレーム	最も安価。ただし、回路の簡略化は必須。
ディスクリート部品	あり	通常、コンデンサーは必要。

　基板は，主に表3に示す選択が可能である。リードフレームを使用するのがもっとも安価である。しかし，複雑な回路配線を形成することができず，実装回路の簡略化が必須となる。また，コイルとの接続が必要となり，別の生産技術の課題が生まれる。樹脂基板にはリジッド基板とフィルム状基板がある。これは，筐体構造をどう設計するかにより使い分ける。カードの中骨を基板で補強する意味においては，リジッド基板のほうが中骨の代用にできるので有利である。フィルム状基板を採用する場合は，カードの使用用途により，別の補強手段を筐体内に実装する必要が生じる。また，フィルム基板に効率よく部品を実装する市販の実装機がないため，実装工程を作るうえで工夫が必要となる。フィルム状基板の特徴として，ロール to ロール生産により，生産性を飛躍的に高められる可能性をもつ。

　IC化を進めることにより，ディスクリート部品の数を低減することが可能であるが，IC化が困難な大容量部品が残る可能性がある。この代表的な部品に通信回路で使用されるコンデンサーがある。ディスクリート部品の多くは，セラミック製であるので割れやすい。物理的なストレスによる部品破壊において，ICにつづいて問題となる部品である。現在，薄型化のため，フィルムに容量成分を形成したフィルム状のコンデンサーも開発されている。

4　実装工法の選択

　非接触電子カードの実装には，薄く実装できる実装技術が要求される。たとえば総厚0.76mmのカードのためには，一例として電子回路部は，基板の厚さも含めて0.5mm以下の厚さにしなけれ

ばならない。ここでは、薄型の実装技術を紹介する。

4.1 ICチップの実装

ICチップ実装技術には、図3[3]に示す方法がある。以前は、薄型の点でTABが有利といわれていた。しかし、現在は、薄型実装技術が進み、図3に示すすべての工法で薄型化を実現することが可能である。現在は、比較的安価にIC実装ができるワイヤーボンディング技術が主流となっている。また、フリップチップ実装技術は、もっとも高密度な実装ができる点で、最近注目

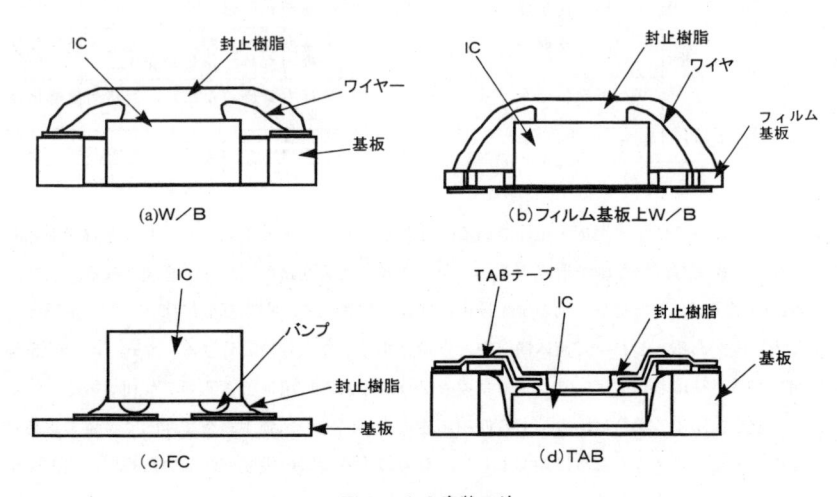

図3　IC実装工法

されている技術であり、今後カードへの応用も増加することが予想される。

4.2 ディスクリート部品実装技術

ディスクリート部品の薄型実装も重要課題である。ディスクリート部品の部品厚さは、およそ0.5mmであり、通常の基板上に部品を実装する方法では、薄型化を実現することはできない。

図4にディスクリート部品を薄型化

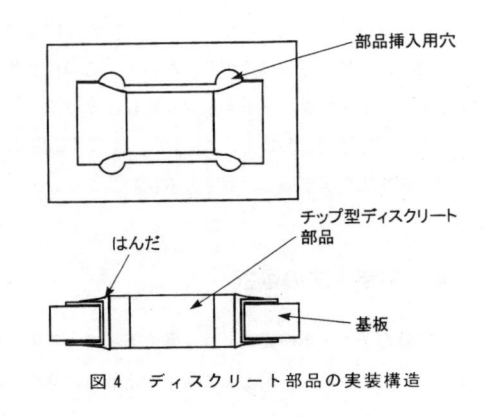

図4　ディスクリート部品の実装構造

する場合の実装構造を示す。図4に示すように，ディスクリート部品はあらかじめ基板にあけられた穴に挿入し，はんだにより実装する。このとき，基板の部品挿入用穴には，図5に示すように，穴側面にめっきが形成されているほうが，はんだづけが安定する。

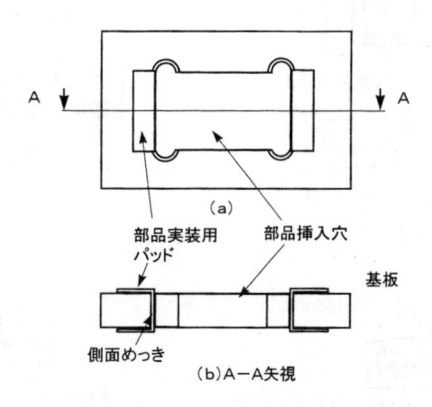

```
                        (a)
          部品実装用      部品挿入穴
           パッド
                                        基板
           側面めっき
                   (b) A－A矢視
```

図5　ディスクリート部品挿入部基板

5　カードの筐体構造バリエーション

ここでは，現在世の中で使われている代表的な筐体構造を紹介する。

図6にさまざまな，非接触カードの構造例を示す。カードの構造には，図6に示すようにカードサイズの基板に直接実装していく方式と，いったんモジュールにした後，カードに実装する方式がある。

図6(a)に示す方式は，コイルを形成した回路基板とケースとなる基板を積層した基板を使用して，カードを作る方式である。この方式は，ICを実装後，実装した穴部に樹脂を注入し，外装を塗装または化粧板を接着することにより，カードをシンプルな構造で完成することができる。

図6(b)は，図6(a)の変形である。この場合は図6(a)のケースの代わりに樹脂を使用して基板全体を樹脂で埋める方式である。樹脂として，UV型硬化樹脂などを使用する。カードサイズの基板を使用する図6(a)と図6(b)方式は，プリントコイルを使用するため，基板面積が大きくなり，基板のコストが比較的高いものとなる。その反面，ロール to ロール型の効率生産ラインを実現できる可能性をもつ。

図6(c)に示す方式は，電子部品をあらかじめ実装したモジュール部をカード筐体に埋め込む方式である。モジュール部は，コイル部（一般的には，巻線コイル）とIC部を実装後，樹脂に埋

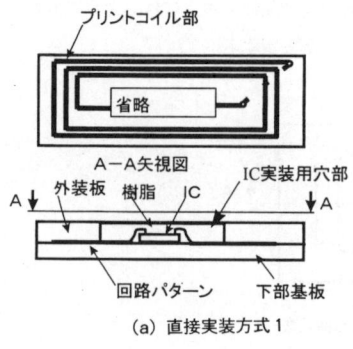

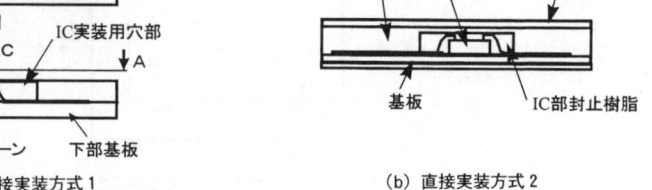

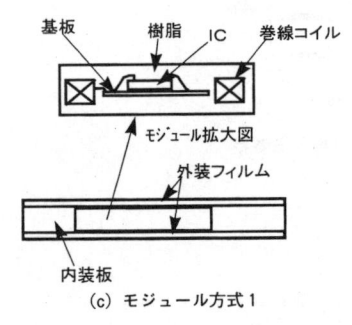

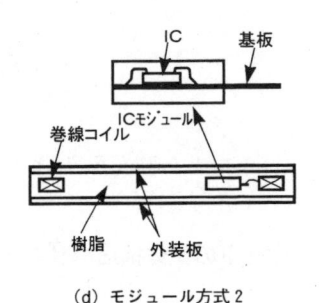

図6 非接触カード筐体構造

めることによりモジュール化されている。図6(c)の場合は，コイル部までモジュール内部に取り込んでいるため，以後のカード化工程を比較的効率よく行える。その反面，コイル部のサイズに制限が発生し，長距離通信用カードとしては不利となる。

図6(d)は，図6(c)の変形であり，モジュールの中には，コイルが入っていない。この方式の場合，図6(c)の方式に比べ，コイルサイズの自由度が高い。このモジュール方式は，カード仕様によらずモジュールの標準化により工程が汎用化しやすい特徴をもち，多品種のカード生産に向いている。その反面，コイルと基板の接続や，カードへのモジュール埋め込みなど工程数が増加し，一貫大量生産に対しては課題がある。

文　　献

1) 平尾ほか2名，35mmの空間電力電送と9.6Kbpsの通信速度とを実現した電磁結合IDシステム，*OMRON TECHNICS*, Vol.29, No.2 (1989)
2) 中井，薄型カードの筐体実装設計，エレクトロニクス実装技術協会，Vol.12, No.3 (1996)
3) 宇田，ガラスエポキシベースTABのICカードへの応用，エレクトロニクス実装技術協会，Vol.10, No.5 (1994)

第26章　非接触ICカードの実装

高杉和夫[*]

1　はじめに

　ここでは，非接触ICカードの構造あるいは実装技術について述べる。この分野では，従来からRFIDやタグとして多くのシステムが実用化されている。しかしこれらは，それぞれのシステムごとに特有であり，したがってカードの構造や実装方法にしてもそれぞれのシステムの目的や仕様に応じて多様な形が混在しているのが現状である。

　最近，標準化への動きが活発化してはいるが，非接触ICカードシステムの全体像の明確化にはなお時間を要するであろう。したがって，標準的な非接触カードシステムの目的や仕様に対応して，それぞれのカードの構造や実装方法を議論することはまだ困難である。そこで本文では，これら全体的な視点からではなく，我々が開発してきた薄型および超薄型カードの例を紹介し，非接触ICカードの実装に関する条件や特徴技術等について考察する。

2　非接触ICカードの分類

2.1　標準化からの分類

　非接触ICカードでは，その目的や方式，仕様等によりカードの構造や実装条件も異なる。例えば，キャリア周波数や動作距離等はその代表的な項目である。

　図1は，標準化の観点からの非接触ICカードの分類を，カードの動作距離（カードとリーダーライターとの間隔）とキャリア周波数とにより示したものである。図に示すように，主として動作距離を基準として3つのタイプに分類される。それぞれのタイプ毎に応用システムのイメージが存在するから，カードの実装条件もまずこの応用システムでの要求（環境，仕様，その他条件）を満たすことが基本になる。

　ISO/IEC 10536は，接触式ICカードとの互換性が特徴であると考えられる（すなわち，リーダーライターとカードとを本規格準拠のものとすることで，接触式ICカードシステムがそのまま

---

[*]　Wasao Takasugi　日立マクセル㈱　電子カード事業部　主任技師

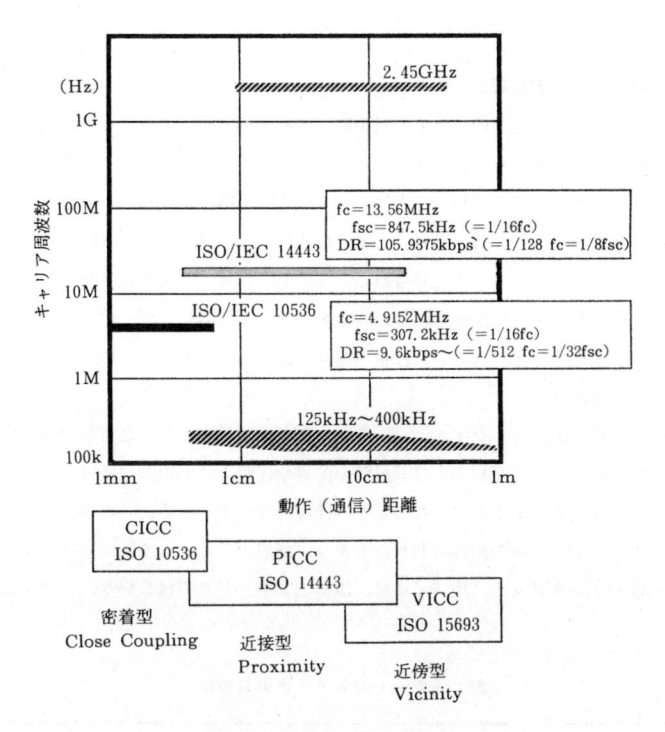

図1 非接触ICカードの分類

非接触化することが可能である）ので，当然カード実装もこの点が重点になろう。

一方，ISO/SEC 14443では，電子乗車券，テレホンカード，プリペイドカード，免許証，等々と近接距離での動作と高速データ転送の特徴を持ち，非接触ICカードならではの使い勝手を追求したシステムといえる。したがってカードへの要求もその応用対象毎に多様である。例えば，標準化の項目からは外れるが，同一ICチップを用いたシステムでありながら超薄型カードや，非カード形状などのユニークなカードも出現している。

また，ISO/IEC 15693では，規格の位置付けを次世代のRFタグに置き，簡易，低価格が基本条件とされている。しかし，占めるべき場所は確保されているが現状ではまだ実体はない。したがって，このタイプのカードの具体化は今後の問題である。なお，動作距離的にこの分類に相当するRFタグには多くの従来システムが存在している。

さらに，上記3タイプとは異なるものとしてマイクロ波(2.45GHz)のシステムがあるが，標準

化の対象には含まれない。

2.2 カードのタイプと実装部品

　表1にカードのタイプと各々のカードの特徴的な実装部品とを示す。カードのタイプは，図1の分類を基本とし，規格準拠とはいえないが主たる目的や方式が類似のシステムは"類似型"として同じ分類として扱う。ここで複合型とは，複数のカード機能を1枚のカードに搭載したものである。代表的なカードとしては，接触式と非接触式の2つのインタフェースを持つカードがある。これはコンビネーションカードと呼ばれる。この他，具体的な実例はまだ見ないが2つの非接触カード機能を搭載し相互に関連を付けた複合カード（A＋B），同一のシステムを同時に動作させるような二重化カード（A×B），単に複数のカードを混載した混載カード（A，B）等も考えることができよう。

　実装部品は，ＩＣ，アンテナコイル，コンデンサが主要部品であり，これらは周波数や方式により異なる。その他，カード基材および部品間の配線や接続方式も重要な条件である。

　表1でタイプⅠは，密着型またはこれと類似の仕様のカードである。この場合，接触式のチップに非接触のインタフェースを組み合わせた2チップ構成と，これらを1チップ化した構成が考えられる。非接触インタフェース用コイルは，規格上でも一通りではないが，システムの実現上

表1　カードのタイプと実装部品

カードタイプ		ＩＣ，メモリ	コイル	外付けＣ	その他
Ⅰ	密着型 ・ＣＩＣＣ ・類似型	2 or 1チップ （ＲＦ＋ＣＰＵ） 8 kB〜	2コイル N〜20	電源用 0.1uF	カード基材 ＰＶＣ ＡＢＳ ＰＥＴ その他
Ⅱ	近接型 ・ＰＩＣＣ ・類似型	1チップ 100B〜 数kB	1コイル N〜4	なし	
Ⅲ	近傍型	1チップ 数10B〜	1コイル N〜100〜	共振用 電源用	
Ⅳ	マイクロ波	1チップ 〜100B	アンテナ（小）	なし	モジュール 基板 配線 接続
Ⅴ	複合型	【接触式】＋【非接触式】 　　（コンビカード） 【非接触式】 ・Ａ＋Ｂ（複合カード） ・Ａ×2（多重化カード） ・Ａ，Ｂ（混載カード）			

からは2コイル方式が容易である。コイルの巻数は20ターン程度である。ただし，電磁結合領域を規格上の所定の位置に配置する条件から，2つのコイルのカード上での位置を所定の精度で配置する必要がある。また，電源用に外付けコンデンサーを必要とするのが普通である。これらのことから，モジュール基板やそのサイズ，厚さ等への条件が定まってくる。

タイプⅡは，近接型またはその類似型である。タイプⅠとの大きな相違点は，コイルが数ターンの巻数でよく，また外付けコンデンサーが不要なこと（共振用，電源用共にICチップに内蔵）である。これはカード実装上とくに薄型化には非常に重要な条件である。

タイプⅢは近傍型であるが，標準化システムのイメージが不明確なため類似型として従来のRFタグ等の場合を示した。コイルの巻数が多いこと，共振用，電源用に外付けコンデンサーが必要なこと等はタイプⅡの場合とは逆の条件になっている。

2.3 配線数，接続点数

図2は表1の分類でのタイプⅠ～Ⅲについて，部品間の配線および接続点数を示したものである。(a)(b)はタイプⅠ，(c)(d)ははタイプⅡ，(e)はタイプⅢの場合を示す。(a)は2チップ構成であるため，チップ間の配線，接続点数が多い。部品数と配線接続点数とから，ハイブリッドIC的な実装方式になる。

タイプⅡの場合，部品はコイルとICのみであるが，基板を用いるか否かで(c)または(d)となる。(d)ではコイルを直接IC端子に接続している。

3 非接触ICカードの例

密着型は最初に標準化がまとめられたが，標準化が進む以前から静電結合方式，電磁結合方式のいずれのシステムも実用化事例がある。

近接型非接触カードも既にいくつかのシステムが実用化されている。このタイプの応用分野としては，汎用乗車券，テレホンカード，免許証，その他多くのシステムが検討中である。密着型よりも後から開発されたが，その機能，性能および使い勝手から，活発なシステム開発が行われており，本格的な普及への期待が大きいタイプであるといえよう。

近傍型については規格が未確定であり，したがって規格準拠のカードは存在しない。しかし，近傍型の動作領域のシステムは非接触カードとして最も歴史があり，RFIDとして多くの実用化システムがある。

以上の実例では，カードの厚さは0.76ミリの標準サイズが基本であり，これらのカード実装方式についても議論されている[2,4]。なお，多くの実用例のある従来のRFIDでは，むしろ非

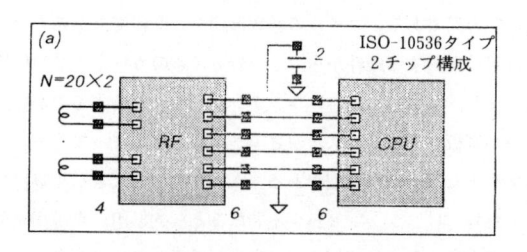

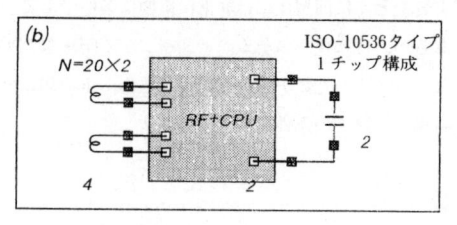

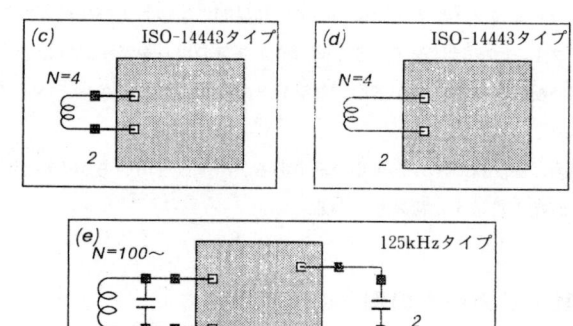

図2 配線数・接続点数

カード形状のシステムが多いように見受けられる。厚さについていえば，これまで標準（0.76ミリ）以下に薄型化することへの要求や必要性はほとんどなかったともいえよう。技術的にも0.76ミリを実現するには，部品やモジュールの薄型化など特有の技術課題があった。このような事情から，従来のカードではむしろ標準サイズよりも厚いものが多い。

一方，ICチップを数10ミクロン以下に超薄型化するアイディアが提案され[1]，実用に耐えることが確認されたことで，標準サイズを超えた超薄型のICカードが開発されるようになった。

4 薄型および超薄型カード

4.1 薄型,超薄型カードの例

超薄型非接触ICカードの例として,表1の分類のタイプIで図2(a)の2チップ方式の例が報告されている。カード基材はPETで厚さは0.25ミリである[1]。

写真1は,別の0.25ミリ厚超薄型非接触ICカードの例を示す[3]。超薄型であるため,写真1のような曲げにも十分耐える。使い勝手上はテレホンカードなどの磁気カードに近い。このカードは近接型に分類されるもので,配線接続は図2(d)の基板レスの方式,カード基材はPETである。写真2は,PETを主体とした不織布でコイルおよびICを一体化した厚さ約0.15ミリのシートで,このシートを"カードシート"と名づけた。写真1のカードは,このカードシートを内蔵した構造である。以下このカードおよびカードシートの例を中心にカード実装の問題を考察する。

写真1　超薄型ICカードの例
　　　形状：85.6×54.0×0.25mm
　　　材質：PET

写真2　カードシート
　　　厚さ：約0.15mm
　　　材質：PET不織布

4.2 非接触ICカードの構成要素

図3は,非接触ICカードの構成要素を示す。アンテナ,ICモジュール,カード材が主な要素であるが,モジュールをカードに実装する際の位置や厚さの制御あるいはIC素子の保護等のための補強材や構造材,また接着剤等も重要な要素である。

アンテナコイルは,インダクタンスL値,Q値,周波数特性等が主なパラメーターである。これらに対する要求特性は,方式やシステムにより異なる。図3には,コイルの製法,材質について種々の方法を示した。巻線コイルは銅線にて巻線したコイル,埋込みコイル[2]はコイルをカード材に埋込んだ構造で実装性やハンドリング性が優れているものと思われる。エッチングコイルは,

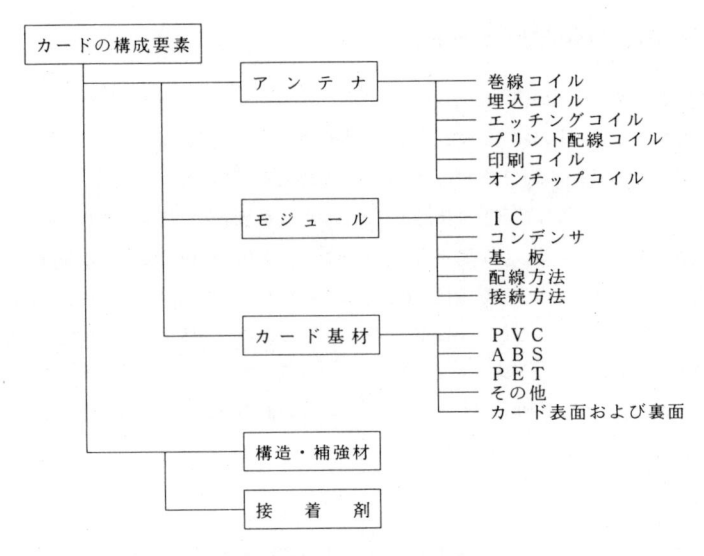

```
カードの構成要素 ─┬─ アンテナ ─┬─ 巻線コイル
                │            ├─ 埋込コイル
                │            ├─ エッチングコイル
                │            ├─ プリント配線コイル
                │            ├─ 印刷コイル
                │            └─ オンチップコイル
                │
                ├─ モジュール ─┬─ ＩＣ
                │             ├─ コンデンサ
                │             ├─ 基　板
                │             ├─ 配線方法
                │             └─ 接続方法
                │
                ├─ カード基材 ─┬─ ＰＶＣ
                │             ├─ ＡＢＳ
                │             ├─ ＰＥＴ
                │             ├─ その他
                │             └─ カード表面および裏面
                │
                ├─ 構造・補強材
                │
                └─ 接　着　剤
```

図3　非接触ＩＣカードの構成要素

例えば共振タグ等に見られるような銅やアルミ等の材質が考えられる。プリント配線コイルは，部品間の配線とコイルとをプリント配線により同時に形成する。印刷コイルは導電ペースト等による方法である。オンチップコイルは，半導体プロセスにてチップ上にコイルを形成するもので，密着にて使用するシステムでは実現の可能性も考えられる。

　モジュールについては，ＩＣへの外付けコンデンサーの要否，基板の有無，ＩＣおよび部品の接続方法が主であるが，これらにどの方式を採用するかがカード実装の最重要課題であろう。

　一方，モジュールの形状には基板，部品，配線接続手段等により必ず凹凸ができる。したがって，モジュール自体またはカード化の段階で凹凸の吸収が必要になる。部品の保護・補強材，構造材にはこれらの機能も要求される。

4.3　薄型化カード技術

　先の2つの0.25ミリ超薄型カードの例についていえば，第一の場合，コイルおよび配線に印刷配線を，部品の接続には異方導電性接着剤を使用し，基板にはＰＥＴのカード材自体を使用している。第二の場合では，コイルは巻線を，接続にはボンディングを使用し，基板レス方式である。

　これら超薄型カードに必要な技術課題を図4に示した。すなわち，ＩＣやコンデンサー，コイル等部品の薄型化が第一の課題であるが，同時にこれら薄型部品のハンドリング技術・装置も重

要である。また薄型部品間の配線・接続やカード化のための成形技術にも特有の方式が必要であろう。

図4では，部品の薄型化についてさらにその内容を示した。ICチップでは100ミクロン以下（数10ミクロン）に薄型化できている。コンデンサーは，一つは半導体技術を採用することでICチップと同様の薄型化が達成されている[1]。他の方法は新規な薄型構造により200ミクロン以下のものが得られている。基板は100ミクロン以下も容易に利用できるが，カード基材を基板として利用することで実質的に基板レスとすること，さらには完全な基板レスとする方法もあり得る。コイルは図示していないが，近接方式のカードにおいては印刷方式，エッチング方式，プリント配線方式等により十分な薄さで実現できる。しかし中波帯のシステムの場合では実質的に巻線コイルに限られるため，薄型化は困難な状況である。

上記の技術および部品を使用することで，薄型（例えば0.45ミリ），超薄型（例えば0.25ミリ）等のカードが実現し得る。以下に具体例として，前出の写真1，写真2に示したカードでの実装方式について紹介する。

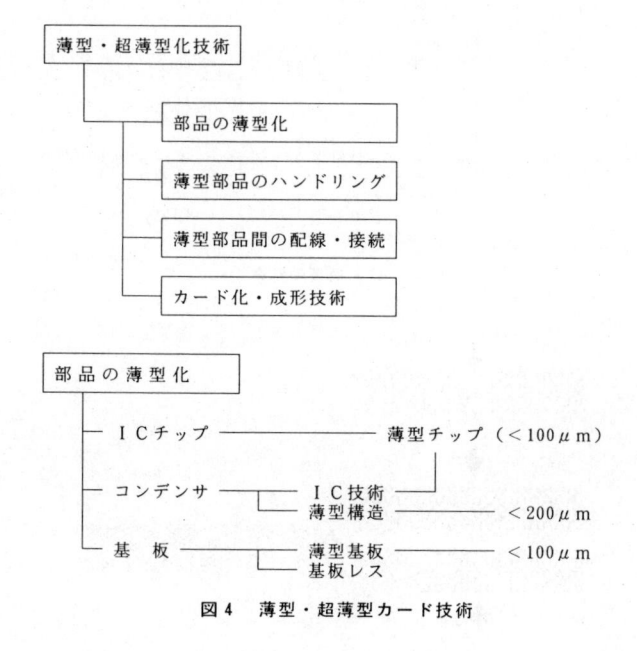

図4 薄型・超薄型カード技術

4.4 UF構造による薄型・超薄型カード

写真1，写真2のカードは，不織布を用いることが最大の特徴である。この方式をUF構造と呼んでいる。カードシートやUF構造自体は，原理的にはどのタイプのカードにも適用可能である。薄型のみならず標準サイズのカード，さらにはカード形状以外の厚いタグ等にも適用できる。UF構造による実装の特徴，構成要素とそれに対する課題をまとめて図5に示す。

UF構造で利用する不織布の性質を図6に示す。ここで利用する不織布は，(a)のように押すと

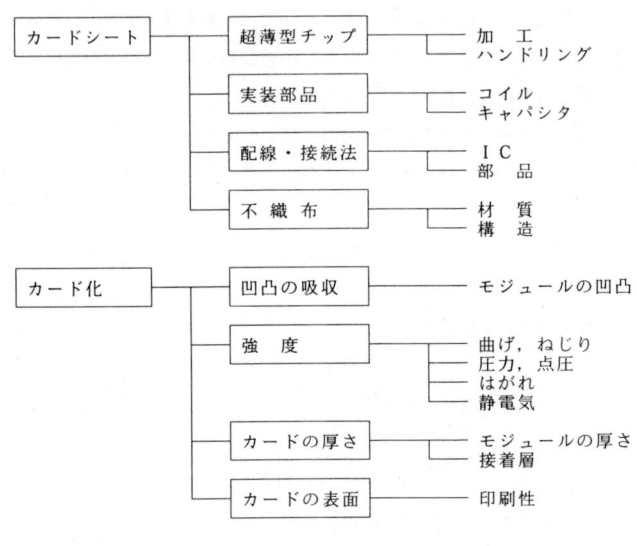

```
カードシート ─┬─ 超薄型チップ ─┬─ 加  工
              │                 └─ ハンドリング
              ├─ 実装部品    ─┬─ コイル
              │                 └─ キャパシタ
              ├─ 配線・接続法 ─┬─ Ｉ Ｃ
              │                 └─ 部  品
              └─ 不織布      ─┬─ 材  質
                                └─ 構  造

カード化   ─┬─ 凹凸の吸収  ─── モジュールの凹凸
            ├─ 強  度      ─┬─ 曲げ，ねじり
            │                 ├─ 圧力，点圧
            │                 ├─ はがれ
            │                 └─ 静電気
            ├─ カードの厚さ ─┬─ モジュールの厚さ
            │                 └─ 接着層
            └─ カードの表面 ─── 印刷性
```

図5　UF構造の特徴

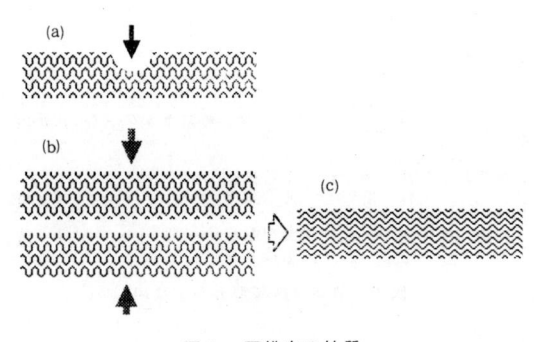

図6　不織布の性質

容易に変形する3次元構造を持つ。綿をイメージすればよい。(b)のように2枚の不織布を接着し(c)とする。ここで(c)の厚さは(b)のそれぞれを約1／2に圧縮して1枚とほぼ同じ厚さにすることができる。(c)も密度は異なるが、なお不織布としての性質を保っている。すなわち、フレキシブルな3次元の繊維構造である。カードシートはこの性質を利用し、図7の構造とする。つまり、保護処理した部品を(a)のように2枚の不織布ではさみ(b)のように一体化させるのである。このとき、圧縮性により不織布は内蔵部品に応じて変形し、凹凸が吸収されてフラットなシートとなる。この原理から明らかなように、本方式は厚型にも適用できる。

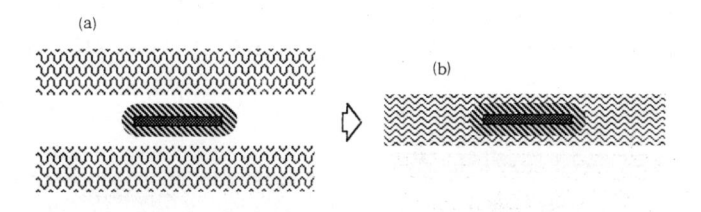

図7　カードシートの構造

4.5　カード実装

図8に種々試みたなかでのカード実装方法の例として、図9にカードシートによる実装方法を示す。図8(a)は、IC等の内蔵部品を樹脂で一体成形してカード化するが、部品の周囲を密度、硬度の異なる樹脂とする。従来例での保護材[1]と同様の機能である。この方法では内蔵部品の位置合わせ、およびカード厚の制御が課題であった。(b)は、基板使用のモジュールを表裏のカード

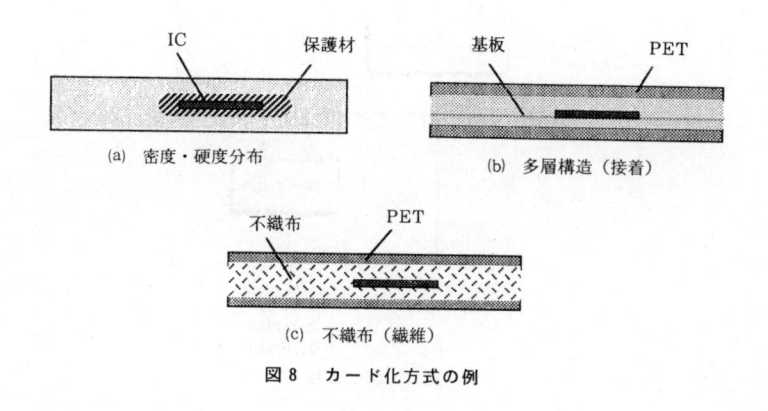

図8　カード化方式の例

基材ではさみ接着する。接着層での剝離，カード圧制御が課題であった。(c)は，構造材として不織布を使うもので，この構造もＵＦ構造と呼んでいる。構造材は不織布とは限らず3次元的で部品の凹凸を吸収できるような変形（圧縮）性を持つ繊維等が利用できる。

　図9はカードシートによる方法で，あらかじめ部品を包み込んだ不織布シートを接着剤付きの表裏カード基材ではさみ込み成形する。このとき接着剤はシートにしみ込み，カードには明確な接着層はできず，ＰＥＴ主体の不織布と表裏のＰＥＴ基材とにより一体構造的カード構造となる。

　カードシートを用いたＵＦ構造の特長をまとめると，①凹凸を吸収し平坦な表面，②中間の構造材がなく位置合わせが不要，③自己保持特性のためスペーサが不要，④シート状で取り扱いが容易，⑤穴あけ等の加工不要で安価，等の優れた特長を有する。この特長を発揮するため，不織

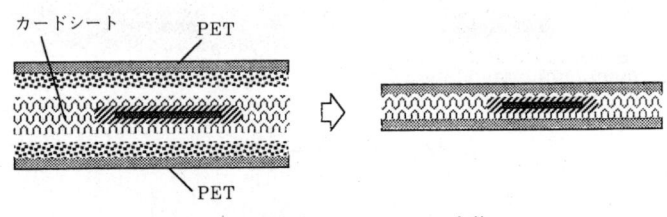

図9　シート方式によるカードの実装

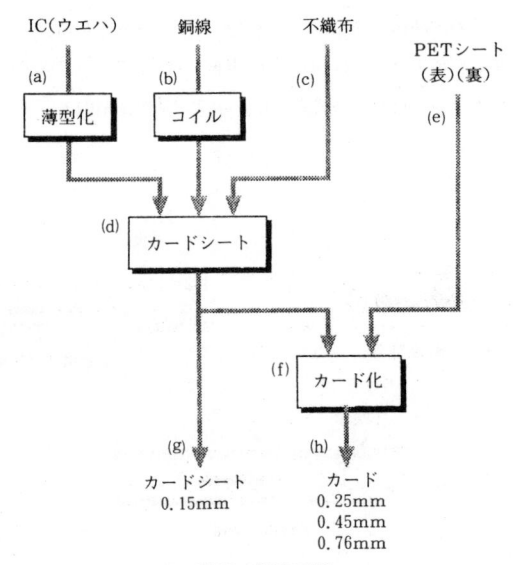

図10　製造工程

布としては材質，変形（圧縮）性，接着性，耐熱性，耐薬品製，取り扱いやすさ等が要求される。特殊加工したＰＥＴ主体の不織布により，この要求をほぼ満たすことができる。

図10に製造工程の概略を示す。薄型化ＩＣとコイル，不織布によりカードシートとし，カードシートと表裏カード基材でカードとする。図10は近接型の場合を示したが，他方式の場合にはカードシートの構成要素が異なる。カードシートは取り扱い性に優れるため，カードシートを中間製品として扱うことも可能である。

5　応用および今後の展開

非接触ＩＣカードは，従来の各種個別システムとして実用化されてきた第一世代を過ぎ，標準化を踏まえた第二世代に入った。現状は第二世代の先導的システムにより，非接触ＩＣカードの有効性の一端が認識され始めたという状況ではなかろうか。

標準化の進捗状況とも連動し，種々の大規模かつ本格的システムや，いろいろなアイデアを結集した幅広い分野での検討が始められている。様々なチップも出現する状況になってきた。カード実装も一通りの技術ということはあり得ず，それぞれの分野に適応した幅広い技術が要求されてくるであろう。

6　おわりに

本文では我々が検討してきたシステムを中心に，非接触ＩＣカードの構造や実装方式について述べた。薄型カードやカードシートは新規なコンセプトであると同時に新規な実装技術が要求される。これら特徴技術については，具体化のためのアイディアを示した。

一方，本文に述べた内容は，今なお開発途上の技術であるという側面を多々含んでいる。したがって，今後本格的量産やフィールドでの利用実績が進展するなかで応用分野に対応して進化していくことであろう。

進化の中では，現在予想もできないような応用分野や利用方法が出現する可能性も十分考えられる。カード化社会の主役になるであろう非接触ＩＣカードの発展に期待したい。

文　　献

1) 宇佐美，"薄型ＩＣカードにおけるBare Chip実装事例"，表面実装技術（ＳＭＴ）フォーラム97，日本電子機械工業会（1997.10）
2) David Finn, "Antenna and Inter connection Technology for Contactless Cards" Card Tech/Secur Tech '97 (May 1997), Conference Proceedings, Vol. II Applications
3) 高杉，"日立マクセルにおける次世代非接触ＩＣカードの開発・技術動向と応用例および今後の展開"，日本技術情報センター，セミナーNo.931（1997.12）
4) 山口，"次世代ＩＣカード用ＬＳＩの開発・技術動向と応用例および今後の展開"，日本技術情報センター，セミナーNo.931（1997.12）

第27章　給電システム

朝来野邦弘*

1　はじめに

近年，電磁波利用技術や回路の集積化技術，省電力化技術などの進歩によりID，ICカードの非接触化が急速に進んでいる。すなわち，直接読み取りヘッドや端子に接触させ，データを読み書きする磁気カードや接触型ICカードに代わり，電波や光を利用し非接触でデータを読み書きする非接触タイプのカード・ステムが台頭してきた。

本稿では，それらの中から，特に多くの分野で展開されているRFID(Radio Frequency IDentification)応用システムを取り上げ，それらの各アプリケーションへの適用に当たって，性能を発揮するに重要なポイントとなる給電システムの概要について述べる。

2　非接触カードシステムへの給電システムの仕組み

基本となる給電の流れを図1に示す。また参考までに構成機器のサンプル写真を写真1～写真5に示す。

「図1による給電システムの説明」

① 　一般商用電源(AC100V/200V，50Hz/60Hz)よりRFIDリーダー／ライター内の電源部へ所定負荷対応の電力を供給する（システムの構成にもよるが，通常数10W程度）。

② 　アプリケーションによっては，バッテリーからの供給，あるいはソーラーセルからの供給を行う。

③ 　リーダー／ライター内の電源部において，各モジュール（RF制御部，ディジタル制御部，周辺制御部）が要求する所定の電源仕様に変換し，供給する。特殊条件を除き，直流5V，±15Vなどに変換供給する。

④ 　RF制御部からアンテナを通じ電磁誘導により非接触タグ（トランスポンダー）のアンテナを介してタグ内電源部へ電力をチャージする（タグ形式，アンテナサイズにもよるが通常

---

*　Kunihiro Asakino　旭テクネイオン㈱　技術顧問

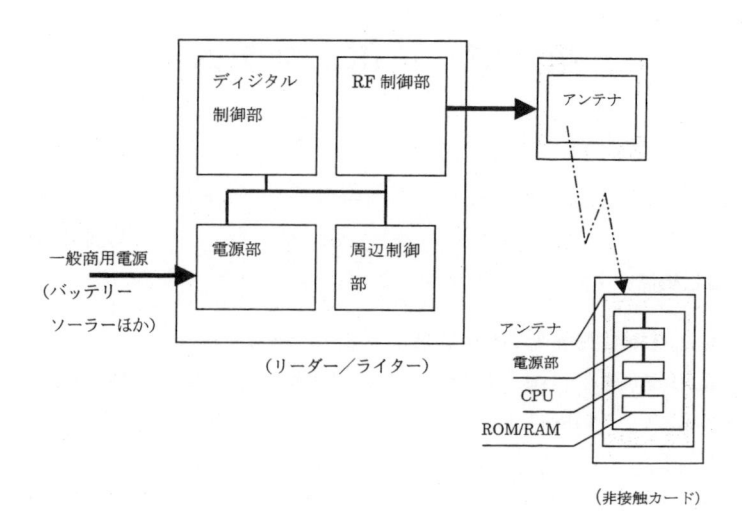

図1　RFID給電システムの仕組み

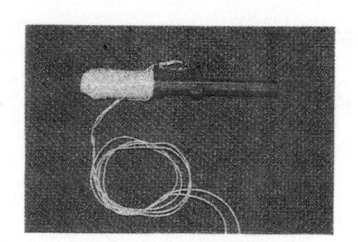

写真1　ロッドアンテナ

写真2　マット式ループアンテナ

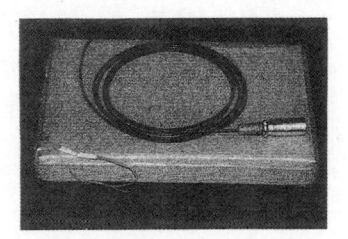

写真3　角型ループアンテナ

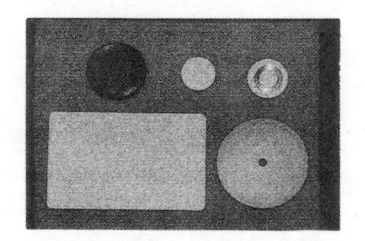

写真4　各種タグ

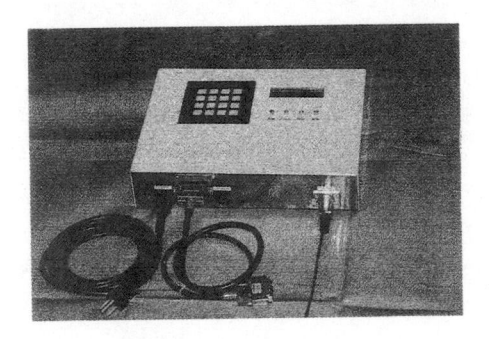

写真5　リーダー/ライター

数mW程度）。
⑤　所定の電圧にまでチャージアップされたタグ（トランスポンダー）はリーダー/ライターとのデータ交信を行う。
⑥　トランスポンダー内の電源は，伝達距離や，情報量，周波数帯域などにより電池を内蔵する場合もある。この場合，主としてボタン電池など薄型のものが使用されるが，取り替えを前提としたもの（寿命：標準使用で2～3年），あるいは期限付きカードとして設計された取り替え不能のタイプがある。

3　非接触カードへの給電システム・モデル[1]

非接触カードへの電源供給法としては，前述のように，電池内臓タイプと電池なしのものがあるが，ここでは電池なしの非接触カードに対してリーダー/ライターよりアンテナを通じて，電力を供給する場合のモデル例について述べる。

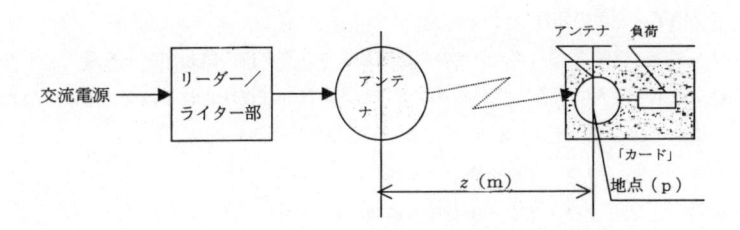

図2　送信アンテナ～カード内受信アンテナ関係図

リーダー／ライターのアンテナ中心より Z [m] 離れた点にタグを置く。

① 半径 a_1 [m], 巻数 N_1 回のアンテナを想定し, そのコイルに I [A] を流したときの軸上 z [m] の地点 p の磁界の強さを Hz とする。

② タグに誘起されるパワーは, その地点での磁界のエネルギー密度に比例すると考えてよい。すなわち, 地点 p に置かれたタグ内に誘起するパワーは, 同地点での磁界のエネルギー密度

$$w = \mu Hz^2 / 2 \tag{1}$$

に比例する。タグ内のパワー w を最大にするための送信アンテナ設計が必要である。

③ Hz と距離の関係は単純ではないが, 以下に示す3つのパターンについて, 比較的簡単な式で表現できる[1]。

ⅰ) $a_1 \gg z$ のとき

$$Hz \sim N_1 I / 2 a_1 \tag{2}$$

(タグ内に誘起されるパワーは z「距離」に関係なく a_1「アンテナ半径」の2乗に反比例。)

ⅱ) $a_1 \sim z$ のとき

$$Hz \sim N_1 I / 2\sqrt{2}\ z \tag{3}$$

(タグ内パワーは z「距離の2乗」に反比例)

ⅲ) $a_1 \ll z$ のとき

(タグ内パワーは z「距離」の6乗に反比例)

$$Hz \sim N_1 I a_1^2 / 2 z^3 \tag{4}$$

・以上のモデル特性式から, タグ内の誘起パワーを最大にするためのリーダー／ライターのアンテナは, 以下の条件を満足する必要がある。

ⅰ) (2), (3), (4)式から $N_1 I$ (アンペア・ターン) を最大にする。

ⅱ) (2)式での問題はあるが, (4)式から比較的離れた点でのパワー確保に送信アンテナの半径を大きくとる。ただし, 環境ノイズの影響については十分な考慮が必要である。

ⅲ) アンテナ出力ラインのインピーダンス・マッチングを十分にとる。

④ タグ内アンテナの要件

リーダー／ライター・アンテナの電磁界により, タグ内の誘起パワーを最大にするには有効鎖交磁束を最大にする必要がある。そのためには(5)式に示される鎖交磁束 ϕ を最大にする。

$$\Phi = [\mu_0 I N_1 N_2 a_1^2 \pi\ a_2^2 / 2 (a_1^2 + z^2)^{3/2}] \cos\theta \tag{5}$$

a_2 : タグ・アンテナコイルの半径

N_2 : タグ・アンテナコイル巻数

θ : 送信アンテナ軸に対するタグアンテナの傾き

すなわち，
 i) アンテナの有効面積を大きくとる，
 ii) 巻数を多く，
iii) アンテナ間の傾き，ずれを最小にする，
iv) アンテナコイルのインピーダンス・マッチングを十分に，
である．

4 RFIDシステム電源

　基本的には上質の安定した直流電圧を供給する必要がある．図1に示すように，システムへの供給方式については，アプリケーションによりいくつかの方式があるが，ここではもっとも多く使用される一般交流電源からの供給システムについて，重点的に述べることとする．
(1) 電源に対する要件
　一般的な安定化電源の仕様で基本的には問題ないが，電波を利用したシステムであるため，電源の仕様いかんによっては，著しく伝達性能を阻害する原因となる場合がある．特に比較的多く採用されている100～200kHzの周波数帯域のシステムでは，特に次の諸点について考慮することが肝要である．
　① 直流出力におけるリップルおよびリップルノイズ
　② スイッチング方式の場合は，スイッチング周波数（周波数および安定度）
　③ 雑音端子電圧
　④ 雑音電界強度
　具体的には，後の項(5)で述べる．
(2) 安定化電源の概要
　供給電源方式として
・入力が交流か直流か
・一次，二次間の絶縁の有無
・変換方式（スイッチング方式か，シリーズ方式か）
などによりそれぞれ特性の異なった電源となる．
　最近，一般システムに対して主流となっているスイッチング方式と，RFIDシステムには無難な，シリーズ電源についての比較を表1に示す．

表1 スイッチング電源とシリーズ電源の比較[2]

	シリーズ方式電源	スイッチング方式電源
効　　　率	低い（25～50％）	高い（65～90％）
安　定　度	高い	普通
リップルノイズ	小さい（10mV以下）	大きい（10～200mV）
応　答　速　度	速い（$10\mu S$～1mS）	普通（0.5～10mS）
不　要　輻　射	商用周波数の磁界	スイッチング周波数から百数十MHz までのノイズを発生
入　力　電　圧	広い入力範囲をとると効率低下	広い入力範囲可能 100/200V連続入力も可
回　　　路	簡単，部品点数少ない	複雑，部品点数多い
外　形　寸　法	大きい	小さい（1/4～1/10）
重　　量	重い	軽い（1/4～1/10）

(3) スイッチング電源の概要[3]

　スイッチング電源のＲＦＩＤシステムでの使用については，前述のとおり制約条件があり設計，製作に当たっては十分な配慮が必要である。特にＤＣ－ＤＣコンバーター部の発振方式については，ＲＦＩＤシステムのアンテナ周波数との関係を確認する必要がある。

入力 → ノイズフィルタ → 突入電流防止 → 入力整流平滑 → コンバーター → 出力整流平滑 → 出力

図3　基本ブロック図

① 発振方式による分類

コンバーター自体による発振：自励式

　入力電圧や負荷の変動によって，発振周波数が変動する。

他に発振器を別設置：他励式

　入力条件や負荷条件に関係なく，一定周波数で発振する。

　したがって，100～200kHz帯域のＲＦＩＤシステムについては，他励式の採用が原則である。

② 方式例
　　イ）　シングルエンディッド・フォワード方式：構成が簡単，他励式が多い。
　　　　　　　　　　　　　　　　　　　　　　もっともポピュラー。
　　ロ）　シングルエンディッド・フライバック方式：最小部品構成，小容量システムに多用。
　　ハ）　ハーフブリッジ方式
　　ニ）　フルブリッジ方式
その他非絶縁タイプもあるが，省略する。
③　RFIDシステム要件からみた性能評価
　　A）　評価対象電源の仕様：定格入力ＡＣ100Ｖ
　　　　　　　　　　　　　　出力－12Ｖ1.0Ａおよび12Ｖ2.0Ａ
　　　　　　　　　　　　　　シングルフォワード回路
　　　　　　　　　　　　　　発振周波数　200kHz
　　B）　評価項目
システムの性能にもっとも影響のある下記項目について測定，試験結果を図4～図5に示す。
　　イ）　リップル電圧～負荷電流特性
　　ロ）　リップル電圧～周囲温度特性
　　ハ）　リップルノイズ～負荷電流特性
　　C）　測定結果
「リップルノイズ，リップル～負荷特性」の例

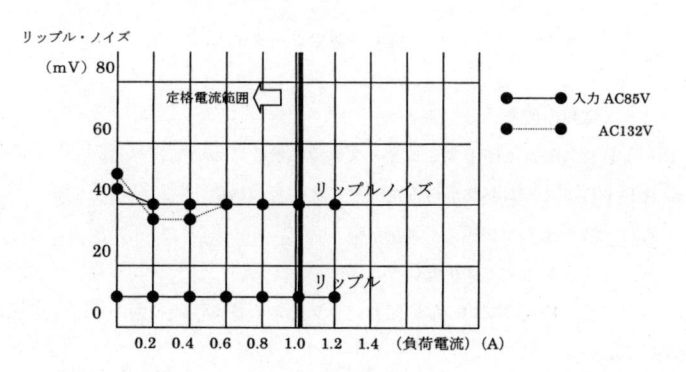

図4　リップルノイズ，リップル測定データ　(－12Ｖ1.0Ａ)

「リップル～負荷特性」の例

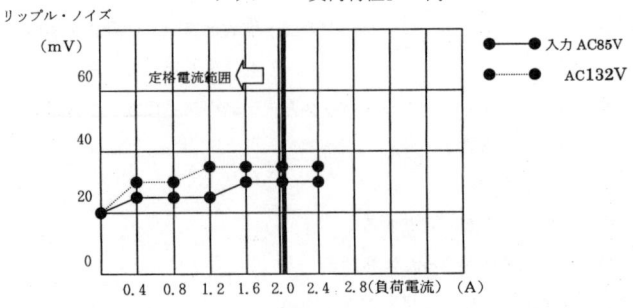

図5　リップル測定データ（12V 2.0 A）

「リップル～周囲温度特性」の例

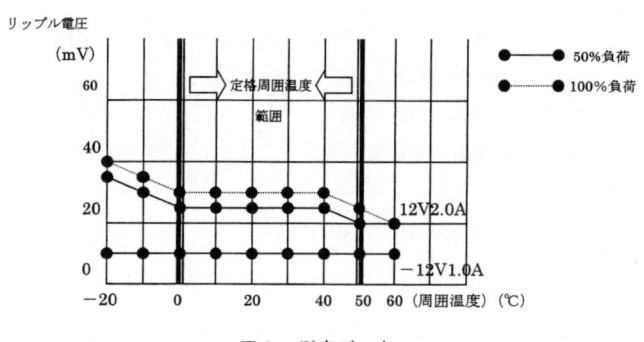

図6　測定データ

(4) シリーズ電源の概要

　　ＲＦＩＤシステムに使用するシリーズ電源の概要について述べる。

① ＲＦＩＤシステム要件からみたシリーズ電源の特徴

　　A）　スイッチング・ノイズがない

　　B）　リップルノイズが低い

したがって，特別の制約のない限り，システムの基本性能の面から，シリーズタイプの使用が好ましい。

② ブロックダイヤグラム例を図7に示す。

③ 仕様の例（ＲＦＩＤシステム要件関連のみ）[4]

A) 入力：電圧　　ＡＣ90〜110Ｖ，1φ

　　　　　周波数　48〜62Hz

　　　　　容量　　64ＶＡ（ＡＣ100Ｖ入力条件において）

B) 出力：定格電圧±15Ｖ

　　　　　定格電流　0.9Ａ

　　　　　静的入力変動　±0.03％以下

　　　　　静的負荷変動　10ｍＶまたは0.03％以下

　　　　　リップルノイズ　2ｍＶｐ−ｐまたは0.02％以下

　　　　　周囲温度変動　0.02％／℃以下

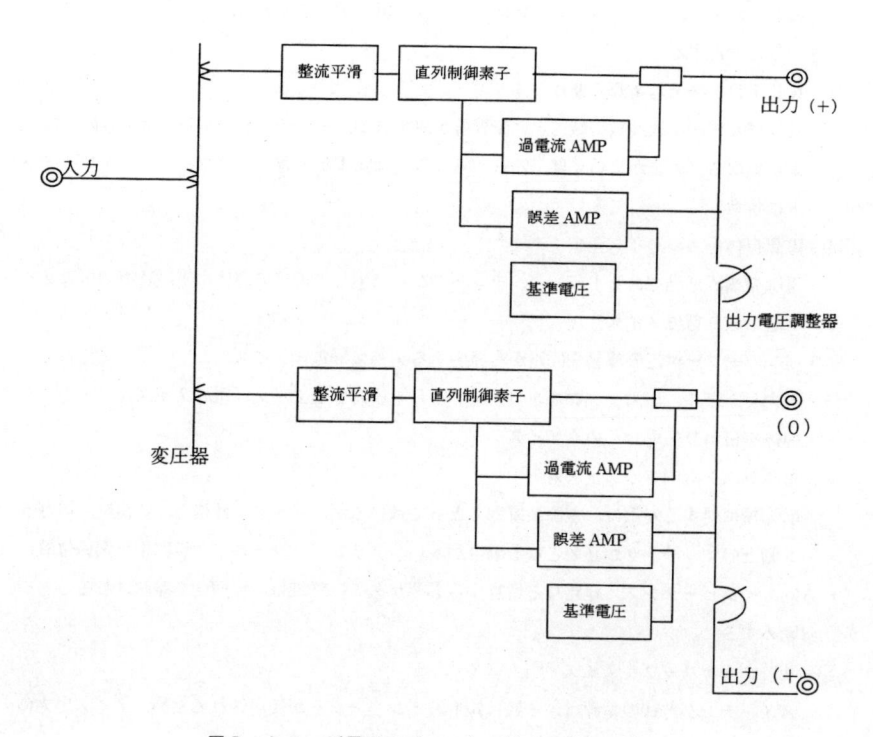

図7　シリーズ電源のブロック・ダイアグラム[5]

④　諸試験データ

　　ＲＦＩＤシステムにおいて特に留意すべきリップルおよびリップルノイズについては，シ

リーズ方式の場合は，一般にきわめて小さく，実用上特に支障はない。また，内部に発振部がなく電源からの外部への出力（帰還ノイズ，輻射ノイズ）も問題とならない。スイッチング方式との比較については次項で述べる。

(5) 電源方式の選定
① システム供給電源の要件と選定のポイント

　一般に非接触カードシステムに供給する電源に要求される性能については，安定化電源としての機能を保持すれば，原則的には問題は生じないが，比較的多い利用領域である 100〜200kHz近傍を利用したＲＦＩＤシステムへの電源については，一般交流電源より直流に変換する方式の場合，リップル，ノイズについて特に留意すべきであり，これらを踏まえて以下述べることとする。

② ＲＦＩＤシステム電源の要件
- リップル電圧：周波数帯域ごとに限界値が決まるが，その値はＲＦＩＤシステムの方式により異なる。大まかにいえば，20mVp－p以上は障害が大きい。（ワイアリングレイアウトに留意）

③ 電源自体からのノイズ発生
- 電源の構成部品であるトランス，チョークから発生し，近傍の導体に電磁誘導で伝導ノイズを形成（電磁ノイズ）
- インバーター付近の部品や回路から発生するノイズ（電界ノイズ）
- 入力ケーブル，出力ケーブルをアンテナとして放射するノイズ（電波ノイズ）
- 導体を伝わり伝導していくノイズ

④ 電源システム内でのノイズ対策

　前③項に対する対策は，電源装置内でとってはいるが，ノイズの性格上，負荷側，電源ライン側とのマッチングが必要となる場合が多い。グランド，シールド，設置相互関係位置，方向，インピーダンス，経路など留意する必要がある。詳細は，専門誌を参照されることをお勧める[6]。

⑤ リップルとリップルノイズ

　スイッチング方式の電源は，一般に矩形波インバーターが使用されるため，ノイズ出力の状況について十分に把握し対策が必要である。
- リップル：入力周波数とスイッチング周波数に同期した成分で出力電圧に重なって出力される（シリーズ電源：入力周波数のみ）。
- 出力ノイズ：出力電圧に含まれたリップル以外のノイズ成分。

・リップルノイズ：ノイズとリップルを含めたもの。
⑥　スイッチング周波数

　　リップルノイズ値からスイッチング方式の電源をＲＦＩＤに使用することはかなりの制約を受け，実用上はデータ読み書き距離の極端な低下を生じ，使用困難である。高調波成分を考慮した発振周波数を特定し，電源として使用することは可能ではあるが，かなりの性能低下を覚悟しなければならない。

⑦　シリーズ電源の使用

　　前⑥項から，現在はシリーズ電源が多く使用されている。表1にも示しているように，シリーズ電源の短所もあり，選定にはＲＦＩＤシステム固有の特性を吟味して当たることが肝要である。マイクロ波，ＳＳ（スペクトラム拡散）など，今後の利用展開が期待されるが，マイクロ波応用非接触システムでは，スイッチング方式での短所はほとんど見当たらない。

5　おわりに

　本稿では，現在多く利用され始めているＲＦＩＤ／ＩＣシステムのうち主として 100〜200kHz 領域の「電池レスカードシステムに関する電源問題」としてとらえ述べた。おわりに電源装置に関する多くの資料の提供をいただいたコーセルおよび新日鐵・ＬＳＩ事業部の関係の方々に深く謝意を表する。

文　　　献

1）　新日鐵㈱ＬＳＩ事業部技術資料（1996. 5）
2）〜5）　コーセル㈱技術資料
6）　たとえば電磁ノイズ問題と対応技術（井手口ほか，1997，森北出版）

第28章　強誘電体メモリー

中村　孝*

1　はじめに

　強誘電体薄膜の不揮発性メモリーへの応用が盛んであるが，その技術進展は非常に急速に進んでおり，研究段階から商品開発段階へ入っている。強誘電体メモリーは強誘電体薄膜の高速な分極反転とその残留分極を利用する高速書き換え可能な不揮発性メモリーである。強誘電体メモリーは高速性，低消費電力，高集積性，書き換え可能回数の飛躍的な向上により，既存の汎用メモリーの置き換えばかりではなく，ICカード，マイコンなどの Logic混載メモリーや，他の新しい分野の市場開拓に期待されている。強誘電体メモリーが脚光を浴び実用化研究が急速に進展した背景には，強誘電体の成膜，材料技術の発展がある。

2　強誘電体メモリーの位置づけ

　強誘電体メモリーは高速不揮発性メモリーとしてROM(Read Only Memory)とRAM (Random

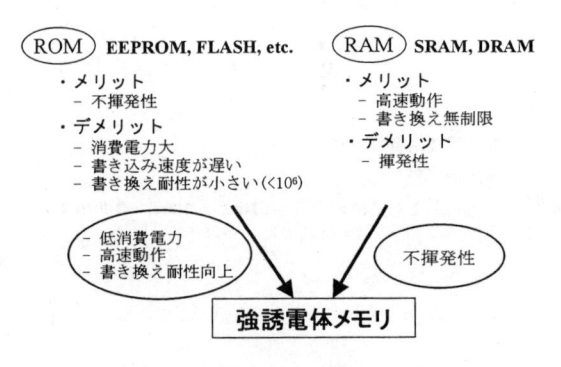

図1　強誘電体メモリーのコンセプト

---

*　Takashi Nakamura　ローム㈱　ULSIプロセス研究開発部　技術主査

Access Memory)の境界を埋める存在として期待が高まっている。そのコンセプトとしては，DRAM(Dynamic RAM)と同等のセル面積を有し，EEPROM(Electrically Erasable Programmable ROM)のような不揮発性を付加することにより不揮発性RAMという新しいタイプのメモリーとして現在の半導体メモリー市場の大部分を強誘電体メモリーで統一化しようというものである。図1にそのコンセプトの模式図を示す。現在使われている半導体メモリーはROMとRAMに大きく分けられる。ROMはEEPROMやFLASHメモリーを代表とする不揮発性メモリーである。このメモリーの特徴は，不揮発性という大きなメリットをもつが，書き込み電圧が12V程度必要なため消費電力が大きく，書き換え速度は数msec以上と非常に遅い。さらに，書き換え耐性は10^5〜10^6程度である。一方，RAMはSRAM(Static RAM)，DRAMに代表される揮発性のメモリーであり，高速動作が可能で書き換えもほぼ無限回数が可能である。しかし，揮発性のためデータを保持するためにはバッテリーかROMとの併用が必要となる。そこで，ROMのもつメリットとRAMのもつメリットを組み合わせて，高速動作，低消費電力，高書き換え耐性を兼ね備えた不揮発性メモリーとして強誘電体メモリーがにわかに注目されるようになった。

強誘電体メモリーがどのようなメモリー市場に入っていく可能性があるのかを示したのが図2である。強誘電体メモリーはその高速性，不揮発性などから半導体メモリーの市場に食い込んでいく可能性をもっている。また，低消費電力で高速動作の不揮発性メモリーという新しいメモリーは新しい市場を切り開いていく可能性をもっている。これまで半導体メモリーでは不可能だった分野でも強誘電体メモリーを用いることによって実現できることも少なくはないと考えられる。

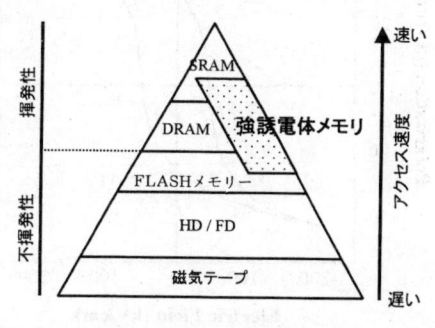

図2　メモリーの階層構造

3　強誘電体材料

強誘電体は焦電，圧電，電気光学効果など数多くの特徴を有する材料が多く，各分野でその応用が期待され，実用化されている。強誘電体は「自発分極を有し，その分極が電界によって反転できる」という特性で定義されている。強誘電体メモリーはその性質を利用し強誘電体キャパシターの自発分極の方向がどちらの方向に向いているかで"1"，"0"を判別する。図3に強誘電体の

分極の電界依存性を示す。ヒステリシスループと呼ばれる非線型の履歴曲線を示すのが特徴である。電界が0において2つの異なる分極値($+P_r$, $-P_r$)を示す。このP_rの値を残留分極と呼び，外部電界が0の状態でもこの分極が保持される。この2つの分極状態を電気的に検出することにより不揮発性のメモリー効果が得られる。

現在もっとも盛んに開発が進められている強誘電体材料はPZT($PbZr_xTi_{1-x}O_3$)系強誘電体である。PZTはペロブスカイト型の結晶構造をもつ酸化物強誘電体である。図4にPZTの結晶構造図を示す。図の中心にあるTi（またはZr）が格子の体心からずれることにより分極が発生し，電界により相対的に変位することにより分極の方向が変わる。この材料は常温で比較的安定に大きな残留分極が得られ，キュリー温度も動作温度に対して十分高い。

他の強誘電体材料として，$Bi_4Ti_3O_{12}$をはじめとするBi系層状構造強誘電体があげられる。この構造はペロブスカイト構造とBi_2O_3が層状に重なっている結晶構造をとる。その中で特に注目されているのは，良好な膜疲労特性が得られる$SrBi_2Ta_2O_9$（SBT）である[1]。

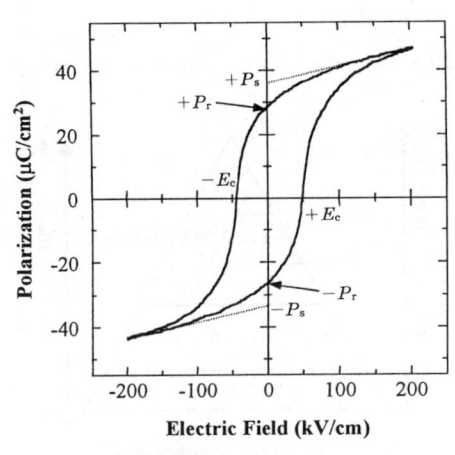

図3　強誘電体分極ヒステリシスループ
　　　P_s：自発分極，P_r：残留分極，
　　　E_c：抗電界

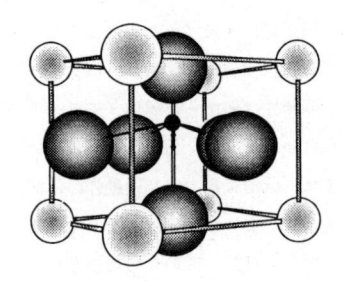

図4　ペロブスカイト構造(PZT)
● B : Ti or Zr
◦ A : Pb
○ O : O

4　強誘電体メモリーの種類と動作原理

4.1　1T1C型強誘電体メモリー

このタイプのメモリーは，強誘電体キャパシターに選択トランジスターを付加したメモリーセ

ルで, 半導体基板上のMOS FETと強誘電体キャパシターの間に厚い絶縁層間膜を設けて強誘電体や電極材料が下地のCMOSに与える影響を小さくしている。現在の実用化研究の主流はこのタイプのメモリーである。図5にこのタイプのメモリーセルの1例を示す[2~3]。

選択セルのトランジスターをONにしてそのセルだけ強誘電体キャパシターに電圧を印加すると, 強誘電体の分極状態により2つの異なる電荷量が発生する。そのためビット線は2つの異なる電位(V_0, V_1)のどちらかとなる。読み出し動作は, そのビット線の電位を検出しそのセルが"1"の状態であるか"0"の状態であるかを判別する。検出の方法としては, ダミーセルを設ける方法が通常用いられている。その中にはダミーセルを1メモリーセルごとに設ける2T2C型(2トランジスター2キャパシター型)と, ビット線当たり1つ設ける1T1C型(1トランジスター1キャパシター型)がある。

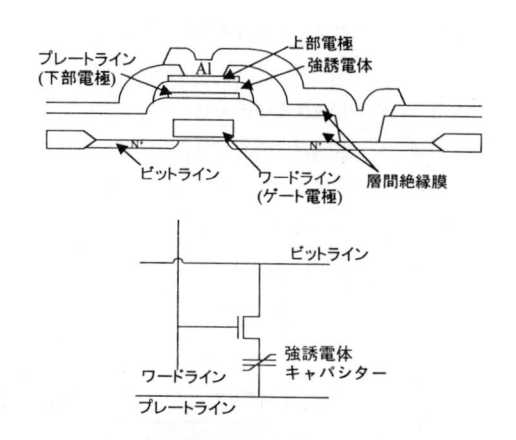

図5 1T1C型強誘電体メモリーのセル構造

1T1C型はダミーセルによりV_0とV_1の中間電位を発生し, その電位とビット線の電位を比較することにより検出する。この場合, 検出するための電圧差が$(V_1-V_0)/2$と小さく, しかもダミーセルと選択セル間の距離が異なるため, ビット線などの寄生容量もセルにより異なってくる。読み出しマージンが小さいため, そのビットにつながっているセルの発生電荷量がばらつくと検出が難しくなり, より大きなスイッチング電荷量（分極反転による発生電荷量）によりマージンを大きくする必要がある。また, 初期状態では十分判別できても, 読み書き動作を続けていると強誘電体の劣化によるばらつきも発生し誤検出をしやすくなる。

そこで, 1メモリーセルに1つのダミーセルを設けて2T2C型にすることにより, これらの問題を解決する方法がよくとられる。2T2C型にすることにより寄生容量の差はほとんどなくなり, メモリーセルのキャパシターとダミーセルのキャパシターを常に逆方向に分極させておくことによりデータ検出するための電位差もV_1-V_0にできる。すなわち, 検出に必要な電荷量のマージンが大きくなり, スイッチング電荷量が比較的小さくても動作できるうえ, 書き換えなどによる強誘電体の劣化の影響も少なくなる。しかし, 2T2C型にすると当然1T1C型より2倍近くセル面積が大きくなってしまう。強誘電体キャパシターの性能やばらつきを抑えて

1T1C型で安定して動作させることがこのタイプのメモリーの課題となるであろう。

4.2 FET型強誘電体メモリー

もう一つは強誘電体の自発分極による半導体の抵抗変化を検出する方式のメモリーである。この方式の代表的なものにMFS FET(Metal Ferroelectric Semiconductor FET)がある[4]。これは，ゲート絶縁膜に強誘電体を用いたMIS構造で，図6に示すように強誘電体の残留分極によりチャネル部に反転層を形成することにより書き込みを行う。

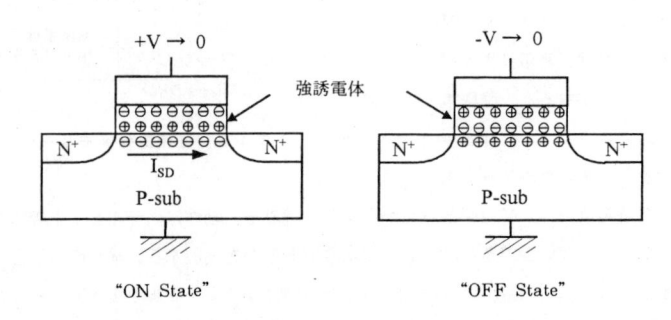

図6　FET型強誘電体メモリー（MFS FET）

このタイプのメモリーのメリットの一つに，非破壊読み出しであることがあげられる。1T1C型はデータ読み出し時に一度データが破壊される破壊読み出しである。非破壊読み出しは，高速読み出し，書き換え回数の向上に有利となる。

また，MOS FETのスケーリング則に沿うため[5]原理的には超微細化にも対応可能であることや，1T1C型に比べて必要とする残留分極が小さい（1/10以下）ため強誘電体材料の選択幅も広くなることが利点である。

このように1T1C型に対しても優位性が期待できるFET型強誘電体メモリーであるが，実用化にはプロセス上の問題点が多い。PZTなどの酸化物強誘電体をSi上に直接成膜しようとすると強誘電体／Si界面にSiO$_2$などの不要な膜が生成されてしまったり，強誘電体の成分元素がSi中に拡散しFET特性を変えてしまう恐れがある。これらの問題点を防ぐために，強誘電体とSiの間にバッファ層を設けることが多い。我々は Metal層，SiO$_2$層をバッファ層として設けるMFMIS FET (Metal Ferroelectric Metal Insulator Semiconductor FET)[6~7]を提案し，これによりFET型強誘電体メモリーの早期実用化が期待できるようになったが，1T1C型や2T2C型に比べると実用化にはまだ時間がかかりそうである。

5 強誘電体メモリーのプロセス技術

先にも述べたように,強誘電体メモリー実用化の急速な発展はプロセス技術の進歩によるものといえる。強誘電体薄膜は機能性結晶膜であり,複雑な構造をもつものが多いことより,結晶性の優れた膜を得るためには多くの制限が課せられる。高温形成が必要な結晶膜であるため下地(電極)の材料,構造にも気を使う必要がある。

5.1 強誘電体成膜技術

強誘電体メモリーのプロセス技術の中で一番重要となるのは成膜技術であろう。成膜技術の発展が現在の強誘電体メモリーブームを引き起こしたといっても過言ではない。PZT系強誘電体は酸化物であるのでその成膜方法は多種多様である。研究されている成膜法はスパッタリング法,MOCVD(Metal Organic Chemical Vapor Deposition)法,ゾルゲル法,MOD(Metal Organic Decomposition)法,レーザーアブレーション法,イオンビームスパッタ法などさまざまである。しかし,どの成膜法も一長一短でまだ一本化していないのが現状である。その中で,成膜速度,均一性,再現性を考えると,現在実用的な成膜法としてはスパッタリングとゾルゲル法,MOD法があげられる。しかし,膜質や段差被覆性などを考えると将来的にはさらなる進展が必要で,MOCVDなど他の成膜法が主流となる可能性もある。

5.2 薄膜加工技術

以前は良質の強誘電体薄膜を得るという目的で成膜に重点をおいて研究がなされていたが,成膜技術が進歩し,実用化研究の段階に入ると薄膜加工技術の確立が必要となる。強誘電体,電極材料は熱,化学的安定性の優れた材料が要求される。熱,化学的安定性が増すと増すほど反応性のエッチングが難しくなってくる。その中でも特に電極材料のエッチングは非常に困難である。電極材料は熱,化学安定性の優れた貴金属をベースとした材料を用いていることがほとんどであり,現在Siプロセスで主に用いられているハロゲン系のエッチャントでは反応性のエッチングは非常に困難である。そこで,バイアスによる物理的なエッチングに頼っているのが現状であるが,スパッタリング効果による側壁のデポや下地との低選択比が問題となっている。プラズマの高密度化やエッチングの際の基板温度,処理圧力を工夫するなどして反応性のエッチングをより促進するための開発が必要となってくるであろう。

6 強誘電体薄膜の信頼性

強誘電体薄膜のメモリー応用として重要になるのは膜の信頼性である。強誘電体薄膜の信頼性として問題となるのは主に膜疲労特性とデータ保持特性である。

6.1 膜疲労特性

強誘電体薄膜は，分極反転を繰り返すとスイッチング電荷量が小さくなってきてしまう傾向があり，この特性を膜疲労特性または Fatigue特性と呼ばれる。原因はまだ議論されているところであるが，材料や成膜法を工夫することで劣化の非常に少ない膜が開発されつつある。

特に強誘電体または電極材料を工夫により膜疲労特性が大幅に改善されている例が多い。強誘電体材料に関しては先に述べたSBTを用いることにより大幅に改善されている。図7にPt電極を用いたPZTとSBTの膜疲労特性比較を示す[1]。SBTはこのような優れた膜疲労特性や低電圧動作（分極飽和電界が小さい）を有する材料であるが，PZTに比べ残留分極値が小さい，結晶化温度が高い，成膜法がまだ限られているなど解決すべき課題も多い。

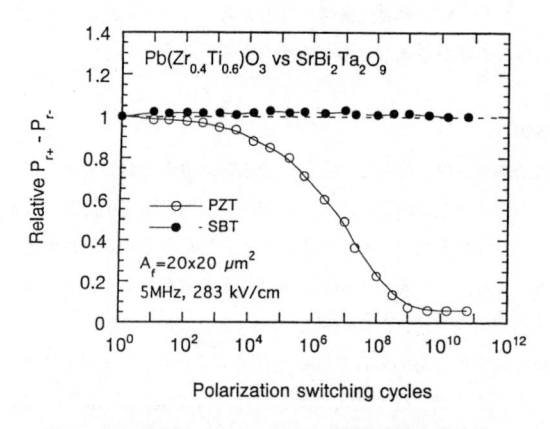

図7 Pt電極上PZT，SBT薄膜の膜疲労特性

また，PZT系強誘電体を用いても電極材料を工夫することにより膜疲労特性を大幅に改善している発表もある。たとえば，我々のグループが開発しすでに実用化をしているIr系電極である[8]。IrはPtと非常に似ていて高温耐性が非常に優れた材料で，その酸化物であるIrO$_2$は非常に優れた拡散バリア効果をもつ導電性酸化物である。そのためIrやIrO$_2$をPZTキャパ

シターの電極として用いるとPbやOなどの拡散がほぼ完全に抑えられる。これらの電極を用いて作成したPZTキャパシターの膜疲労特性を図8に示す。Pt/Ti電極上のPZTは約10^8回の分極反転で残留分極が半減しているのに対しPt/IrO$_2$，Ir/IrO$_2$電極上のものは10^{12}回の分極反転後もまったく残留分極の変化がみられない。

このように，強誘電体や電極の材料を工夫することで膜疲労特性は大幅に向上し，強誘電体メモリーの書き換え耐性も10^{10}回以上の保証が可能となった。

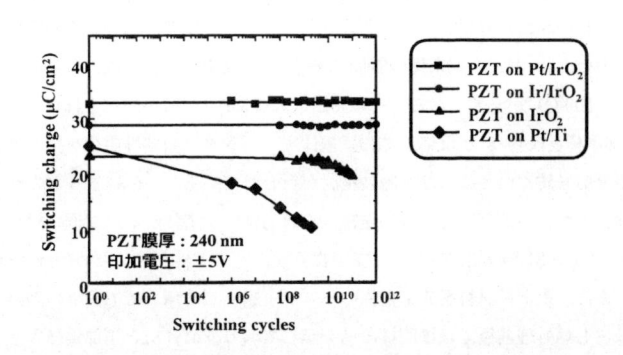

図8 各種電極上に成膜したPZT薄膜の膜疲労特性

6.2 データ保持特性

データ保持特性で特に問題視されているのは，Imprintにより逆データの読み出しができなくなってしまうことである。たとえばデータ"1"を書き込んだセルを長時間保持すると分極が癖づけられ誤読み出しを起こしたり"0"が書き込めない現象が起こる。この原因についても議論されているが，酸素欠陥などの説がありまだ限定されていない。また，強誘電体キャパシター形成後の工程により強誘電体が劣化しImprint特性が悪くなる傾向がある。

この劣化を最小限に抑えるためにプロセスの工夫が必要なのはもちろんであるが，材料や構造などを工夫して劣化を抑えることも可能である。Ir系電極はImprint特性に関しても非常に良好な結果が得られている[8]。このように，電極材料を工夫することで膜の信頼性は大幅に向上させることができる。

7 高集積化技術

現在実用化されている強誘電体メモリーは2T2C型で集積度が16～256kbitである。今後，

汎用メモリーだけではなくICカードなどのLogic混載LSIにおいても高集積化によるセル面積縮小が要求されることはいうまでもない。FET型強誘電体メモリーは高集積性に非常に優れているが実用化まではまだ時間がかかりそうである。高集積化にはいくつか方法はあるが，まず1T1C型の確立である。1T1C型で安定した特性のメモリーが得られるとセル面積は半分近くなる。次にセルの立体化である。1T1C型，2T2C型は基本的にはDRAMと同様の構造であるため，セル面積縮小はDRAMと同様の方法がとられることが予想される。現在実用化されている強誘電体メモリーはプレーナー構造であり，セル面積縮小のためには図9に示すようにSTC（Stack Type Cell）の用いた立体セルへと推移していくであろう。その際にもっとも問題になっているのはPoly-Siと下部電極の界面である。強誘電体薄膜形成には酸素雰囲気での高温アニール（600～800℃）が必要となる。その熱処理の際にPoly-Siが酸化されコンタクト抵抗が増大したり，下部電極とPoly-Siが反応して強誘電体キャパシターの特性劣化を招く恐れがある。これらの酸化や反応を防ぐためにバリア層の検討が行われている。TaSiNなどのナイトライド系バリア層も検討されているが[10]，Ir系電極はそれ自体が反応性が非常に低い材料であるため高温下においてもPoly-Siとの間でシリサイドを作らず，バリア性が高いためPoly-Siが酸化されることはない。また，Ir系材料をPt電極のバッファ層として用いても同様の効果が得られる。コンタクト抵抗も熱処理前後でほぼ同様の値を示しており，Poly-Siと下部電極界面での絶縁層生成も抑えられていることが確認されている。

さらに，高集積化が要求される段階（4～16M以降）ではキャパシターの立体化も必要になってくる。そのような段階ではMOCVD法などの被覆性に優れた成膜法の実用化が必要不可欠であり，電極の加工技術もさらに発展していく事が要求される。

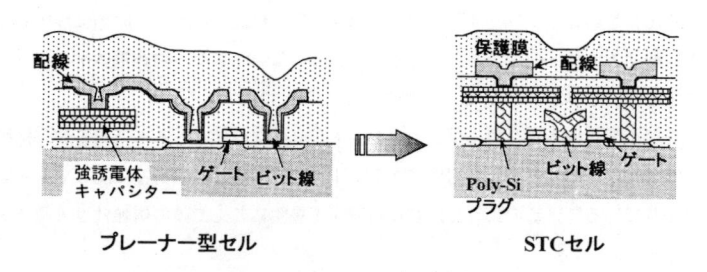

図9 強誘電体メモリーセルの推移

8　強誘電体メモリーの応用

　数多くの問題点を少しずつ解決し，今まさに本格的な強誘電体メモリーの商品化が始まろうとしている。強誘電体メモリは高速性，不揮発性，低消費電力など数々の優れた特性をもち合わせるため非常に広範囲での応用が期待されている。表1に強誘電体メモリーと既存のメモリーの特性比較を示す。今後さらに技術が進歩し，大容量強誘電体メモリーの商品化が実現すると，既存の汎用メモリーの市場のかなり大きな部分を置き換えることが可能となる。

　また，強誘電体メモリーの応用分野は汎用メモリーだけにとどまらず，エンベデッドメモリーとしてLogic混載ＬＳＩの分野に大きな期待が集まっている。たとえば，マイコンへ強誘電体メ

表1　強誘電体メモリーと既存メモリーの比較

	強誘電体メモリー	DRAM	SRAM	FLASH	EEPROM
集積度	○	○	△	◎	△
不揮発性	◎	×	×	◎	◎
書き換え速度	○ (<150ns)	○ (<100ns)	◎ (<50ns)	△ (10μs~1ms)	△ (~10ms)
書き換え回数	○ ($10^{10}\sim10^{13}$)	◎ (∞)	◎ (∞)	△ ($<10^6$)	△ ($<10^6$)
消費電力	◎	△	○	△	△

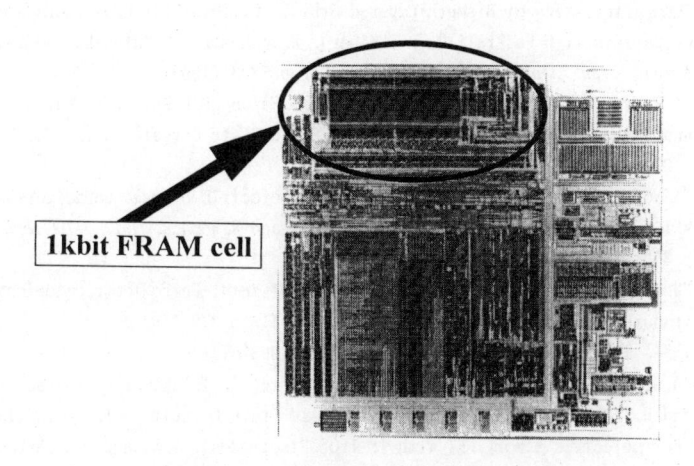

図10　強誘電体メモリー搭載ＩＣカード用チップ

モリーを搭載すると，現在用いているROM部，RAM部を統合し区別をなくすことができるうえ低消費電力で高速アクセスが可能となる。また，強誘電体メモリーに適した応用例としてにわかに注目を浴びてきているのがRFID TAGなどのICカード用メモリーであり，一部実用試験段階にある。その低消費電力，高速性などによりEEPROMを用いている現在のカードに比べるかに高性能なICカードの実現が可能となる。図10は米ラムトロン社などと共同でロームが開発した強誘電体メモリー搭載のICカード用チップである。2T2C型 1kbitの強誘電体メモリーが搭載されており，航空機荷札用に実用試験が行われている。これらのエンベデッドメモリーとしてのメモリー容量は比較的低容量のものから需要があるためこの分野から強誘電体メモリーの市場が広がっていく可能性も大きい。

　また，FET型強誘電体メモリーの実用化が実現すると，FPGA(Field Programmable Gate Array)などの不揮発性高速スイッチング素子として応用でき，さらに付加価値をもった新しいデバイスが生まれる可能性を秘めている。

　このように，強誘電体メモリは単に汎用のメモリーを置き換えるだけではなく，カスタムICとして高付加価値をもった商品が期待できる。

文　　　献

1)　"Characteristics of Bismuth Layered $SrBi_2Ta_2O_9$ Thin-Film Capacitors and Comparison with $Pb(Zr,Ti)O_3$", T. Mihara, H. Yoshimori, H. Watanabe and C. A. Paz de Araujo, *Jpn. J. Appl. Phys.*, Vol. 34, No. 9B, p. 5233 (1995)
2)　"A Ferroelectric Nonvolatile Memory", S. S. Eaton, D. B. Butler, M. Paris, D. Wilson and H. Mcnellie, *Dig. Tech. Pap. IEEE Int.* Solid-State Circuit Conf., Vol. 31, p. 130 (1988)
3)　"A Non-volatile Memory Cell Based on Ferroelectric Storage Capacitors", W. I. Kinney, W. Shepherd, W. Miller, J. Evans and R. Womack, *IEEE IEDM Tech. Dig.*, p. 850 (1987)
4)　"Memory Retention and Switching Behavior of Metal-Ferroelectric-Semiconductor Transistors", S. Y. Wu, *Ferroelectrics*, Vol. 11, p. 379 (1976)
5)　垂井, 日経マイクロデバイス, No. 97, p. 83 (1993年7月)
6)　"A Single-Transistor Ferroelectric Memory cell", T. Nakamura, Y. Nakao, A. Kamisawa and H. Takasu, *Dig. Tech. Pap. IEEE Int.* Solid-State Circuit Conf., p. 68 (1995)
7)　"Ferroelectric Memory FET with Ir/IrO_2 Electrodes", T. Nakamura, Y. Nakao, A. Kamisawa and H. Takasu, *Integrated Ferroelectrics*, Vol. 9, No. 1-3. p. 179 (1995)

8) "Preparation of Pb(Zr,Ti)O$_3$ Thin Films on Electrodes Including IrO$_2$", T. Nakamura, Y. Nakao, A. Kamisawa and H. Takasu, *Appl. Phys. Lett.*, Vol. 65, No. 12. p. 1522 (1994)
9) "Electrical Properties of Pb(Zr,Ti)O$_3$ Thin Film Capacitors on Pt and Ir Electrodes", T. Nakamura, Y. Nakao, A. Kamisawa and H. Takasu, *Jpn. J. Appl. Phys.*, Vol. 33, No. 9B, p. 5184 (1995)
10) "電荷蓄積キャパシタに用いるTaSiNバリア層", 田中 優, ほか, 第57回応用物理学会学術講演会・講演予稿集 No. 2, p. 441 (1996)

《CMC テクニカルライブラリー》発行にあたって

シーエムシーは、1961年創立以来、多くの技術レポートを発行してまいりました。これらの多くは、その時代の最先端情報を企業や研究機関などの法人に提供することを目的としたもので、価格も一般の理工書に比べて遙かに高価なものでした。

一方、ある時代に最先端であった技術も、実用化され、応用展開されるにあたって普及期、成熟期を迎えていきます。ところが、最先端の時代に一流の研究者によって書かれたレポートの内容は、時代を経ても当該技術を学ぶ技術書、理工書としていささかも遜色のないことを、多くの方々が指摘されています。

弊社では過去に発行した技術レポートを個人向けの廉価な普及版《*CMC* テクニカルライブラリー》として発行することとしました。このシリーズが、21世紀の科学技術の発展にいささかでも貢献できれば幸いです。

2000年12月

(株)シーエムシー出版　編集部

非接触ICカードの技術と応用　(B681)

1998年 3月 3日 初　版 第1刷 発行
2003年 2月27日 普及版 第1刷 発行

監　修　宮村雅隆, 中崎泰貴　　　　Printed in Japan
発行者　島　健太郎
発行所　株式会社 シーエムシー出版
　　　　東京都千代田区内神田1−4−2（コジマビル）
　　　　電話03（3293）2061

〔印　刷〕三松堂印刷株式会社　　©M.Miyamura, Y.Nakazaki 1998

定価は表紙に表示してあります。
落丁・乱丁本はお取替えいたします。

ISBN4-88231-788-5　C3054

☆本書の無断転載・複写複製（コピー）による配布は、著者および出版社の権利の侵害になりますので、小社あて事前に承諾を求めて下さい。

CMCテクニカルライブラリー のご案内

動物細胞培養技術と物質生産
監修／大石道夫
ISBN4-88231-772-9　　　　　　　　　B665
A5判・265頁　本体3,400円＋税（〒380円）
初版 1986年1月　普及版 2002年9月

構成および内容：培養動物細胞による物質生産の現状と将来／動物培養細胞の育種技術／大量培養技術／生産有用物質の分離精製における問題点／有用物質生産の現状（ウロキナーゼ・モノクローナル抗体・α型インターフェロン・β型インターフェロン・γ型インターフェロン・インターロイキン2・B型肝炎ワクチン・OH-1・CSF・TNF）　他
執筆者：　大石道夫／岡本祐之／羽倉明　他29名

ポリマーセメントコンクリート／ポリマーコンクリート
著者／大濱嘉彦・出口克宣
ISBN4-88231-770-2　　　　　　　　　B663
A5判・275頁　本体3,200円＋税（〒380円）
初版 1984年2月　普及版 2002年9月

構成および内容：コンクリート・ポリマー複合体（定義・沿革）／ポリマーセメントコンクリート（セメント・セメント混和用ポリマー・消泡剤・骨材・その他の材料）／ポリマーコンクリート（結合材・充てん材・骨材・補強剤）／ポリマー含浸浸漬コンクリート（防水性および耐凍結融解性・耐薬品性・耐摩耗性および耐衝撃性・耐熱性および耐火性・難燃性・耐候性／参考資料　他

繊維強化複合金属の基礎
監修／大蔵明光・著者／香川　豊
ISBN4-88231-769-9　　　　　　　　　B662
A5判・287頁　本体3,800円＋税（〒380円）
初版 1985年7月　普及版 2002年8月

構成および内容：繊維強化金属とは／概論／構成材料の力学特性（変形と破壊・定義と記述方法）／強化繊維とマトリックス（強さと統計・確率論）／強化機構／複合材料の強さを支配する要因／新しい強さの基準／評価方法／現状と将来動向（炭素繊維強化金属・ボロン繊維強化金属・SiC繊維強化金属・アルミナ繊維強化金属・ウイスカー強化金属）　他

ハイブリッド複合材料
監修／植村益次・福田　博
ISBN4-88231-768-0　　　　　　　　　B661
A5判・334頁　本体4,300円＋税（〒380円）
初版 1986年5月　普及版 2002年8月

構成および内容：ハイブリッド材の種類／ハイブリッド化の意義とその応用／ハイブリッド基材（強化材・マトリックス）／成形と加工／ハイブリッドの力学／諸特性／応用（宇宙機器・航空機・スポーツ・レジャー）／金属基ハイブリッドとスーパーハイブリッド／軟質軽量心材をもつサンドイッチ材の力学／展望と課題　他
執筆者：　植村益次／福田博／金原勲　他10名

光成形シートの製造と応用
著者／赤松　清・藤本健郎
ISBN4-88231-767-2　　　　　　　　　B660
A5判・199頁　本体2,900円＋税（〒380円）
初版 1989年10月　普及版 2002年8月

構成および内容：光成形シートの加工機械・作製方法／加工の特徴／高分子フィルム・シートの製造方法（セロファン・ニトロセルロース・硬質塩化ビニル）／製造方法の開発（紫外線硬化キャスティング法）／感光性樹脂（構造・配合・比重と屈折率・開始剤）／特性および応用／関連特許／実験試作法　他

高分子のエネルギービーム加工
監修／田附重夫／長田義仁／嘉悦　勲
ISBN4-88231-764-8　　　　　　　　　B657
A5判・305頁　本体3,900円＋税（〒380円）
初版 1986年4月　普及版 2002年7月

構成および内容：反応性エネルギー源としての光・プラズマ・放射線／光による高分子反応・加工（光重合反応・高分子の光崩壊反応・高分子表面の光改質法・光硬化性塗料およびインキ・光硬化接着剤・フォトレジスト材料・光計測　他）／プラズマによる高分子反応・加工／放射線による高分子反応・加工（放射線照射装置　他）
執筆者：　田附重夫／長田義仁／嘉悦勲　他35名

機能性色素の応用
監修／入江正浩
ISBN4-88231-761-3　　　　　　　　　B654
A5判・312頁　本体4,200円＋税（〒380円）
初版 1996年4月　普及版 2002年6月

構成および内容：機能性色素の現状と展望／色素の分子設計理論／情報記録用色素／情報表示用色素（エレクトロクロミック表示用・エレクトロルミネッセンス表示用）／写真用色素／有機非線形光学材料／バイオメディカル用色素／食品・化粧品用色素／環境クロミズム色素　他
執筆者：　中村振一郎／里村正人／新村勲　他22名

コーティング・ポリマーの合成と応用
ISBN4-88231-760-5　　　　　　　　　B653
A5判・283頁　本体3,600円＋税（〒380円）
初版 1993年8月　普及版 2002年6月

構成および内容：コーティング材料の設計の基礎と応用／顔料の分散／コーティングポリマー（油性系・セルロース系・アクリル系・ポリエステル系・メラミン・尿素系・ポリウレタン系・シリコン系・フッ素系・無機系）／汎用コーティング／重防食コーティング／自動車・木工・レザー他
執筆者：　桐生春雄／増田初蔵／伊藤義勝　他13名

※書籍をご購入の際は、最寄りの書店にご注文いただくか、㈱シーエムシー出版のホームページ（http://www.cmcbooks.co.jp/）にてお申し込み下さい。

CMCテクニカルライブラリー のご案内

バイオセンサー
監修／軽部征夫
ISBN4-88231-759-1　　　　　　　　B652
A5判・264頁　本体3,400円＋税（〒380円）
初版1987年8月　普及版2002年5月

構成および内容：バイオセンサーの原理／酵素センサー／微生物センサー／免疫センサー／電極センサー／FETセンサー／フォトバイオセンサー／マイクロバイオセンサー／圧電素子バイオセンサー／医療／発酵工業／食品／工業プロセス／環境計測／海外の研究開発・市場　他
執筆者：久保いずみ／鈴木博章／佐野恵一　他16名

カラー写真感光材料用高機能ケミカルス
－写真プロセスにおける役割と構造機能－
ISBN4-88231-758-3　　　　　　　　B651
A5判・307頁　本体3,800円＋税（〒380円）
初版1986年7月　普及版2002年5月

構成および内容：写真感光材料工業とファインケミカル／業界情勢／技術開発動向／コンベンションナル写真感光材料／色素拡散転写法／銀色素漂白法／乾式銀塩写真感光材料／写真用機能性ケミカルスの応用展望／増感系・エレクトロニクス系・医薬分野への応用　他
執筆者：新井厚明／安達慶一／藤田眞作　他13名

セラミックスの接着と接合技術
監修／速水諒三
ISBN4-88231-757-5　　　　　　　　B650
A5判・179頁　本体2,800円＋税（〒380円）
初版1985年4月　普及版2002年4月

構成および内容：セラミックスの発展／接着剤による接着／有機接着剤・無機接着剤・超音波はんだ／メタライズ／高融点金属法・銅化合物法・銀化合物法・気相成長法・厚膜法／固相液相接着／固相加圧接着／溶融接合／セラミックスの機械的接合法／将来展望　他
執筆者：上野力／稲野光正／門倉秀公　他10名

ハニカム構造材料の応用
監修／先端材料技術協会・編集／佐藤　孝
ISBN4-88231-756-7　　　　　　　　B649
A5判・447頁　本体4,600円＋税（〒380円）
初版1995年1月　普及版2002年4月

構成および内容：ハニカムコアの基本・種類・主な機能・製造方法／ハニカムサンドイッチパネルの基本設計・製造・応用／航空機／宇宙機器／自動車における防音材料／鉄道車両／建築マーケットにおける利用／ハニカム溶接構造物の設計と構造解析、およびその実施例　他
執筆者：佐藤孝／野口元／田所真人／中谷隆　他12名

ホスファゼン化学の基礎
著者／梶原鳴雪
ISBN4-88231-755-9　　　　　　　　B648
A5判・233頁　本体3,200円＋税（〒380円）
初版1986年4月　普及版2002年3月

構成および内容：ハロゲンおよび疑ハロゲンを含むホスファゼンの合成／$(NPCl_2)_3$から部分置換体$N_3P_3Cl_{6-n}R_n$の合成／$(NPR_2)_3$の合成／環状ホスファゼン化合物の用途開発／$(NPCl_2)_3$の重合／$(NPCl_2)_n$重合体の構造とその性質／ポリオルガノホスファゼンの性質／ポリオルガノホスファゼンの用途開発　他

二次電池の開発と材料
ISBN4-88231-754-0　　　　　　　　B647
A5判・257頁　本体3,400円＋税（〒380円）
初版1994年3月　普及版2002年3月

構成および内容：電池反応の基本／高性能二次電池設計のポイント／ニッケル-水素電池／リチウム系二次電池／ニカド蓄電池／鉛蓄電池／ナトリウム-硫黄電池／亜鉛-臭素電池／有機電解液系電気二重層コンデンサ／太陽電池システム／二次電池回収システムとリサイクルの現状　他
執筆者：高村勉／神田基／山木準一　他16名

プロテインエンジニアリングの応用
編集／渡辺公綱／熊谷　泉
ISBN4-88231-753-2　　　　　　　　B646
A5判・232頁　本体3,200円＋税（〒380円）
初版1990年3月　普及版2002年2月

構成および内容：タンパク質改変諸例／酵素の機能改変／抗体とタンパク質工学／キメラ抗体／医薬と合成ワクチン／プロテアーゼ・インヒビター／新しいタンパク質作成技術とアロプロテイン／生体外タンパク質合成の現状／タンパク質工学におけるデータベース　他
執筆者：太田由己／榎本淳／上野川修一　他13名

有機ケイ素ポリマーの新展開
監修／櫻井英樹
ISBN4-88231-752-4　　　　　　　　B645
A5判・327頁　本体3,800円＋税（〒380円）
初版1996年1月　普及版2002年1月

構成および内容：現状と展望／研究動向事例（ポリシラン合成と物性／カルボシラン系分子／ポリシロキサンの合成と応用／ゾル-ゲル法とケイ素系高分子／ケイ素系耐熱生体外タ熱性高分子材料／マイクロパターニング／ケイ素系感光材料）／ケイ素系高耐熱性材料へのアプローチ　他
執筆者：吉田勝／三治敬信／石川満夫　他19名

※書籍をご購入の際は、最寄りの書店にご注文いただくか、
㈱シーエムシー出版のホームページ（http://www.cmcbooks.co.jp/）にてお申し込み下さい。

CMCテクニカルライブラリー のご案内

水素吸蔵合金の応用技術
監修／大西敬三
ISBN4-88231-751-6　　　　　　　　　B644
A5判・270頁　本体3,800円＋税（〒380円）
初版1994年1月　普及版2002年1月

構成および内容：開発の現状と将来展望／標準化の動向／応用事例（余剰電力の貯蔵／冷凍システム／冷暖房／水素の精製・回収システム／Ni・MH二次電池／燃料電池／水素の動力利用技術／アクチュエーター／水素同位体の精製・回収／合成触媒）
執筆者：太田時男／兜森俊樹／田村英雄　他15名

メタロセン触媒と次世代ポリマーの展望
編集／曽我和雄
ISBN4-88231-750-8　　　　　　　　　B643
A5判・256頁　本体3,500円＋税（〒380円）
初版1993年8月　普及版2001年12月

構成および内容：メタロセン触媒の展開（発見の経緯／カミンスキー触媒の修飾・担持・特徴）／次世代ポリマーの展望（ポリエチレン／共重合体／ポリプロピレン）／特許からみた各企業の研究開発動向　他
執筆者：柏典夫／潮村哲之助／植木聡　他4名

バイオセパレーションの応用
ISBN4-88231-749-4　　　　　　　　　B642
A5判・296頁　本体4,000円＋税（〒380円）
初版1988年8月　普及版2001年12月

構成および内容：食品・化学品分野（サイクロデキストリン／甘味料／アミノ酸／核酸／油脂精製／γ-リノレン酸／フレーバー／果汁濃縮・清澄化　他）／医薬品分野（抗生物質／漢方薬効成分／ステロイド発酵の工業化）／生化学・バイオ医薬分野　他
執筆者：中村信之／菊池啓明／宗像豊尅　他26名

バイオセパレーションの技術
ISBN4-88231-748-6　　　　　　　　　B641
A5判・265頁　本体3,600円＋税（〒380円）
初版1988年8月　普及版2001年12月

構成および内容：膜分離（総説／精密濾過膜／限外濾過法／イオン交換膜／逆浸透膜）／クロマトグラフィー（高性能液体／タンパク質のHPLC／ゲル濾過／イオン交換／疎水性／分配吸着　他）／電気泳動／遠心分離／真空・加圧濾過／エバポレーション／超臨界流体抽出　他
執筆者：仲川勤／水野高志／大野省太郎　他19名

特殊機能塗料の開発
ISBN4-88231-743-5　　　　　　　　　B636
A5判・381頁　本体3,500円＋税（〒380円）
初版1987年8月　普及版2001年11月

構成および内容：機能化のための研究開発／特殊機能塗料（電子・電気機能／光学機能／機械・物理機能／熱機能／生態機能／放射線機能／防食／その他）／高機能コーティングと硬化法（造膜法／硬化法）
◆**執筆者**：笠松寛／鳥羽山満／桐生春雄／田中丈之／荻野芳夫

バイオリアクター技術
ISBN4-88231-745-1　　　　　　　　　B638
A5判・212頁　本体3,400円＋税（〒380円）
初版1988年8月　普及版2001年12月

構成および内容：固定化生体触媒の最新進歩／新しい固定化法（光硬化性樹脂／多孔質セラミックス／絹フィブロイン）／新しいバイオリアクター（酵素固定化分離機能膜／生成物分離／多段式不均一系／固定化植物細胞／固定化ハイブリドーマ）／応用（食品／化学品／その他）
◆**執筆者**：田中渥夫／飯田高三／牧島亮男　他28名

ファインケミカルプラントＦＡ化技術の新展開
ISBN4-88231-747-8　　　　　　　　　B640
A5判・321頁　本体3,400円＋税（〒380円）
初版1991年2月　普及版2001年11月

構成および内容：総論／コンピュータ統合生産システム／FA導入の経済効果／要素技術（計測・検査／物流／FA用コンピュータ／ロボット）／FA化のソフト（粉体プロセス／多目的バッチプラント／パイプレスプロセス）／応用例（ファインケミカル／食品／薬品／粉体）　他
◆**執筆者**：高松武一郎／大島榮次／梅田富雄　他24名

生分解性プラスチックの実際技術
ISBN4-88231-746-X　　　　　　　　　B639
A5判・204頁　本体2,500円＋税（〒380円）
初版1992年6月　普及版2001年11月

構成および内容：総論／開発展望（バイオポリエステル／キチン・キトサン／ポリアミノ酸／セルロース／ポリカプロラクトン／ＰＶＡ／脂肪族ポリエステル／糖類／ポリエーテル／プラスチック化木材／油脂の崩壊性／界面活性剤）／現状と今後の対策　他
◆**執筆者**：赤松清／持田晃一／藤井昭治　他12名

※書籍をご購入の際は、最寄りの書店にご注文いただくか、㈱シーエムシー出版のホームページ（http://www.cmcbooks.co.jp/）にてお申し込み下さい。

CMCテクニカルライブラリー のご案内

環境保全型コーティングの開発
ISBN4-88231-742-7　　B635
A5判・222頁　本体3,400円＋税（〒380円）
初版1993年5月　普及版2001年9月

構成および内容：現状と展望／規制の動向／技術動向（塗料・接着剤・印刷インキ・原料樹脂）／ユーザー（VOC排出規制への具体策・有機溶剤系塗料から水系塗料への転換・電機・環境保全よりみた木工塗装・金属缶）／環境保全への合理化・省力化ステップ　他

◆執筆者：笠松寛／中村博忠／田邊幸男　他14名

強誘電性液晶ディスプレイと材料
監修／福田敦夫
ISBN4-88231-741-9　　B634
A5判・350頁　本体3,500円＋税（〒380円）
初版1992年4月　普及版2001年9月

構成および内容：次世代液晶とディスプレイ／高精細・大画面ディスプレイ／テクスチャーチェンジパネルの開発／反強誘電性液晶のディスプレイへの応用／次世代液晶化合物の開発／強誘電性液晶材料／ジキラル型強誘電性液晶化合物／スパッタ法による低抵抗ITO透明導電膜　他

◆執筆者：李継／神辺純一郎／鈴木康　他36名

高機能潤滑剤の開発と応用
ISBN4-88231-740-0　　B633
A5判・237頁　本体3,800円＋税（〒380円）
初版1988年8月　普及版2001年9月

構成および内容：総論／高機能潤滑剤（合成系潤滑剤・高機能グリース・固体潤滑と摺動材・水溶性加工油剤）／市場動向／応用（転がり軸受用グリース・OA関連機器・自動車・家電・医療・航空機・原子力産業）

◆執筆者：岡部平八郎／功刀俊夫／三嶋優　他11名

有機非線形光学材料の開発と応用
編集／中西八郎・小林孝嘉
　　　中村新男・梅垣真祐
ISBN4-88231-739-7　　B632
A5判・558頁　本体4,900円＋税（〒380円）
初版1991年10月　普及版2001年8月

構成および内容：〈材料編〉現状と展望／有機材料／非線形光学特性／無機系材料／超微粒子系材料／薄膜,バルク,半導体系材料〈基礎編〉理論・設計／測定／機構〈デバイス開発編〉波長変換／EO変調／光ニュートラルネットワーク／光パルス圧縮／光ソリトン伝送／光スイッチ　他

◆執筆者：上宮崇文／野上隆／小谷正博　他88名

超微粒子ポリマーの応用技術
監修／室井宗一
ISBN4-88231-737-0　　B630
A5判・282頁　本体3,800円＋税（〒380円）
初版1991年4月　普及版2001年8月

構成および内容：水系での製造技術／非水系での製造技術／複合化技術〈開発動向〉乳化重合／カプセル化／高吸水性／フッ素系／シリコーン樹脂〈現状と可能性〉一般工業分野／医療分野／生化学分野／化粧品分野／情報分野／ミクロゲル／PP／ラテックス／スペーサ　他

◆執筆者：川口春馬／川瀬進／竹内勉　他25名

炭素応用技術
ISBN4-88231-736-2　　B629
A5判・300頁　本体3,500円＋税（〒380円）
初版1988年10月　普及版2001年7月

構成および内容：炭素繊維／カーボンブラック／導電性付与剤／グラファイト化合物／ダイヤモンド／複合材料／航空機・船舶用CFRP／人工歯根材／導電性インキ・塗料／電池・電極材料／光応答／金属炭化物／炭窒化チタン系複合セラミックス／SiC・SiC-W　他

◆執筆者：嶋崎勝乗／遠藤守信／池上繁　他32名

宇宙環境と材料・バイオ開発
編集／栗林一彦
ISBN4-88231-735-4　　B628
A5判・163頁　本体2,600円＋税（〒380円）
初版1987年5月　普及版2001年8月

構成および内容：宇宙開発と宇宙利用／生命科学／生命工学〈宇宙材料実験〉融液の凝固におよぼす微少重力の影響／単相合金の凝固／多相合金の凝固／高品位半導体単結晶の育成と微少重力の利用／表面張力誘起対流実験〈SL-1の実験結果〉半導体の結晶成長／金属凝固／流体運動　他

◆執筆者：長友信人／佐藤温重／大島泰郎　他7名

機能性食品の開発
編集／亀和田光男
ISBN4-88231-734-6　　B627
A5判・309頁　本体3,800円＋税（〒380円）
初版1988年11月　普及版2001年9月

構成および内容：機能性食品に対する各省庁の方針と対応／学界と民間の動き／機能性食品への発展が予想される素材／フラクトオリゴ糖／大豆オリゴ糖／イノシトール／高機能性健康飲料／ギムネム・シルベスタ／企業化する問題点と対策／機能性食品に期待するもの　他

◆執筆者：大山超／稲葉博／岩元睦夫／太田明一　他21名

※書籍をご購入の際は、最寄りの書店にご注文いただくか、
㈱シーエムシー出版のホームページ（http://www.cmcbooks.co.jp/）にてお申し込み下さい。

CMCテクニカルライブラリー のご案内

植物工場システム
編集／髙辻正基
ISBN4-88231-733-8　　　　　　B626
A5判・281頁　本体 3,100円＋税（〒380円）
初版 1987年11月　普及版 2001年6月

構成および内容：栽培作物別工場生産の可能性／野菜／花き／薬草／穀物／養液栽培システム／カネコのシステム／クローン増殖システム／人工種子／馴化装置／キノコ栽培技術／種苗生産／栽培装置とシステム／施設園芸の高度化／コンピュータ利用　他

◆執筆者：阿部芳巳／渡辺光男／中山繁樹 他23名

液晶ポリマーの開発
編集／小出直之
ISBN4-88231-731-1　　　　　　B624
A5判・291頁　本体 3,800円＋税（〒380円）
初版 1987年6月　普及版 2001年6月

構成および内容：〈基礎技術〉合成技術／キャラクタリゼーション／構造と物性／レオロジー〈成形加工技術〉射出成形技術／成形機械技術／ホットランナシステム技術　〈応用〉光ファイバ用被覆材／高強度繊維／ディスプレイ用材料／強誘電性液晶ポリマー　他

◆執筆者：浅田忠裕／鳥海弥和／茶谷陽三 他16名

イオンビーム技術の開発
編集／イオンビーム応用技術編集委員会
ISBN4-88231-730-3　　　　　　B623
A5判・437頁　本体 4,700円＋税（〒380円）
初版 1989年4月　普及版 2001年6月

構成および内容：イオンビームと個体との相互作用／発生と輸送／装置／イオン注入による表面改質技術／イオンミキシングによる表面改質技術／薄膜形成表面被覆技術／表面除去加工技術／分析評価技術／各国の研究状況／日本の公立研究機関での研究状況　他

◆執筆者：藤本文範／石川順三／上條栄治 他27名

エンジニアリングプラスチックの成形・加工技術
監修／大柳康
ISBN4-88231-729-X　　　　　　B622
A5判・410頁　本体 4,000円＋税（〒380円）
初版 1987年12月　普及版 2001年6月

構成および内容：射出成形／成形条件／装置／金型内流動解析／材料特性／熱硬化性樹脂の成形／樹脂の種類／成形加工の特徴／成形加工法の基礎／押出成形／コンパウンティング／フィルム・シート成形／性能データ集／スーパーエンプラの加工に関する最近の話題　他

◆執筆者：高野菊雄／岩橋俊之／塚原 裕 他6名

新薬開発と生薬利用 II
監修／糸川秀治
ISBN4-88231-728-1　　　　　　B621
A5判・399頁　本体 4,500円＋税（〒380円）
初版 1993年4月　普及版 2001年9月

構成および内容：新薬開発プロセス／新薬開発の実態と課題／生薬・漢方製剤の薬理・薬効（抗腫瘍薬・抗炎症・抗アレルギー・抗菌・抗ウイルス）／天然素材の新食品への応用／生薬の品質評価／民間療法・伝統薬の探索と評価／生薬の流通機構と需給　他

◆執筆者：相山律夫／大島俊幸／岡田稔 他14名

新薬開発と生薬利用 I
監修／糸川秀治
ISBN4-88231-727-3　　　　　　B620
A5判・367頁　本体 4,200円＋税（〒380円）
初版 1988年8月　普及版 2001年7月

構成および内容：生薬の薬理・薬効／抗アレルギー／抗菌・抗ウイルス作用／新薬開発のプロセス／スクリーニング／商品の規格と安定性／生薬の品質評価／甘草／生姜／桂皮素材の探索と流通／日本・世界での生薬素材の探索／流通機構と需要／各国の薬用植物の利用と活用　他

◆執筆者：相山律夫／赤須通範／生田安喜良 他19名

ヒット食品の開発手法
監修／太田静行・亀和田光男・中山正夫
ISBN4-88231-726-5　　　　　　B619
A5判・278頁　本体 3,800円＋税（〒380円）
初版 1991年12月　普及版 2001年6月

構成および内容：新製品の開発戦略／消費者の嗜好／アイデア開発／食品調味／食品包装／官能検査／開発のためのデータバンク〈ヒット食品の具体例〉果汁グミ／スーパードライ〈ロングヒット食品開発の秘密〉カップヌードル　エバラ焼き肉のたれ／減塩醤油　他

◆執筆者：小杉直輝／大形 進／川合信行 他21名

バイオマテリアルの開発
監修／筏 義人
ISBN4-88231-725-8　　　　　　B618
A5判・539頁　本体 4,900円＋税（〒380円）
初版 1989年9月　普及版 2001年5月

構成および内容：〈素材〉金属／セラミックス／合成高分子／生体高分子〈特性・機能〉力学特性／細胞接着能／血液適合性／骨組織結合性／光屈折・酸素透過能〈試験・認可〉滅菌法／表面分析法〈応用〉臨床検査系／歯科系／心臓外科系／代謝系　他

◆執筆者：立石哲也／藤沢 章／澄田政哉 他51名

※ 書籍をご購入の際は、最寄りの書店にご注文いただくか、
㈱シーエムシー出版のホームページ（http://www.cmcbooks.co.jp/）にてお申し込み下さい。

CMCテクニカルライブラリーのご案内

半導体封止技術と材料
著者／英　一太
ISBN4-88231-724-9　　　　　B617
A5判・232頁　本体3,400円＋税（〒380円）
初版1987年4月　普及版2001年7月

構成および内容：〈封止技術の動向〉ICパッケージ／ポストモールドとプレモールド方式／表面実装〈材料〉エポキシ樹脂の変性／硬化／低応力化／高信頼性VLSIセラミックパッケージ〈プラスチックチップキャリヤ〉構造／加工／リード／信頼性試験〈GaAs〉高速論理素子／GaAsダイ／MCV〈接合技術と材料〉TAB技術／ダイアタッチ　他

トランスジェニック動物の開発
著者／結城　惇
ISBN4-88231-723-0　　　　　B616
A5判・264頁　本体3,000円＋税（〒380円）
初版1990年2月　普及版2001年7月

構成および内容：誕生と変遷／利用価値〈開発技術〉マイクロインジェクション法／ウイルスベクター法／ES細胞法／精子ベクター法／トランスジーンの発現／発現制御系〈応用〉遺伝子解析／病態モデル／欠損症動物／遺伝子治療モデル／分泌物利用／組織，臓器利用／家畜／課題〈動向・資料〉研究開発企業／特許／実験ガイドライン

水処理剤と水処理技術
監修／吉野善彌
ISBN4-88231-722-2　　　　　B615
A5判・253頁　本体3,500円＋税（〒380円）
初版1988年7月　普及版2001年5月

構成および内容：凝集剤と水処理プロセス／高分子凝集剤／生物学的凝集剤／濾過助剤と水処理プロセス／イオン交換体と水処理プロセス／有機イオン交換体／排水処理プロセス／吸着剤と水処理プロセス／水処理分離膜と水処理プロセス　他

◆執筆者：三上八州家／鹿野武彦／倉根隆一郎　他17名

食品素材の開発
監修／亀和田光男
ISBN4-88231-721-4　　　　　B614
A5判・334頁　本体3,900円＋税（〒380円）
初版1987年10月　普及版2001年5月

構成および内容：〈タンパク系〉大豆タンパクフィルム／卵タンパク〈デンプン系と畜血液〉プルラン／サイクロデキストリン〈新甘味料〉フラクトオリゴ糖／ステビア〈健食新素材〉ＥＰＡ／レシチン／ハーブエキス／コラーゲン／キチン・キトサン　他

◆執筆者：中島庸介／花岡譲一／坂井和夫　他22名

老人性痴呆症と治療薬
編集／朝長正徳・齋藤　洋
ISBN4-88231-720-6　　　　　B613
A5判・233頁　本体3,000円＋税（〒380円）
初版1988年8月　普及版2001年4月

構成および内容：記憶のメカニズム／記憶の神経的機構／老人性痴呆の発症機構／遺伝子・染色体の異常／脳機構に影響を与える生体内物質／神経伝達物質／甲状腺ホルモン／スクリーニング法／脳循環・脳代謝試験／予防・治療へのアプローチ　他

◆執筆者：佐藤昭夫／黒澤美枝子／浅香昭雄　他31名

感光性樹脂の基礎と実用
監修／赤松　清
ISBN4-88231-719-2　　　　　B612
A5判・371頁　本体4,500円＋税（〒380円）
初版1987年4月　普及版2001年5月

構成および内容：化学構造と合成法／光反応／市販されている感光性樹脂モノマー，オリゴマーの概況／印刷版／感光性樹脂凸版／フレキソ版／塗料／光硬化型塗料／ラジカル重合型塗料／インキ／UV硬化システム／UV硬化型接着剤／歯科衛生材料　他

◆執筆者：吉村　延／岸本芳男／小伊勢雄次　他8名

分離機能膜の開発と応用
編集／仲川　勤
ISBN4-88231-718-4　　　　　B611
A5判・335頁　本体3,500円＋税（〒380円）
初版1987年12月　普及版2001年3月

構成および内容：〈機能と応用〉気体分離膜／イオン交換膜／透析膜／精密濾過膜〈キャリア輸送膜の開発〉固体電解質／液膜／モザイク荷電膜／機能性カプセル膜〈装置化と応用〉酸素富化膜／水素分離膜／浸透気化法による有機混合物の分離／人工腎臓／人工肺　他

◆執筆者：山田純男／佐田俊勝／西田　治　他20名

プリント配線板の製造技術
著者／英　一太
ISBN4-88231-717-6　　　　　B610
A5判・315頁　本体4,000円＋税（〒380円）
初版1987年12月　普及版2001年4月

構成および内容：〈プリント配線板の原材料〉〈プリント配線基板の製造技術〉硬質プリント配線板／フレキシブルプリント配線板〈プリント回路加工技術〉フォトレジストとフォト印刷／スクリーン印刷〈多層プリント配線板〉構造／製造法／多層成型〈廃水処理と災害環境管理〉高濃度有害物質の廃棄処理　他

※書籍をご購入の際は，最寄りの書店にご注文いただくか，
㈱シーエムシー出版のホームページ（http://www.cmcbooks.co.jp/）にてお申し込み下さい。

CMCテクニカルライブラリー のご案内

汎用ポリマーの機能向上とコストダウン

ISBN4-88231-715-X　　　　　　　　B608
A5判・319頁　本体3,800円＋税（〒380円）
初版1994年8月　普及版2001年2月

構成および内容：〈新しい樹脂の成形法〉射出プレス成形（SPモールド）／プラスチックフィルムの最新製造技術〈材料の高機能化とコストダウン〉超高強度ポリエチレン繊維／耐候性のよい耐衝撃性PVC〈応用〉食品・飲料用プラスチック包装材料／医療材料向けプラスチック材料　他

◆執筆者：浅井治海／五十嵐聡／高木杏都志　他32名

クリーンルームと機器・材料

ISBN4-88231-714-1　　　　　　　　B607
A5判・284頁　本体3,800円＋税（〒380円）
初版1990年12月　普及版2001年2月

構成および内容：〈構造材料〉床材・壁材・天井材／ユニット式〈設備機器〉空気清浄／温湿度制御／空調機器／排気処理機器材料／微生物制御〈清浄度測定評価（応用別）〉医薬（GMP）／医療／半導体〈今後の動向〉自動化／防災システムの動向／省エネルギ／清掃（維持管理）他

◆執筆者：依田行夫／一和田眞次／鈴木正身　他21名

水性コーティングの技術

ISBN4-88231-713-3　　　　　　　　B606
A5判・359頁　本体4,700円＋税（〒380円）
初版1990年12月　普及版2001年2月

構成および内容：〈水性ポリマー各論〉ポリマー水性化のテクノロジー／水性ウレタン樹脂／水系UV・EB硬化樹脂〈水性コーティング材の製法と処法化〉常温乾燥コーティング／電着コーティング〈水性コーティング材の周辺技術〉廃水処理技術／泡処理技術　他

◆執筆者：桐生春雄／鳥羽山満／池林信彦　他14名

レーザ加工技術
監修／川澄博通

ISBN4-88231-712-5　　　　　　　　B605
A5判・249頁　本体3,800円＋税（〒380円）
初版1989年5月　普及版2001年2月

構成および内容：〈総論〉レーザ加工技術の基礎事項〈加工用レーザ発振器〉CO2レーザ〈高エネルギービーム加工〉レーザによる材料の表面改質技術〈レーザ化学加工・生物加工〉レーザ光化学反応による有機合成〈レーザ加工周辺技術〉〈レーザ加工の将来〉他

◆執筆者：川澄博通／永井治彦／末永直行　他13名

臨床検査マーカーの開発
監修／茂手木皓喜

ISBN4-88231-711-7　　　　　　　　B604
A5判・170頁　本体2,200円＋税（〒380円）
初版1993年8月　普及版2001年1月

構成および内容：〈腫瘍マーカー〉肝細胞癌の腫瘍／肺癌／婦人科系腫瘍／乳癌／甲状腺癌／泌尿器腫瘍／造血器腫瘍〈循環器系マーカー〉動脈硬化／虚血性心疾患／高血圧症〈糖尿病マーカー〉糖質／脂質／合併症／骨代謝マーカー〉〈老化度マーカー〉他

◆執筆者：岡崎伸生／有吉寛／江崎治　他22名

機能性顔料

ISBN4-88231-710-9　　　　　　　　B603
A5判・322頁　本体4,000円＋税（〒380円）
初版1991年6月　普及版2001年1月

構成および内容：〈無機顔料の研究開発動向〉酸化チタン・チタンイエロー／酸化鉄系顔料〈有機顔料の研究開発動向〉溶性アゾ顔料（アゾレーキ）〈用途展開の現状と将来展望〉印刷インキ／塗料〈最近の顔料分散技術と顔料分散機の進歩〉顔料の処理と分散化　他

◆執筆者：石村安雄／風間孝夫／服部俊雄　他31名

バイオ検査薬と機器・装置
監修／山本重夫

ISBN4-88231-709-5　　　　　　　　B602
A5判・322頁　本体4,000円＋税（〒380円）
初版1996年10月　普及版2001年1月

構成および内容：〈DNAプローブ法-最近の進歩〉〈生化学検査試薬の液状化-技術的背景〉〈蛍光プローブと細胞内環境の測定〉〈臨床検査用遺伝子組み換え酵素〉〈イムノアッセイ装置の現状と今後〉〈染色体ソーティングとDNA診断〉〈アレルギー検査薬の最新動向〉〈食品の遺伝子検査〉他

◆執筆者：寺岡宏／髙橋豊三／小路武彦　他33名

カラーPDP技術

ISBN4-88231-708-7　　　　　　　　B601
A5判・208頁　本体3,200円＋税（〒380円）
初版1996年7月　普及版2001年1月

構成および内容：〈総論〉電子ディスプレイの現状〈パネル〉AC型カラーPDP／パルスメモリー方式DC型カラーPDP〈部品加工・装置〉パネル製造技術とスクリーン印刷／フォトプロセス／露光装置／PDP用ローラーハース式連続焼成炉〈材料〉ガラス基板／蛍光体／透明電極材料　他

◆執筆者：小島健博／村上宏／大塚晃／山本敏裕　他14名

※書籍をご購入の際は、最寄りの書店にご注文いただくか、㈱シーエムシー出版のホームページ（http://www.cmcbooks.co.jp/）にてお申し込み下さい。